JN272762

流体解析の基礎

河村哲也 [著]

朝倉書店

まえがき

　本書は朝倉書店の「応用数値計算ライブラリ」シリーズの中の『流体解析 I』全部と『流体解析 II』の最初の2章を1冊にまとめたものである．2冊ともいまから15年以上前に著したもので，それ以降，数値流体力学の分野で計算手法にいくつもの発展があったが，特に非圧縮性流体解析においては，この2冊で述べられた解法に本質的な変化はなく，いまでも標準的な解法として根強い人気を保っている．それはこれらの方法の考え方がすっきりしているとともに，プログラミングも容易であることが理由になっている．それゆえ，今後も大きな変化を受けず当分使われ続けると思われる．このようなことから，1冊にまとめるにあたり，内容の書き換えはほとんどせずに，もとの本にあったミスプリントを修正し，少し書き加えるだけにとどめた．

　一方で，この間にコンピュータは劇的に変化した．演算速度もさることながら，記憶媒体の発達は目を見張るものがある．わずか 2×3 cm 程度のメモリーカードに 100 GB 以上の記憶ができる時代に，書籍の付属品として 10 cm 四方の大きさで容量が 640 kB のフロッピーディスクをつけておくのはいかにも時代おくれであり，そもそもフロッピーディスクを読み取れるコンピュータも現在ほとんどない．さらに，情報はインターネットを介していくらでも手に入る時代であるため，付録として記憶媒体を本につけるよりもホームページにアップしておく方が書籍のコストを下げることもできる．旧著の特徴の1つは実際のプログラムを付録で提供したことがあげられるが，本書では朝倉書店のホームページからプログラムをダウンロードする形にした．

　本書の構成は以下のとおりである．
　第1章では常微分方程式を例にとって，微分方程式を差分法によりどのようにして解くのかについて簡単に説明する．また常微分方程式の解法の中で偏微分方程式の解法に役立つ方法についても紹介する．
　第2章では2階線形偏微分方程式の差分解法の基礎的な部分についてなるべく詳しく説明する．流体力学の基礎方程式は一般に非線形であるが，実際には

解法の中で線形方程式を解いたり，線形化を行うなどするため，この章で述べることは以降に述べることがらの基礎になっている．

第3章では非圧縮性ナビエ–ストークス方程式の数値解法について説明する．具体的には流れ関数–渦度法とMAC法を中心に解法の考え方を説明し，あわせてキャビティ問題を例にとって実際の解き方を示す．

第4章では現実的な問題への応用として室内気流の問題を取り上げる．関連して，熱が含まれる問題の取り扱いや乱流計算の基礎についても述べる．

第5章では複雑な形状をした領域内で差分法を用いる際に必須となる座標変換および格子生成法について説明する．

第6章では非圧縮性流体の各種流れの問題，特に複雑な領域での流れの取り扱いを，2次元の場合について実例を示しながら解説する．

第7章では3次元非圧縮性流れの解析手法と解析例を示す．ここでは，計算法としてプログラムもコンパクトになるMAC法を用いた．解析対象としてはキャビティ流れから任意形状領域の流れまでを取り上げている．

第8章では，圧縮性流れの解析手法について簡単にまとめている．圧縮性流れの数値解法は奥が深く，基礎からていねいに述べるとそれだけで分厚い本になる．また優れた解説書も出版されているので，ここではMacCormarckの陽解法，Beam–Warmingの陰解法，流束ベクトル分離法およびTVD法についてさわりを述べるにとどめる．

付録では話の筋から本文に入れにくかった内容の中で，特に重要と思われるもの（たとえば有限体積法）を個別に説明した．最後の流体力学の基礎方程式の導出と一般座標変換（付録G，H）については，流体力学の解説書にも類似の記述があるが，他書を参考にしなくても本書だけで数値流体力学の内容がわかるようにするため，新たに付け加えた部分である．

本書により数値流体力学になじみのない読者諸氏が，ひととおりの知識を得るとともに簡単な自作のプログラムが組めるようになることを願ってやまない．なお，本書を作成するにあたって朝倉書店の編集部のみなさんには大変お世話になった．ここに記して感謝の意を表したい．

2014年2月

河村哲也

目 次

1. 常微分方程式の差分解法 ································· 1
   1.1 差分方程式の構成法 ································ 1
       1.1.1 微分の定義を用いる方法 ···················· 2
       1.1.2 テイラー展開その1 ························· 3
       1.1.3 テイラー展開その2 ························· 7
   1.2 境界値問題 ·· 9
   1.3 初期値問題1 ······································ 12
   1.4 初期値問題2 ······································ 16
   1.5 線 の 方 法 ······································ 21

2. 線形偏微分方程式の差分解法 ··························· 23
   2.1 2階線形偏微分方程式の分類 ······················· 23
   2.2 楕円型偏微分方程式 ······························· 26
   2.3 放物型偏微分方程式1 ······························ 32
   2.4 放物型偏微分方程式2 ······························ 40
   2.5 双曲型偏微分方程式 ······························· 43
   2.6 移流拡散方程式と上流差分法 ······················· 49

3. 非圧縮性ナビエ–ストークス方程式の差分解法 ············ 54
   3.1 ナビエ–ストークス方程式 ·························· 54
   3.2 圧力を消去する方法 ······························· 57
       3.2.1 流れ関数–渦度法 ··························· 57
       3.2.2 ベクトルポテンシャル–渦度法 ··············· 63
   3.3 圧力を求める方法 ································· 65

                3.3.1　ＭＡＣ法 ··· 65
                3.3.2　ＳＭＡＣ法 ······································ 71
                3.3.3　プロジェクション法 ···························· 74
                3.3.4　フラクショナル・ステップ法 ·················· 75

4. 熱と乱流の取り扱い（室内気流の解析）··························· 77
    4.1　室内気流の層流解析 ·· 77
            4.1.1　流れ関数–渦度法（非定常）······················ 78
            4.1.2　ＭＡＣ法 ··· 81
    4.2　熱の取り扱い ·· 84
            4.2.1　強制対流問題 ······································ 84
            4.2.2　自然対流問題 ······································ 85
    4.3　乱流の取り扱い ·· 89
            4.3.1　レイノルズ方程式と渦粘性 ······················ 90
            4.3.2　混合距離モデル ··································· 92
            4.3.3　k–εモデル ··································· 93

5. 座標変換と格子生成 ··· 96
    5.1　曲がった境界の取り扱い方 ···································· 96
    5.2　1次元座標変換 ·· 98
    5.3　2次元座標変換 ·· 99
    5.4　3次元座標変換 ·· 105
    5.5　代数的格子生成法 ·· 110
            5.5.1　ラグランジュ補間法 ····························· 110
            5.5.2　エルミート補間法 ································ 111
            5.5.3　スプライン補間法 ································ 112
            5.5.4　超限補間法 ······································· 113
    5.6　解析的格子生成法 ·· 115
            5.6.1　ラプラス方程式による格子生成 ··············· 115
            5.6.2　ポアソン方程式による格子生成 ··············· 118
            5.6.3　境界と直交する格子 ···························· 120
            5.6.4　領域内で直交する格子 ························· 122

目　次　　　　　　　　　　　　　v

 5.7　格子生成法のプログラム例 ………………………………… 123
  5.7.1　超限補間法 ……………………………………………… 124
  5.7.2　ポアソン方程式を利用した格子生成 ………………… 126
  5.7.3　格子間隔の調整のための簡便な方法 ………………… 129
  5.7.4　直交に近い格子 ………………………………………… 131

6. いろいろな2次元流れの計算 ……………………………………… 135
 6.1　ポテンシャル流の解析例 …………………………………… 135
 6.2　流れ関数–渦度法による解析例 …………………………… 141
  6.2.1　障害物まわりの流れ …………………………………… 141
  6.2.2　円柱まわりの流れ ……………………………………… 142
  6.2.3　拡大管内の流れ ………………………………………… 145
 6.3　MAC法による解析例 ……………………………………… 149
  6.3.1　障害物のあるダクト内の流れ ………………………… 149
  6.3.2　楕円柱まわりの2次元流れ …………………………… 153

7. MAC法による3次元流れの解析 ………………………………… 157
 7.1　3次元立方体キャビティ内の流れ ………………………… 158
 7.2　3次元室内気流 ……………………………………………… 165
 7.3　多くの物体まわりの3次元流れ …………………………… 168
 7.4　任意形状領域での3次元流れ ……………………………… 172

8. 圧縮性ナビエ–ストークス方程式の差分解法の基礎 …………… 178
 8.1　オイラー方程式 ……………………………………………… 178
 8.2　陽　解　法 …………………………………………………… 182
 8.3　陰　解　法 …………………………………………………… 184
 8.4　流束ベクトル分離法 ………………………………………… 188
 8.5　Ｔ Ｖ Ｄ 法 …………………………………………………… 194
 8.6　擬似圧縮性法 ………………………………………………… 199

付　　録 …………………………………………………………………… 201
 A　安　定　性 …………………………………………………… 201

- B 重み付き残差法（常微分方程式） …… 206
  - B.1 選点法 …… 207
  - B.2 ガレルキン法 …… 207
  - B.3 有限要素法 …… 207
- C 有限体積法 …… 211
- D SIMPLE法 …… 215
- E 連立1次方程式の反復解法 …… 220
  - E.1 反復法 …… 221
  - E.2 ヤコビの反復法 …… 221
  - E.3 ガウス–ザイデル法 …… 223
  - E.4 SOR法 …… 224
- F 数値積分 …… 224
- G 流体力学の基礎方程式 …… 226
  - G.1 保存法則と基礎方程式 …… 226
  - G.2 連続の方程式 …… 228
  - G.3 運動方程式 …… 229
  - G.4 エネルギー方程式 …… 231
  - G.5 ラグランジュ微分 …… 232
  - G.6 ナビエ–ストークス方程式 …… 235
  - G.7 温度の方程式 …… 237
- H 一般座標変換 …… 238
  - H.1 基底ベクトル …… 238
  - H.2 微分要素 …… 239
  - H.3 微分演算 …… 242

プログラムの内容 …… 247

文　献 …… 249

索　引 …… 253

1

常微分方程式の差分解法

　流体力学に現れる方程式の多くは偏微分方程式である．本書では偏微分方程式の差分解法に対し導入を行うという意味で，基礎となる常微分方程式の差分解法について必要部分を簡単に説明することにする．微分方程式の差分解法では微分を差分で置き換える．このとき微分方程式は代数方程式に変換されるが，それをコンピュータを使って解く．そこで，本章ではまず微分を差分に置き換える方法について説明する．常微分方程式に対して差分近似式を求めるが，得られた結果はそのまま偏微分方程式に応用できる．

　常微分方程式や偏微分方程式の差分解法では，境界値問題と初期値問題とでは取り扱いが異なる．そこで，それぞれについて節をあらためて別々に説明することにする．なお，本章の終わりの部分では線の方法とよばれる方法について簡単に説明するが，この方法を用いれば常微分方程式の解法を偏微分方程式の解法に直接応用することができる．

1.1　差分方程式の構成法

　差分法を用いて微分方程式を解く場合，微分を差分に置き換える必要がある．微分を差分で近似する公式を導くには種々の方法があるが，ここでは微分の定義を利用する方法およびテイラー展開を利用する方法について説明する．偏微分は添字が増えるだけで常微分と同様であるので，ここでは常微分に対して説明を行う．

1.1.1 微分の定義を用いる方法

関数 $u(x)$ の 1 階微分は，たとえば

$$\frac{du}{dx} = \lim_{h \to 0} \frac{u(x+h) - u(x)}{h} \tag{1.1}$$

で定義される．そこで h が十分に小さいとして極限をとらずに，1 階微分を

$$\frac{du}{dx} \sim \frac{u(x+h) - u(x)}{h} \tag{1.2}$$

で近似するという方法が考えられる（∼ は近似を表す）．これは幾何学的には図 1.1 に示すように，x に対応する曲線上の点 P での接線の傾き（微係数）を，線分 AP の傾きで近似することを意味する．ただし，点 A は $x+h$ に対応する曲線上の点である．この近似は着目している点とその前方の点を用いた近似であるため，**前進差分**とよばれる．1 階微分は式 (1.1) だけではなく，別の定義もでき，それに応じて別の差分近似式もつくられる．例をあげれば次のようになる．

$$\frac{du}{dx} = \lim_{h \to 0} \frac{u(x) - u(x-h)}{h} \sim \frac{u(x) - u(x-h)}{h} \tag{1.3}$$

$$\frac{du}{dx} = \lim_{h \to 0} \frac{u(x+h) - u(x-h)}{2h} \sim \frac{u(x+h) - u(x-h)}{2h} \tag{1.4}$$

式 (1.3) は**後退差分**，式 (1.4) は**中心差分**とよばれる．図 1.2 にそれらの幾何学的な意味が示されている．図から各線分の傾きを比較すれば中心差分が接線の傾きに最も近く，精度がよいと想像できる．なお，前進差分は，図 1.3 を参照すると，x に対応する点での接線の傾き $u'(x)$ を近似するよりも，$x + h/2$ に対応する点での接線の傾き $u'(x + h/2)$ をよりよく近似しており，同様に後退差分は $u'(x - h/2)$ をよりよく近似していることがわかる．

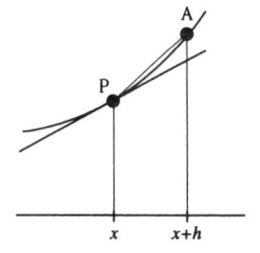

図 1.1 微分および差分の幾何学的な意味

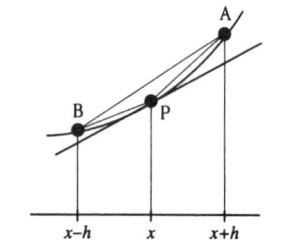

図 1.2 前進差分，後退差分，中心差分の幾何学的な意味

次に 2 階微分について考えよう．2 階微分は 1 階微分をもう 1 度微分したものであるから，

$$\frac{d^2u}{dx^2} = \lim_{h \to 0} \frac{u'(x+h/2) - u'(x-h/2)}{h} \sim \frac{u'(x+h/2) - u'(x-h/2)}{h}$$

と考えることができる．$u'(x+h/2), u'(x-h/2)$ の近似として，すぐ上の議論から，それぞれ前進差分と後退差分を用いて近似すると，2 階微分に対する中心差分

$$\begin{aligned}\frac{d^2u}{dx^2} &\sim \frac{\{u(x+h) - u(x)\}/h - \{u(x) - u(x-h)\}/h}{h} \\ &= \frac{u(x+h) - 2u(x) + u(x-h)}{h^2}\end{aligned} \quad (1.5)$$

が得られる．これ以外にも 1 階微分と同様にいろいろな近似が考えられるが，ここではこれ以上は立ち入らないことにする．

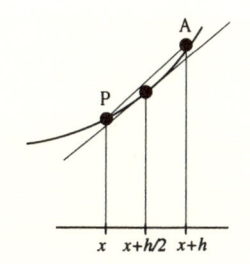

図 1.3 前進差分と点 $x + (h/2)$ での接線

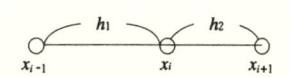

図 1.4 x_i まわりのテイラー展開に用いる記号

1.1.2 テイラー展開その 1

テイラー展開を用いることにより，機械的に差分近似式を構成することができる．

例として 2 階微分 d^2u/dx^2 を図 1.4 に示すような 3 点 x_{i-1}, x_i, x_{i+1} における u の値の線形結合として近似することを考える．$u(x_i) = u_i$ などと書くことにして

$$\left.\frac{d^2u}{dx^2}\right|_{x=x_i} \sim au_{i-1} + bu_i + cu_{i+1}$$

$$= au(x_i - h_1) + bu(x_i) + cu(x_i + h_2) \quad (1.6)$$

とおき,右辺を x_i のまわりにテイラー展開する.簡単な計算ののち,

$$au_{i-1} + bu_i + cu_{i+1} = (a+b+c)u_i + (ch_2 - ah_1)u_i' \\ + \frac{1}{2}(ah_1^2 + ch_2^2)u_i'' + \frac{1}{6}(-ah_1^3 + ch_2^3)u_i''' + \cdots \quad (1.7)$$

が得られる.この式の右辺が u_i'' を近似するためには

$$a+b+c=0, \quad ch_2 - ah_1 = 0, \quad \frac{1}{2}(ah_1^2 + ch_2^2) = 1$$

である必要がある(h_1^2, h_2^2 よりも高次の項は,h_1, h_2 が小さいとして無視している).上式を a,b,c について解けば

$$a = \frac{2}{h_1(h_1+h_2)}, \quad b = -\frac{2}{h_1 h_2}, \quad c = \frac{2}{h_2(h_1+h_2)}$$

が得られる.したがって,式 (1.7) から,2 階微分は

$$\left.\frac{d^2u}{dx^2}\right|_{x=x_i} \sim \frac{2u_{i-1}}{h_1(h_1+h_2)} - \frac{2u_i}{h_1 h_2} + \frac{2u_{i+1}}{h_2(h_1+h_2)} \quad (1.8)$$

と近似でき,特に $h_1 = h_2 = h$ のとき,式 (1.8) は

$$\left.\frac{d^2u}{dx^2}\right|_{x=x_i} \sim \frac{u_{i-1} - 2u_i + u_{i+1}}{h^2} \quad (1.9)$$

となる.これはすでに式 (1.5) で得た関係式である.

上式の導き方から類推されるように,n 階の微分係数を近似する場合,テイラー展開を用いて得られる式の中で,$0, 1, 2, \ldots, n-1$ 階の微分に対する係数を 0 とし,n 階微分の係数を 1 にする必要がある.すなわち,$n+1$ 個の条件を満たす必要があるため,最低 $n+1$ 個の点での u の値が必要になる.

一方,$n+2$ 個以上の点を用いる場合には係数は一意的に決まらず,任意性がある.一意に決めるためには $n+1$ 階以上の微分に対する係数を 0 とすればよく,その場合は精度(精度の意味についてはすぐ後を参照)のよい近似式をつくることができる.

例として 1 階微分を u_{i-1}, u_i, u_{i+1} で近似することを考える.この場合,式

(1.7) において
$$a+b+c=0, \quad ch_2 - ah_1 = 1$$
ととればよいが，このままでは a,b,c は一意的には決まらない．そこで，u_i'' の係数を 0 とおき，
$$\frac{1}{2}(ah_1^2 + ch_2^2) = 0$$
とおくと，u_{i-1}, u_i, u_{i+1} を用いた最も精度のよい公式が得られる．上式を a,b,c について解くと
$$a = -\frac{h_2}{h_1(h_1+h_2)}, \quad b = \frac{h_2 - h_1}{h_1 h_2}, \quad c = \frac{h_1}{h_2(h_1+h_2)}$$
となるため，具体的な近似式として，
$$\left.\frac{du}{dx}\right|_{x=x_i} \sim -\frac{h_2 u_{i-1}}{h_1(h_1+h_2)} + \frac{(h_2-h_1)u_i}{h_1 h_2} + \frac{h_1 u_{i+1}}{h_2(h_1+h_2)} \qquad (1.10)$$
が得られる．特に $h_1 = h_2 = h$ とすれば上式は中心差分
$$\left.\frac{du}{dx}\right|_{x=x_i} \sim \frac{u_{i+1} - u_{i-1}}{2h} \qquad (1.11)$$
と一致する．

逆に，式 (1.11) の右辺を x_i のまわりにテイラー展開すると，$u_{i+1} = u(x_i + h), u_{i-1} = u(x_i - h)$ を考慮して
$$\frac{du}{dx} + \frac{h^2}{3!}\frac{d^3 u}{dx^3} + \frac{h^4}{5!}\frac{d^5 u}{dx^5} + \cdots$$
が得られる．第 2 項以下が差分近似したために加わる誤差の項であるが，h が小さいことを考えると誤差の主要項は第 2 項で h^2 に比例していることがわかる．この場合，式 (1.11) の精度は 2 であるという（一般にテイラー展開を用いて差分式を評価したとき，もとの微分との差（誤差）が h^p に比例するならば，精度が p であるという）．

1 階微分の近似は前述のとおり最低 2 点あれば決めることができる．2 点を隣接点に選べば
$$\frac{du}{dx} \sim au_i + bu_{i+1}, \quad \frac{du}{dx} \sim au_{i-1} + bu_i$$
となり，これらの式から，式 (1.2), (1.3) で求めた前進差分および後退差分

$$\left.\frac{du}{dx}\right|_{x=x_i} \sim \frac{u_{i+1} - u_i}{h} \tag{1.12}$$

$$\left.\frac{du}{dx}\right|_{x=x_i} \sim \frac{u_i - u_{i-1}}{h} \tag{1.13}$$

が再度得られる．これらの近似の誤差は h に比例するため，精度は 1 である．

式 (1.11) は着目している点の両側の点を用いた近似であるが，境界などでは片側だけの点を用いた方が都合がよい場合がある．式 (1.12), (1.13) は片側差分の例であるが，精度の高い公式をつくるためには，たとえば 3 点を用いて，

$$au_i + bu_{i+1} + cu_{i+2} = (a+b+c)u_i + \{bh_1 + c(h_1 + h_2)\}u'_i$$
$$+ \frac{1}{2}\{bh_1^2 + c(h_1 + h_2)^2\}u''_i + \cdots$$

と書く．ただし $h_1 = x_{i+1} - x_i$, $h_2 = x_{i+2} - x_{i+1}$ である．その上で

$$a + b + c = 0, \quad bh_1 + c(h_1 + h_2) = 1, \quad \frac{1}{2}\{bh_1^2 + c(h_1 + h_2)^2\} = 0$$

とする．これらの式から，

$$a = -\frac{2h_1 + h_2}{h_1(h_1 + h_2)}, \quad b = \frac{h_1 + h_2}{h_1 h_2}, \quad c = -\frac{h_1}{h_2(h_1 + h_2)}$$

となるため，

$$\left.\frac{du}{dx}\right|_{x=x_i} \sim -\frac{2h_1 + h_2}{h_1(h_1 + h_2)}u_i + \frac{h_1 + h_2}{h_1 h_2}u_{i+1} - \frac{h_1}{h_2(h_1 + h_2)}u_{i+2} \tag{1.14}$$

が得られる．同様に

$$\left.\frac{du}{dx}\right|_{x=x_i} \sim \frac{h_1}{h_2(h_1 + h_2)}u_{i-2} - \frac{h_1 + h_2}{h_1 h_2}u_{i-1} + \frac{2h_1 + h_2}{h_1(h_1 + h_2)}u_i \tag{1.15}$$

が得られる．特に，$h_1 = h_2 = h$ のとき上式は

$$\left.\frac{du}{dx}\right|_{x=x_i} \sim \frac{-3u_i + 4u_{i+1} - u_{i+2}}{2h} \tag{1.16}$$

$$\left.\frac{du}{dx}\right|_{x=x_i} \sim \frac{2u_{i-2} - 4u_{i-1} + 3u_i}{2h} \tag{1.17}$$

となる．これらの近似式の精度は 2 である．

なお，式 (1.16) は式 (1.10) において，$h_1 = -2h$ とおき，したがって u_{i-1} を u_{i+2} とおき，さらに $h_2 = h$ としても得られる．同様に式 (1.17) は式 (1.10) において，$h_1 = h, h_2 = -2h, u_{i+1}$ を u_{i-2} とおいても得られる．

1.1.3 テイラー展開その2

テイラー展開を利用した差分近似式の別の構成法を紹介しよう[1]．はじめに点 x_i で du/dx を近似する差分近似式をつくるため，du/dx を次のように点 x_i でベキ級数に展開する．

$$\frac{du}{dx} = a_0 + a_1(x-x_i) + a_2(x-x_i)^2 + \cdots \tag{1.18}$$

x について積分すると，c を任意定数として

$$u(x) = c + a_0(x-x_i) + \frac{a_1}{2}(x-x_i)^2 + \frac{a_2}{3}(x-x_i)^3 + \cdots \tag{1.19}$$

が得られるが，これが基本式になる．たとえば2点 x_i, x_{i+1} を用いた近似式をつくるためには，式 (1.19) において $(x-x_i)^2, (x-x_i)^3, \ldots$ の項を微小量として無視した上で，$x = x_i, x = x_{i+1}$ とおくと

$$\begin{cases} u_i = c \\ u_{i+1} = c + a_0(x_{i+1} - x_i) \end{cases}$$

となるが，この式から a_0 を求めると

$$\left.\frac{du}{dx}\right|_{x=x_i} = a_0 = \frac{u_{i+1} - u_i}{x_{i+1} - x_i} \tag{1.20}$$

が得られる．同様に3点 x_{i-1}, x_i, x_{i+1} を用いる場合には，式 (1.19) において $(x-x_i)^3, (x-x_i)^4, \ldots$ の項を微小量として無視した上で，$x = x_{i-1}, x = x_i, x = x_{i+1}$ とおくと

$$u_{i-1} = c + a_0(x_{i-1} - x_i) + \frac{a_1}{2}(x_{i-1} - x_i)^2$$

$$u_i = c$$

$$u_{i+1} = c + a_0(x_{i+1} - x_i) + \frac{a_1}{2}(x_{i+1} - x_i)^2$$

となる．第2式を第1, 3式に代入すれば

$$(x_i - x_{i-1})a_0 - \frac{1}{2}(x_i - x_{i-1})^2 a_1 = u_i - u_{i-1}$$

$$(x_{i+1} - x_i)a_0 + \frac{1}{2}(x_{i+1} - x_i)^2 a_1 = u_{i+1} - u_i$$

となり，これを a_0 について解いて

$$\left.\frac{du}{dx}\right|_{x=x_i} = a_0 = \frac{\begin{vmatrix} u_i - u_{i-1} & -\frac{1}{2}(x_i - x_{i-1})^2 \\ u_{i+1} - u_i & \frac{1}{2}(x_{i+1} - x_i)^2 \end{vmatrix}}{\begin{vmatrix} x_i - x_{i-1} & -\frac{1}{2}(x_i - x_{i-1})^2 \\ x_{i+1} - x_i & \frac{1}{2}(x_{i+1} - x_i)^2 \end{vmatrix}} \quad (1.21)$$

が得られる．特に等間隔格子を用いる場合には

$$x_{i+1} - x_i = x_i - x_{i-1} = h$$

を式 (1.21) に代入して

$$\left.\frac{du}{dx}\right|_{x=x_i} \sim \frac{u_{i+1} - u_{i-1}}{2h}$$

すなわち，中心差分の公式が得られる．さらに高精度の公式を得るためには $(x-x_i)^3$ などの高次の項を残して同様の手続きをとればよい．

ここで説明した方法の利点は**円柱座標系の軸付近**など，特定の座標系を選んだために生じる見かけの特異性を合理的に取り扱えるところにある．たとえば，ラプラシアンを円柱座標で表現した場合，r を軸からの距離として

$$\frac{1}{r}\frac{d}{dr}\left(r\frac{du}{dr}\right) \quad (1.22)$$

という項が現れる．この式を差分化するとき上述の考え方を適用すると次のようになる．最も少ない点での近似ですませるために

$$\frac{1}{r}\frac{d}{dr}\left(r\frac{du}{dr}\right) = a_0$$

とおいた上で，2 回積分すると，c_0, c_1 を任意定数として

$$u = c_1 + c_0 \log r + \frac{1}{4}a_0 r^2$$

が得られる．この式に $r = r_{i-1}, r = r_i, r = r_{i+1}$ を代入して a_0 について解けば

$$\left.\frac{1}{r}\frac{d}{dr}\left(r\frac{du}{dr}\right)\right|_{r=r_i} = a_0 = \frac{\begin{vmatrix} 1 & \log r_{i+1} & u_{i+1} \\ 1 & \log r_i & u_i \\ 1 & \log r_{i-1} & u_{i-1} \end{vmatrix}}{\begin{vmatrix} 1 & \log r_{i+1} & r_{i+1}^2/4 \\ 1 & \log r_i & r_i^2/4 \\ 1 & \log r_{i-1} & r_{i-1}^2/4 \end{vmatrix}} \qquad (1.23)$$

という近似式が得られる．特に軸を $r_0 = 0$ とした場合，軸より 1 つ外側の格子点において，上式は

$$\left.\frac{1}{r}\frac{d}{dr}\left(r\frac{du}{dr}\right)\right|_{r=r_1} = \frac{-u_2 + u_1}{-\frac{1}{4}r_2^2 + \frac{1}{4}r_1^2}$$

となる．

1.2 境界値問題

差分法を用いた常微分方程式の境界値問題の解法を示す．例として，次の 2 階常微分方程式の**境界値問題**

$$\begin{cases} \dfrac{d^2u}{dx^2} + u + x = 0 & (0 < x < 1) \qquad (1.24) \\ u(0) = 0, \ u(1) = 0 & \qquad (1.25) \end{cases}$$

を考える．この問題は次の厳密解をもつ：

$$u(x) = \frac{\sin x}{\sin 1} - x \qquad (1.26)$$

差分法を用いて上の問題を解く場合，はじめに解くべき領域 $[0,1]$ を図 1.5 に示すように有限個の**格子**に分割する．そして変数の変域を有限個の**格子点**上に制限する．この格子点上での微分方程式の近似解を求め

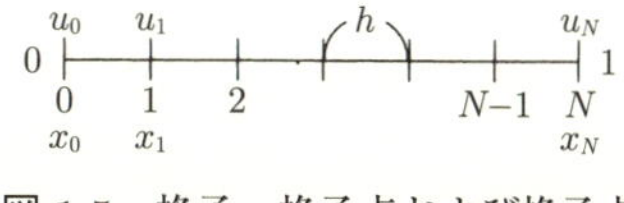

図 **1.5** 格子，格子点および格子点での x, u の番号付け

るのが差分法の立場である（格子点以外での場所での値が必要になれば，格子点で求めた値から補間する）．格子数を N（格子点数 $N+1$）とし，格子点番

号を左から $0, 1, \ldots, N$ とする．また，各格子点の座標を順に $x_0, x_1, \ldots, x_N$ とし，各格子点での u の値を順に $u_0, u_1, \ldots, u_N$，すなわち

$$u_j \sim u(x_j) \quad (j = 0, 1, \ldots, N) \tag{1.27}$$

とする．格子幅は等間隔である必要はないが，ここでは簡単のため等間隔 $(= h)$，すなわち

$$h = \frac{1}{N}, \quad x_j = jh \quad (j = 0, 1, \ldots, N) \tag{1.28}$$

にとることにする．

次に微分方程式 (1.24) を差分近似してみよう．式 (1.5) を用いると式 (1.24) は

$$\frac{u(x+h) - 2u(x) + u(x-h)}{h^2} + u(x) + x = 0$$

と近似できるが，上式に $x = x_i$ を代入し

$$u(x_j + h) = u(x_{j+1}) = u_{j+1}, \quad u(x_j - h) = u(x_{j-1}) = u_{j-1}$$

などを考慮すると，差分近似式

$$u_{j-1} + (h^2 - 2)u_j + u_{j+1} = -jh^3 \tag{1.29}$$

が得られる．この式は j について $j = 1, 2, \ldots, N-1$ の合計 $N-1$ 個の点で成り立つため，未知数 $u_1, u_2, \ldots, u_{N-1}$ に関する $N-1$ 元の連立 1 次方程式になっている．一方，境界条件は

$$u_0 = u_N = 0 \tag{1.30}$$

となる．式 (1.29) は境界条件 (1.30) を考慮して行列の形で表現すると

$$\begin{bmatrix} h^2 - 2 & 1 & & & 0 \\ 1 & h^2 - 2 & 1 & & \\ & \ddots & \ddots & \ddots & \\ & & 1 & h^2 - 2 & 1 \\ 0 & & & 1 & h^2 - 2 \end{bmatrix} \begin{bmatrix} u_1 \\ u_2 \\ \vdots \\ u_{N-2} \\ u_{N-1} \end{bmatrix} = \begin{bmatrix} -h^3 \\ -2h^3 \\ \vdots \\ -(N-2)h^3 \\ -(N-1)h^3 \end{bmatrix} \tag{1.31}$$

と書ける．各格子点上での微分方程式の解の近似値 u_j はこの方程式の解とし

て求まる.

以上をまとめると差分法を用いる場合，境界値問題は次の手順で解くことができる.

① 解くべき領域を差分格子に分割する.
② 微分方程式を差分格子点上で成り立つ差分方程式に置き換える.
③ 得られた差分方程式を解いて差分格子点上の近似解を求める.

a. 3項方程式の解法

式 (1.31) は次の **3 項方程式**（3 重対角方程式）の特殊な場合とみなせる.

$$
\begin{aligned}
b_1 x_1 + c_1 x_2 &= d_1 \\
a_2 x_1 + b_2 x_2 + c_2 x_3 &= d_2 \\
a_3 x_2 + b_3 x_3 + c_3 x_4 &= d_3 \\
&\vdots \\
a_{M-1} x_{M-2} + b_{M-1} x_{M-1} + c_{M-1} x_M &= d_{M-1} \\
a_M x_{M-1} + b_M x_M &= d_M
\end{aligned}
\tag{1.32}
$$

この連立 1 次方程式は今後しばしば出てくるため，消去法による解法（トーマス (Thomas) 法）を紹介する.

1 番目の式から

$$x_1 = \frac{d_1 - c_1 x_2}{b_1} = \frac{s_1 - c_1 x_2}{g_1}$$

となる. ただし

$$g_1 = b_1, \quad s_1 = d_1 \tag{1.33}$$

とおいた. これを 2 番目の式に代入して x_2 について解くと

$$x_2 = \frac{s_2 - c_2 x_3}{g_2}$$

となる. ここで

$$g_2 = b_2 - \frac{a_2 c_1}{g_1}, \quad s_2 = d_2 - \frac{a_2 s_1}{g_1}$$

である. さらに，この式を 3 番目の式に代入し，x_3 について解くと

$$x_3 = \frac{s_3 - c_3 x_4}{g_3}$$

$$g_3 = b_3 - \frac{a_3 c_2}{g_2}, \quad s_3 = d_3 - \frac{a_3 s_2}{g_2}$$

となる.以上のことから推論できるように,この手続きを繰り返して,i 番目の式を x_i について解くと

$$x_i = \frac{1}{g_i}(s_i - c_i x_{i+1}) \tag{1.34}$$

ただし

$$g_i = b_i - \frac{a_i c_{i-1}}{g_{i-1}}, \quad s_i = d_i - \frac{a_i s_{i-1}}{g_{i-1}} \tag{1.35}$$

となる.この式は $i = 2, \ldots, M$ について成り立つ.ただし,$i = M$ のときは c_M がないため,式 (1.34) は

$$x_M = \frac{s_M}{g_M} \tag{1.36}$$

を意味しており,すでに x_M が求まっていることに注意する.次に式 (1.34) で $i = M-1$ とおくことにより,x_M から x_{M-1} が求まる.同様に式 (1.34) を用いて,$x_{M-1} \to x_{M-2} \to x_{M-3} \to \cdots$ の順に解を求めることができる.以上をまとめると式 (1.32) は次のようにして解くことができる.

① $g_1 = b_1, s_1 = d_1$ とおく.
② $i = 2, 3, \ldots, M$ の順に g_i, s_i を式 (1.35) から求め記憶する.
③ このとき $x_M = s_M/g_M$ である.
④ 次に,$i = M-1, M-2, \ldots, 1$ の順に式 (1.34) から x_i を求める.

トーマス法を用いて 3 項方程式を解くプログラムのフローチャートを図 1.6 に示す.トーマス法の実際のプログラムは THOMAS.FOR, THOMAS.C という名前で,さらにその説明などは THOMAS.TXT という名前でホームページにアップされている.また,本節で取り上げた境界値問題を解くプログラムのフローチャートを図 1.7 に示す.実際のプログラムおよびその説明などは BVP.FOR, BVP.C および BVP.TXT という名前でホームページにアップされている.

1.3 初期値問題 1

本節では 1 階微分方程式の初期値問題

1.3 初期値問題 1

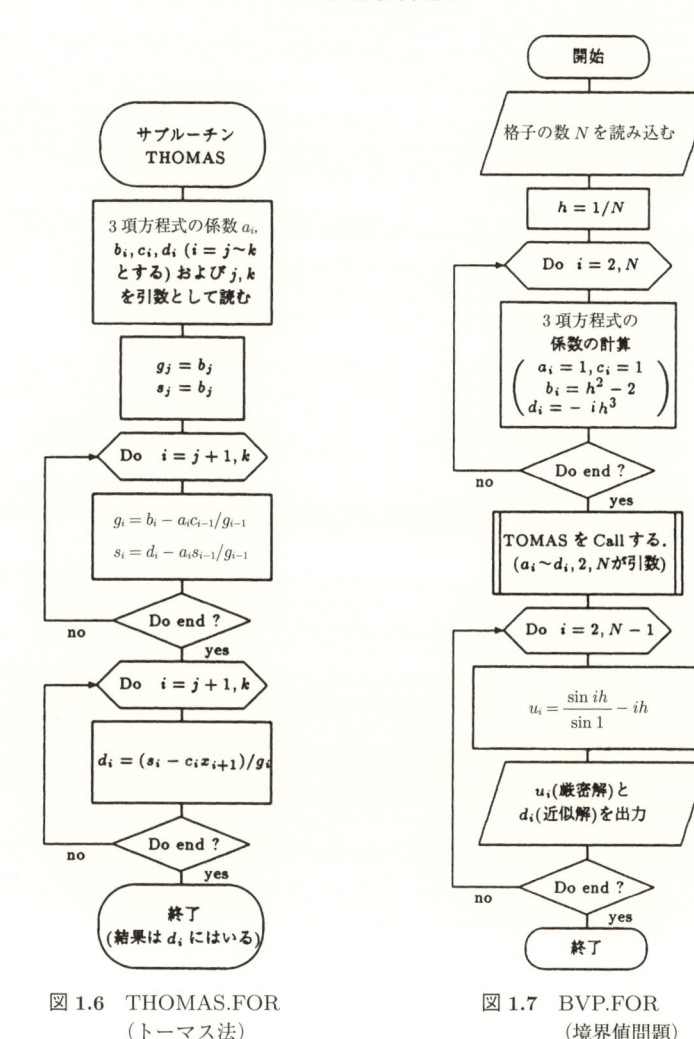

図 1.6 THOMAS.FOR
（トーマス法）

図 1.7 BVP.FOR
（境界値問題）

$$\begin{cases} \dfrac{du}{dt} = f(t,u) & (t>0) \\ u(0) = a \end{cases} \quad (1.37) \\ (1.38)$$

を考える．式 (1.37) の微分を前進差分で近似すると

$$\frac{u^{n+1}-u^n}{\Delta t} = f(t_n, u^n) \quad (t_n = n\Delta t) \quad (1.39)$$

となる．ただし，$u^n \sim u(n\Delta t)$ であり，時間軸の格子幅（時間刻み）Δt は一定としている．また慣例により時間に関する添字は上つき添字で表記している．上式は

$$u^{n+1} = u^n + \Delta t f(t_n, u^n) \qquad (1.40)$$

と書けるが，式 (1.37) をこの式で近似する方法がオイラー（Euler）法である．初期条件 (1.38) は $u^0 = a$ であるから，式 (1.40) において $n = 0, 1, 2, \ldots$ と順次変化させることにより

$$u^0 \to u^1 \to u^2 \to \cdots$$

の順に，近似解が Δt 刻みに求まることになる．この場合は境界値問題と異なり連立方程式を解く必要はない．

例として

$$f(t, u) = -u, \quad a = 1 \qquad (1.41)$$

ととってみよう．もとの微分方程式の厳密解は

$$u = e^{-t}$$

である．差分方程式 (1.40) はいまの場合

$$u^{n+1} = (1 - \Delta t) u^n \qquad (1.42)$$

となるが，これは数値的に解くまでもなく，解を明示的に表示できる．すなわち，初期条件から式 (1.42) で $n = 0$ として

$$u^1 = (1 - \Delta t) u^0 = (1 - \Delta t)$$

であり，この結果および式 (1.42) で $n = 1$ とした式から

$$u^2 = (1 - \Delta t) u^1 = (1 - \Delta t)^2$$

同様に

$$u^3 = (1 - \Delta t) u^2 = (1 - \Delta t)^3$$

$$\cdots$$

$$u^n = (1-\Delta t)u^{n-1} = (1-\Delta t)^n$$

が得られる．ある時刻 t での u の値を求めるため，区間 $[0,t]$ を n 等分したとすると，$n\Delta t = t\ (\Delta t = t/n)$ であるから上式は

$$u^n = \left(1 - \frac{t}{n}\right)^n \tag{1.43}$$

となる．$n \to \infty$ の極限でこの式の右辺は e^{-t} に収束するため，この場合は微分方程式の厳密解と一致することがわかる．この結果は，微分方程式の近似である差分方程式の厳密解が，差分間隔 $\Delta t \to 0$ の極限でもとの微分方程式の厳密解と一致することを示している．このことは差分間隔が 0 の極限で差分方程式と微分方程式が一致することを思い出せば当然のようであるが，後で議論するように必ずしも一般的に成り立つことではない．すなわち，差分方程式が極限で一致しても，それぞれの解までが一致するとは限らない．

オイラー法は**連立 1 階微分方程式**の初期値問題にも容易に適用できる．2 元の連立微分方程式の初期値問題

$$\begin{aligned}\frac{du}{dt} = f(t,u,v), \quad \frac{dv}{dt} = g(t,u,v)\\ u(0) = a, \quad v(0) = b\end{aligned} \tag{1.44}$$

を例にとると，式 (1.2) から

$$\begin{aligned}u(t+\Delta t) = u(t) + \Delta t f(t,u(t),v(t))\\ v(t+\Delta t) = v(t) + \Delta t g(t,u(t),v(t))\end{aligned} \tag{1.45}$$

が得られ，しかも $u(0), v(0)$ が既知であるから

$$u(0), v(0) \to u(\Delta t), v(\Delta t) \to u(2\Delta t), v(2\Delta t) \to \cdots$$

の順に Δt 刻みで解が求まることになる．3 元以上の連立微分方程式も同様に取り扱うことができる．

高階微分方程式の初期値問題

$$\begin{aligned}u^{(m)} = f(t,u,u',\ldots,u^{(m-1)})\\ u(0) = a_1,\ u'(0) = a_2,\ldots,\ u^{(m-1)}(0) = a_m\end{aligned} \tag{1.46}$$

が与えられた場合は

$$u = u_1,\ u' = u_2,\ u'' = u_3, \ldots,\ u^{(m-1)} = u_m$$

とおくと

$$\frac{du_1}{dx} = u_2,\ \frac{du_2}{dx} = u_3, \ldots,\ \frac{du_{m-2}}{dx} = u_{m-1} \tag{1.47}$$

であり，式 (1.46) は

$$\frac{du_m}{dt} = f(t, u_1, u_2, \ldots, u_{m-1}) \tag{1.48}$$

$$u_1(0) = a_1,\ u_2(0) = a_2, \ldots,\ u_m(0) = a_m \tag{1.49}$$

と書ける．すなわち，式 (1.47)〜(1.49) は m 元の連立 1 階微分方程式の初期値問題になっている．したがって，前述のようにたとえばオイラー法を用いて解くことができる．

1.4　初 期 値 問 題 2

本節では初期値問題 (1.37),(1.38) に対してオイラー法よりも精度のよい方法をテイラー展開を用いて構成する．テイラー展開および式 (1.37) から

$$\begin{aligned}
u(t + \Delta t) &= u(t) + \Delta t u' + \frac{(\Delta t)^2}{2!} u'' + \frac{(\Delta t)^3}{3!} u''' + \cdots \\
&= u(t) + \Delta t f + \frac{(\Delta t)^2}{2!} f' + \frac{(\Delta t)^3}{3!} f'' + \cdots
\end{aligned} \tag{1.50}$$

となる．はじめに Δt が十分に小さいとして右辺の第 3 項以下を省略すれば

$$u(t + \Delta t) = u(t) + \Delta t f(t, u)$$

となり，オイラー法が得られる．このとき誤差は $O(\Delta t^2)$ であるが，一般に $u(t + \Delta t)$ について解いた式の誤差が $O(\Delta t^P)$ のとき精度 $P - 1$ とよぶことにすれば，オイラー法は精度 1 である．ただし，$O(\Delta t^n)$ とはランダウ記号といい，$\Delta t \to 0$ において，$(\Delta t)^n$ と同程度の速さで 0 に収束する量を表す．さらに精度がよい方法を得るためには，式 (1.50) の右辺を第 2 項で打ち切らず，より高次の項まで考慮すればよい．たとえば，精度 2 の方法をつくるには式 (1.50) において第 3 項まで残し，第 4 項以下を無視して

1.4 初期値問題 2

$$u(t+\Delta t) \sim u(t) + \Delta t \left(f + \frac{\Delta t}{2} f' \right) = u(t) + \Delta t \left\{ f + \frac{\Delta t}{2} (f_t + f f_u) \right\} \tag{1.51}$$

とする．ただし，

$$f' = \frac{\partial f}{\partial t}\frac{dt}{dt} + \frac{\partial f}{\partial u}\frac{du}{dt} = f_t + f_u f \tag{1.52}$$

を用いた．式 (1.51) を用いて u を計算するためには f 以外に f_t, f_u の値を計算する必要がある．

一方，以下に示すようにテイラー展開を利用すれば f だけの計算により同じ精度で計算法を閉じさせることができる．2 変数のテイラー展開の関係式を用いれば，p, q, r, s を定数として

$$\begin{aligned} &pf(t,u) + qf(t+r\Delta t, u + s\Delta t f(t,u)) \\ &= pf + q\{f + r\Delta t f_t + s\Delta t f f_u + O(\Delta t^2)\} \\ &= (p+q)f + \Delta t(qr f_t + qs f f_u) + O(\Delta t^2) \end{aligned} \tag{1.53}$$

が得られる．したがって，

$$p+q=1, \quad qr=1/2, \quad qs=1/2 \tag{1.54}$$

にとれば，$(\Delta t)^2$ の誤差の範囲で式 (1.51) の右辺の中括弧内の式と，式 (1.53) が一致することがわかる．これは，式 (1.54) を満たすように p, q, r, s を選べば，式 (1.52) の代わりに，同じ精度で

$$u(t+\Delta t) = u(t) + \Delta t\{pf(t,u) + qf(t+r\Delta t, u + s\Delta t f)\} \tag{1.55}$$

が利用でき，f_t, f_u を計算する必要がなくなることを意味している．式 (1.54) は未知数が 4 つで方程式が 3 つであるため，p, q, r, s は一意的に決まらず種々の取り方ができる．たとえば

$$p=0, \quad q=1, \quad r=s=1/2$$

にとれば

$$u(t+\Delta t) = u(t) + \Delta t f\left(t + \frac{\Delta t}{2}, u + \frac{f\Delta t}{2}\right) \tag{1.56}$$

という方法（修正オイラー法）が得られる．さらに

$$p = q = 1/2, \quad r = s = 1$$

にとれば，

$$u(t+\Delta t) = u(t) + \frac{\Delta t}{2}\{f(t,u) + f(t+\Delta t, u+\Delta t f(t,u))\}$$

あるいは同じことであるが

$$\begin{cases} s_1 = f(t,u) \\ s_2 = f(t+\Delta t, u+s_1\Delta t) \\ u(t+\Delta t) = u(t) + \dfrac{\Delta t}{2}(s_1+s_2) \end{cases} \tag{1.57}$$

という方法が得られる．この方法は **2**次のルンゲ–クッタ（Runge–Kutta）法またはホイン（Heun）法とよばれる．

同じ考え方でさらに高精度の公式もつくることができる．その中でもしばしば使われる方法に **4**次のルンゲ–クッタ法（精度4）があり，次式で与えられる[1]．

---

[1]
$$s_1 = f(t,u)$$
$$s_2 = f(t+\alpha_1\Delta t, u+\beta_1 s_1\Delta t)$$
$$s_3 = f(t+\alpha_2\Delta t, u+\beta_2 s_1\Delta t + \gamma_2 s_2\Delta t)$$
$$s_4 = f(t+\alpha_3\Delta t, u+\beta_3 s_1\Delta t + \gamma_3 s_2\Delta t + \delta_3 s_3\Delta t)$$

とおいた上で，s_1, s_2, s_3, s_4 の線形結合

$$u(t+\Delta t) = u(t) + \Delta t(c_1 s_1 + c_2 s_2 + c_3 s_3 + c_4 s_4)$$

をつくる．これが，

$$u(t+\Delta t) = u(t) + \Delta t f(t,u) + \frac{(\Delta t)^2}{2!}f'(t,u) + \frac{(\Delta t)^3}{3!}f''(t,u)$$
$$+ \frac{(\Delta t)^4}{4!}f'''(t,u) + O(\Delta t^5)$$

と $(\Delta t)^4$ の項まで一致するようにする．そのため，上式をテイラー展開して $(\Delta t)^4$ までの係数を比較すると 13 個の未知数に関する 11 個の方程式が得られる．したがって，解は無数にあるが，その中で個々の解が簡単な数になるように選んだのが式 (1.58) である．式 (1.58) は 1/6 公式ともよばれる．その他，簡単な数値の解として

$$c_1 = c_4 = 1/8, c_2 = c_3 = 3/8, \alpha_1 = \alpha_2 = 1/3, \alpha_4 = 1,$$
$$\beta_1 = 2/3, \beta_2 = \beta_3 = 1, \gamma_2 = -1/3, \gamma_3 = -1, \delta_3 = 1$$

があり，1/8 公式とよばれている．

$$\begin{cases} s_1 = f(t, u) \\ s_2 = f(t + \Delta t/2, u + s_1 \Delta t/2) \\ s_3 = f(t + \Delta t/2, u + s_2 \Delta t/2) \\ s_4 = f(t + \Delta t, u + s_3 \Delta t) \\ u(t + \Delta t) = u(t) + \dfrac{\Delta t}{6}(s_1 + 2s_2 + 2s_3 + s_4) \end{cases} \tag{1.58}$$

式 (1.57), (1.58) はともに連立1階微分方程式の初期値問題にもそのまま適用でき，したがって，高階微分方程式の初期値問題にも適用できる．

ルンゲ–クッタ法のプログラムのフローチャートを図 1.8 に示す．なお，実際のプログラム例は RUNGE.FOR, RUNGE.C という名前でホームページにアップされている．これは

$$\frac{du}{dt} = \frac{1}{2}(1 + t)u^2, \quad u(0) = 1$$

を解くプログラムで，計算結果として厳密解

$$u(t) = \frac{4}{4 - 2t - t^2}$$

と比較されている．なお，プログラムの説明はホームページの RUNGE.TXT にある．

常微分方程式の初期値問題 (1.37), (1.38) を解く別の方法に数値積分を利用する方法がある．式 (1.37) を区間 $[t_{n-k}, t_{n+1}] = [(n-k)\Delta t, (n+1)\Delta t]$ で積分すると

$$u^{n+1} - u^{n-k} = \int_{t_{n-k}}^{t_{n+1}} \frac{du}{dt} dt = \int_{t_{n-k}}^{t_{n+1}} f(t, u) dt \tag{1.59}$$

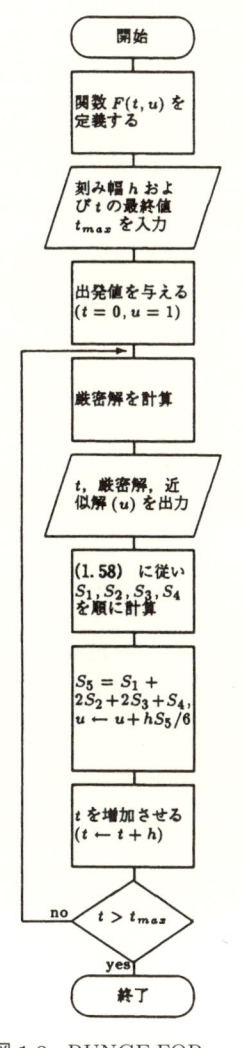

図 1.8　RUNGE.FOR（ルンゲ–クッタ法）

となるが，右辺の積分をいろいろな数値積分で置き換えると，種々の近似公式が得られる．たとえば $k = 0$ とおき，積分を台形公式[*2)]で近似すれば

[*2)] 台形公式，シンプソンの公式については巻末の付録 F で説明している．

$$u^{n+1} = u^n + \frac{\Delta t}{2}\{f(t_n, u^n) + f(t_{n+1}, u^{n+1})\} \tag{1.60}$$

となる．また $k=1$ とおき，積分をシンプソン（Simpson）の公式で近似すれば

$$u^{n+1} = u^n + \frac{\Delta t}{3}\{f(t_{n-1}, u^{n-1}) + 4f(t_n, u^n) + f(t_{n+1}, u^{n+1})\} \tag{1.61}$$

という式が得られる．いずれにせよ，右辺にも未知数である u^{n+1} が含まれていることに注意する．すなわち，f が複雑な関数の場合，これらの式はそのままでは u^{n+1} に関して解けない形をしている[*3]．

この困難を回避するため，これらの式の右辺の u^{n+1} を左辺と等しくとらずに別の方法で求めておいた $\bar{u}^{n+1}$ で代用するという方法が考えられる．たとえば，式 (1.60) を用いる場合，右辺の u^{n+1} をオイラー法で近似すると次の 2 段階の方法になる．

$$\begin{cases} \bar{u}^{n+1} = u^n + \Delta t f(t_n, u^n) \\ u^{n+1} = u^n + \frac{\Delta t}{2}\{f(t_n, u^n) + f(t_{n+1}, \bar{u}^{n+1})\} \end{cases} \tag{1.62}$$

このように陽的な方法と陰的な方法を組み合わせ，陽的な方法を u^{n+1} の予測（予測子，predictor という）のために用い，陰的な方法を予測値からあらためて u^{n+1} を計算しなおす（修正子，corrector という）ために用いる方法が**予測子–修正子法**である．この例では予測子としてオイラー法，修正子としては台形公式を用いた予測子–修正子法になっているが，それぞれにいろいろな方法を用いることができる[*4]．なお，式 (1.62) の第 1 式を第 2 式に代入すれば

$$u^{n+1} = u^n + \frac{\Delta t}{2}\{f(t_n, u^n) + f(t_{n+1}, u^n + \Delta t f(t_n, u^n))\}$$

が得られるが，これは 2 次のルンゲ–クッタ法と同一である．

[*3] u^{n+1} に関してすぐには解けない形をしている方法を陰的な方法とよぶ．一方，オイラー法などすぐに u^{n+1} が求まる方法を陽的な方法とよぶ．

[*4] たとえば予測子に

$$\bar{u}^{n+1} = u^{n-3} + \frac{4}{3}\Delta t(2f^{n-2} - f^{n-1} + 2f^n)$$

修正子にシンプソンの公式

$$u^{n+1} = u^{n-1} + \frac{\Delta t}{3}\{f^{n-1} + 4f^n + f(t_{n+1}, \bar{u}^{n+1})\}$$

を用いる方法をミルン（Milne）法という．

1.5 線 の 方 法

1次元の熱伝導方程式の初期値・境界値問題

$$\begin{cases} \dfrac{\partial u}{\partial t} = k\dfrac{\partial^2 u}{\partial x^2} & (k>0, t>0, 0<x<1) \qquad (1.63) \\ u(0,t) = u(1,t) = 0 \qquad (1.64) \\ u(x,0) = f(x) \qquad (1.65) \end{cases}$$

を例にとる.この問題の物理的な意味については第2章で説明する.u は x と t の関数であるが,x に対しては境界値問題であるから,1.2 節で示した方法で x に関してのみ差分化を行う.このとき,x の領域 $[0,1]$ をたとえば N 個の等間隔の格子に分割し,各格子点に 0 番目から始まる格子番号を付ける.そして j 番目の格子点 $x = jh (h=1/N)$ における u の値を $u_j(t)$ と書くことにすれば,式 (1.63)~(1.65) は

$$\frac{du_j(t)}{dt} = k\frac{u_{j-1}(t) - 2u_j(t) + u_{j+1}(t)}{h^2} \quad (j=1,2,\ldots,N) \qquad (1.66)$$

$$u_0(t) = u_N(t) = 0 \qquad (1.67)$$

$$u_j(0) = f(jh) \quad (j=1,2,\ldots,N) \qquad (1.68)$$

となる.上式は $u_j(t)(j=1\sim N-1)$ に関する連立常微分方程式の初期値問題であるから,1.3,1.4 節で説明した方法を用いて解くことができる.このように,偏微分方程式の偏微分係数の中で一部だけを差分化して連立常微分方程式とみなし,常微分方程式の解法を適用する方法を**線の方法**とよんでいる.線の方法の利点として,常微分方程式で開発された種々の方法が偏微分方程式の解法に使えることがあげられる.

たとえば,1.3 節のオイラー法を式 (1.66) に適用すると

$$u_j^{n+1} = u_j^n + \frac{k\Delta t}{h^2}(u_{j-1}^n - 2u_j^n + u_{j+1}^n) \quad (j=1,2,\ldots,N) \qquad (1.69)$$

$$u_j^0 = f(jh)$$

となる(これは次章で説明する FTCS 法と同じものである).ただし,境界条

件 (1.64) から $u_0^n = u_N^n = 0$ である.

次に式 (1.62) を適用すれば

$$\bar{u}_j^{n+1} = u_j^n + \frac{k\Delta t}{h^2}(u_{j-1}^n - 2u_j^n + u_{j+1}^n) \quad (j = 1, 2, \ldots, N) \qquad (1.70)$$

$$u_j^{n+1} = u_j^n + \frac{k\Delta t}{2h^2}\{(u_{j-1}^n - 2u_j^n + u_{j+1}^n) + (\bar{u}_{j-1}^{n+1} - 2\bar{u}_j^{n+1} + \bar{u}_{j+1}^{n+1})\}$$

が得られる.ただし,初期条件と境界条件から

$$u_j^0 = f(jh)$$
$$u_0^n = \bar{u}_0^n = u_N^n = \bar{u}_N^n = 0$$

である.

2

線形偏微分方程式の差分解法

　流体力学の支配方程式であるナビエ–ストークス方程式は非線形の 2 階偏微分方程式である．しかし，2 階線形偏微分方程式の差分解法の知識が流体力学に現れる方程式の差分解法に役立つ．さらに，非圧縮性のポテンシャル流など，流体にある種の仮定を設けると支配方程式は線形になり，線形偏微分方程式の解法がそのまま使える．よく知られているように，2 階線形偏微分方程式は，楕円型，放物型，双曲型に分類され，その数学的な性質は異なっている．それを反映して差分解法も異なっている．本章では，非圧縮性ナビエ–ストークス方程式を取り扱う場合，上述のすべての型の方程式と密接に関連することをはじめに示す．次に，楕円型，放物型，双曲型の順に差分解法の基礎を説明する．最後に，ナビエ–ストークス方程式の簡単なモデル方程式として移流拡散方程式を取り上げ，流体力学の方程式の差分解法にしばしば用いられる上流差分の概念を説明する．

2.1　2 階線形偏微分方程式の分類

　2 階線形偏微分方程式は，物理学や工学でしばしば現れる非常に重要な方程式であり，2 変数の場合

$$Au_{xx} + Bu_{xy} + Cu_{yy} + Du_x + Eu_y + Fu + G = 0 \tag{2.1}$$

という形をしている．ここで，添字は各変数に関する偏微分を表す．A, B, C, D, E, F, G は一般に (x, y) の関数であるが，もちろん定数でもよい．式 (2.1) は次のように 3 種類に分類される．

(a) $B^2 - 4AC < 0$ のとき**楕円型偏微分方程式**
(b) $B^2 - 4AC = 0$ のとき**放物型偏微分方程式**
(c) $B^2 - 4AC > 0$ のとき**双曲型偏微分方程式**

偏微分方程式はその型によって数学的な性質は異なり，それゆえ差分解法も異なっている．このことに関しては次節以降で順に説明していく．なお，独立変数が3つの場合も上述の3種類に分類される[*1)]．式 (2.1) に**変数変換**

$$\begin{cases} \xi = \xi(x,y) \\ \eta = \eta(x,y) \end{cases} \quad (2.2)$$

を行って独立変数を ξ, η に変換する．

$$u_x = \xi_x u_\xi + \eta_x u_\eta$$
$$u_y = \xi_y u_\xi + \eta_y u_\eta$$
$$u_{xx} = \xi_x^2 u_{\xi\xi} + 2\xi_x \eta_x u_{\xi\eta} + \eta_x^2 u_{\eta\eta} + \xi_{xx} u_\xi + \eta_{xx} u_\eta \quad (2.3)$$
$$u_{xy} = \xi_x \xi_y u_{\xi\xi} + (\xi_x \eta_y + \xi_y \eta_x) u_{\xi\eta} + \eta_x \eta_y u_{\eta\eta} + \xi_{xy} u_\xi + \eta_{xy} u_\eta$$
$$u_{yy} = \xi_y^2 u_{\xi\xi} + 2\xi_y \eta_y u_{\xi\eta} + \eta_y^2 u_{\eta\eta} + \xi_{yy} u_\xi + \eta_{yy} u_\eta$$

である[*2)]から，これらの関係式を式 (2.1) に代入すると

[*1)] 独立変数が3つ以上の場合，2階線形偏微分方程式は次の形に書ける．

$$\sum_{i=1}^{n} \sum_{j=1}^{n} A_{ij} \frac{\partial^2 u}{\partial x_i \partial x_j} + \sum_{i=1}^{n} B_i \frac{\partial u}{\partial x_i} + Cu = G$$

このとき，係数の行列 (A_{ij}) の固有値により次のように分類される．
(1) 双曲型：0でない1つの固有値を除き，他の固有値が一定符号の場合
(2) 放物型：固有値の1つが0で，他の固有値が一定符号の場合
(3) 楕円型：すべての固有値が一定符号の場合

[*2)] u_{xy} については以下のように計算する．

$$u_{xy} = (u_x)_\xi \xi_y + (u_x)_\eta \eta_y = (\xi_x u_\xi + \eta_x u_\eta)_\xi \xi_y + (\xi_x u_\xi + \eta_x u_\eta)_\eta \eta_y$$
$$= u_{\xi\xi} \xi_x \xi_y + u_\xi \xi_y (\xi_x)_\xi + u_{\xi\eta} \eta_x \xi_y + u_\eta \xi_y (\eta_x)_\xi$$
$$\quad + u_{\xi\eta} \xi_x \eta_y + u_\xi \eta_y (\xi_x)_\eta + u_{\eta\eta} \eta_x \eta_y + u_\eta \eta_y (\eta_x)_\eta$$
$$= \xi_x \xi_y u_{\xi\xi} + (\xi_x \eta_y + \eta_x \xi_y) u_{\xi\eta} + \eta_x \eta_y u_{\eta\eta}$$
$$\quad + \{(\xi_x)_\xi \xi_y + (\xi_x)_\eta \eta_y\} u_\xi + \{(\eta_x)_\xi \xi_y + (\eta_x)_\eta \eta_y\} u_\eta$$
$$= \xi_x \xi_y u_{\xi\xi} + (\xi_x \eta_y + \xi_y \eta_x) u_{\xi\eta} + \eta_x \eta_y u_{\eta\eta} + \xi_{xy} u_\xi + \eta_{xy} u_\eta$$

u_{xx} については上式で添字 y を x に，u_{yy} については上式で添字 x を y とおけばよい．

$$A^* u_{\xi\xi} + B^* u_{\xi\eta} + C^* u_{\eta\eta} + D^* u_\xi + E^* u_\eta + F^* u + G^* = 0 \tag{2.4}$$

ただし,

$$\begin{aligned}
A^* &= A\xi_x^2 + B\xi_x\xi_y + C\xi_y^2 \\
B^* &= 2A\xi_x\eta_x + B(\xi_x\eta_y + \xi_y\eta_x) + 2C\xi_y\eta_y \\
C^* &= A\eta_x^2 + B\eta_x\eta_y + C\eta_y^2 \\
D^* &= A\xi_{xx} + B\xi_{xy} + C\xi_{yy} + D\xi_x + E\xi_y \\
E^* &= A\eta_{xx} + B\eta_{xy} + C\eta_{yy} + D\eta_x + E\eta_y \\
F^* &= F(x(\xi,\eta), y(\xi,\eta)) \\
G^* &= G(x(\xi,\eta), y(\xi,\eta))
\end{aligned} \tag{2.5}$$

が得られる.このとき簡単な計算により

$$B^{*2} - 4A^* C^* = (\xi_x\eta_y - \xi_y\eta_x)^2 (B^2 - 4AC)$$

となるため,$\xi_x\eta_y - \xi_y\eta_x \neq 0$ の場合,変換 (2.2) を行っても方程式の型は不変である.

変数変換は,偏微分方程式の種々の解法や一般的な議論において,しばしば用いられる.ただし,数学では変換 (2.2) は偏微分方程式を標準形に書き直すなど,もとの方程式の簡略化に利用されることが多い.一方,それとは対照的に,数値計算では領域を簡単な形状に変換することに用いられ,結果として得られる方程式はもとの方程式より複雑になる.この点については 5 章で詳しく述べる.

2 階偏微分方程式の例をあげておく.流体の運動を記述するナビエ–ストークス (Navier–Stokes) 方程式は 2 次元の場合,渦度 ω と流れ関数 ψ を用いて

$$\frac{\partial^2 \psi}{\partial x^2} + \frac{\partial^2 \psi}{\partial y^2} = -\omega \tag{2.6}$$

$$\frac{\partial \omega}{\partial t} + \frac{\partial \psi}{\partial y}\frac{\partial \omega}{\partial x} - \frac{\partial \psi}{\partial x}\frac{\partial \omega}{\partial y} = \frac{1}{\text{Re}}\left(\frac{\partial^2 \omega}{\partial x^2} + \frac{\partial^2 \omega}{\partial y^2}\right) \tag{2.7}$$

と表現される.ここで Re は定数(レイノルズ数とよばれる)である.

式 (2.6) はポアソン方程式とよばれ,楕円型偏微分方程式の典型的な例になっている(式 (2.1) で,$A = C = 1, B = 0$).

次に $\partial/\partial y = 0$ と仮定できる場合（流れは 1 次元的な場合），式 (2.7) は

$$\frac{\partial \omega}{\partial t} = \frac{1}{\mathrm{Re}} \frac{\partial^2 \omega}{\partial x^2} \tag{2.8}$$

となる．これは（1 次元）**拡散方程式**とよばれ放物型偏微分方程式の典型例である（式 (2.1) で $A = 1/\mathrm{Re}, B = C = 0$）．

双曲型偏微分方程式の代表例は（1 次元）**波動方程式**

$$\frac{\partial^2 u}{\partial t^2} - c^2 \frac{\partial^2 u}{\partial x^2} = 0 \tag{2.9}$$

である（式 (2.1) で $A = -c^2, B = 0, C = 1$）．いま

$$v = \frac{\partial u}{\partial t} - c \frac{\partial u}{\partial x}$$

とおくと，式 (2.9) は

$$\frac{\partial v}{\partial t} + c \frac{\partial v}{\partial x} = 0 \tag{2.10}$$

と書き換えることができるが，この式は式 (2.7) で Re が大きいと仮定して右辺を無視した上で，$\omega = v, \psi = cy$ とおくと得られる．

ここでは一例をあげたにすぎないが，このようにナビエ–ストークス方程式を数値的に解く場合，すべての型の偏微分方程式と密接に関連することになる．

2.2　楕円型偏微分方程式

楕円型偏微分方程式は**境界値問題**として現れる．本節では特にラプラス方程式を例にとり，境界値問題の差分解法について調べることにする．ラプラス方程式はいろいろな物理量の平衡状態を表す方程式であるが，ここでは物理量を熱とする．いま，図 2.1 に示すような正方形形状をした熱伝導率一定の平板内の熱伝導を考え，熱平衡状態に達したときの温度分布を求める問題を取り扱う．ただし，境界条件として辺 AB 上で 1，AD 上で 0.5，BC と CD 上で 0 の温度を与えるとする．この問題は次のように定式化される：

$$\triangle u = \frac{\partial^2 u}{\partial x^2} + \frac{\partial^2 u}{\partial y^2} = 0 \quad (0 < x < 1, 0 < y < 1) \tag{2.11}$$

$$u(x, 0) = 1, \quad u(0, y) = 0.5, \quad u(1, y) = u(x, 1) = 0 \tag{2.12}$$

1.2 節にならって以下の順でこの問題を解く．

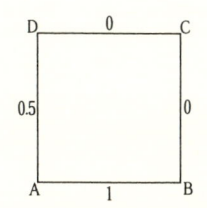

図 2.1　正方形領域内の熱伝導
　　　　問題の境界条件

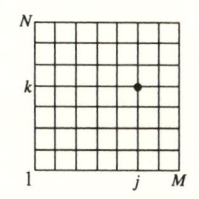

図 2.2　正方形領域の
　　　　格子分割例

① 領域を差分格子に分割する.
② 偏微分方程式を差分方程式に変換する.
③ 得られた差分方程式（連立代数方程式）を解いて近似解を求める.

①については領域が正方形であるので簡単であり，ここでは図 2.2 に示すように $(M-1) \times (N-1)$ 個の長方形格子に分割する．各格子は必ずしも合同である必要はないが，式を簡単にするため合同であるとする．このとき，x 方向の格子幅 Δx は $1/(M-1)$, y 方向の格子幅 Δy は $1/(N-1)$ となる．次に図 2.2 の各格子点に領域の左下が $(1,1)$, 右上が (M,N) となるように 2 次元の番号付けを行い，(j,k) 番目の格子点の座標を (x_j, y_k) と定義する．さらに (x_j, y_k) での u の近似値を $u_{j,k}$, すなわち

$$u_{j,k} \sim u(x_j, y_k)$$

と表記することにする.

②について考える．点 P における $\partial^2 u/\partial x^2$ は式 (1.8) から

$$\frac{\partial^2 u}{\partial x^2} \sim \frac{u(x_j - \Delta x, y_k) - 2u(x_j, y_k) + u(x_j + \Delta x, y_k)}{(\Delta x)^2}$$
$$= \frac{u_{j-1,k} - 2u_{j,k} + u_{j+1,k}}{(\Delta x)^2}$$

と近似できる．$\partial^2 u/\partial y^2$ についても同様の近似式が得られ，それらを用いると式 (2.11) は

$$\triangle u \sim \frac{u_{j-1,k} - 2u_{j,k} + u_{j+1,k}}{(\Delta x)^2} + \frac{u_{j,k-1} - 2u_{j,k} + u_{j,k+1}}{(\Delta y)^2} = 0 \quad (2.13)$$

または $r = \Delta y/\Delta x$ とおいて

$$r^2 u_{j-1,k} + r^2 u_{j+1,k} + u_{j,k-1} + u_{j,k+1} - 2(r^2+1)u_{j,k} = 0 \quad (2.14)$$

と近似できる. 点 P は領域内部の任意の格子点であるから, j と k は $2 \leq j \leq M-1, 2 \leq k \leq N-1$ の範囲で変化する. すなわち, 式 (2.14) は内部の格子点の数と同数の連立 $(M-2) \times (N-2)$ 元 1 次方程式を構成している. 境界条件は

$$u_{j,1} = 1, \quad u_{j,N} = 0 \quad (j = 1, 2, \ldots, M)$$
$$u_{1,k} = 0.5, \quad u_{M,k} = 0 \quad (k = 1, 2, \ldots, N)$$

となるが, この条件は境界から 1 つ内側で式 (2.14) を計算するときに用いられる. 未知数は $u_{j,k}$ の内部の格子点数 $(M-2) \times (N-2)$ だけあるから, 方程式と未知数の数が一致して式 (2.14) は解けることになる.

最後に③を実行する. 式 (2.14) は行列の形で表現すると

$$K\boldsymbol{U} = \boldsymbol{V} \tag{2.15}$$

ただし

$$K = \overbrace{\begin{bmatrix} B & C & & & & \\ A & B & C & & \text{\Large 0} & \\ & A & B & C & & \\ & & \ddots & \ddots & \ddots & \\ & \text{\Large 0} & & A & B & C \\ & & & & A & B \end{bmatrix}}^{N-2} \Biggr\} N-2,$$

$$\boldsymbol{U} = \begin{bmatrix} \boldsymbol{U}_2 \\ \boldsymbol{U}_3 \\ \boldsymbol{U}_4 \\ \vdots \\ \boldsymbol{U}_{N-2} \\ \boldsymbol{U}_{N-1} \end{bmatrix}, \quad \boldsymbol{V} = \begin{bmatrix} \boldsymbol{V}_2 \\ \boldsymbol{V}_3 \\ \boldsymbol{V}_4 \\ \vdots \\ \boldsymbol{V}_{N-2} \\ \boldsymbol{V}_{N-1} \end{bmatrix}$$

と書くことができる. ここで A, B, C は $(M-2) \times (N-2)$ の正方行列であり, $\boldsymbol{U}_k, \boldsymbol{V}_k (k = 2, \ldots, N-1)$ は $(M-2)$ 成分のベクトルである. 具体的には

$$B = \begin{bmatrix} -2-2r^2 & r^2 & & & \\ r^2 & -2-2r^2 & r^2 & & \text{\huge 0} \\ & \ddots & \ddots & \ddots & \\ \text{\huge 0} & & r^2 & -2-r^2 & r^2 \\ & & & r^2 & -2-2r^2 \end{bmatrix}$$

$$A = C = \begin{bmatrix} 1 & & & \text{\huge 0} \\ & 1 & & \\ & & \ddots & \\ \text{\huge 0} & & & 1 \end{bmatrix}, \quad \boldsymbol{U}_k = \begin{bmatrix} u_{2,k} \\ \vdots \\ u_{M-1,k} \end{bmatrix} \quad (k = 2, \ldots, N-1)$$

$$\boldsymbol{V}_2 = \begin{bmatrix} -1-0.5r^2 \\ -1 \\ \vdots \\ -1 \end{bmatrix}, \quad \boldsymbol{V}_k = \begin{bmatrix} -0.5r^2 \\ 0 \\ \vdots \\ 0 \end{bmatrix} \quad (k = 2, \ldots, N-1)$$

となる．

式 (2.15) はガウスの消去法など直接法で解くこともできるが，格子数が多くなると効率が悪くなる．なぜなら，たとえば格子数が 40×40 の場合であっても，M は 1600×1600 という大行列になるからである．式 (2.14) は**反復法を用いて効率よく解くことができる**．反復法の中でヤコビの反復法を用いる場合には式 (2.14) を

$$u_{j,k} = \frac{1}{2(r^2+1)}\{r^2(u_{j-1,k} + u_{j+1,k}) + u_{j,k-1} + u_{j,k+1}\} \tag{2.16}$$

と書き換えた上[*3)]で次のような反復計算を行う．すなわち，ν を反復回数として

[*3)] 式 (2.13) は $\Delta x = \Delta y = h$ のとき
$$h^2(\triangle u)_{j,k} = \frac{1}{4}(u_{j-1,k} + u_{j+1,k} + u_{j,k-1} + u_{j,k+1}) - u_{j,k} = 0$$
となる．この式から，ラプラシアンとはまわりの点の値の平均と着目している点の値との差を表す演算子であることがわかる．したがって，ラプラス方程式の解（調和関数）とはその差が 0 であるような関数である．すなわち，ある点での調和関数の値はまわりの点（この場合は 4 点）の平均値になっていることがわかる．したがって，調和関数は領域内で最大値および最小値をとらないこともわかる（最大・最小の定理）．なぜなら，もし $u_{j,k}$ が最大値であれば $u_{j,k} > u_{j-1,k}, u_{j,k} > u_{j+1,k}, u_{j,k} > u_{j,k-1}, u_{j,k} > u_{j,k+1}$ となるが，これらの式を加

```
      DO 10 K = 2,N-1
      DO 10 J = 2,M-1
        UU(J,K) = (R*R*(U(J-1,K)+U(J+1,K))+U(J,K-1)+U(J,K+1))
     1           /(2.0*(R*R+1.0))
   10 CONTINUE
      DO 20 K = 2,N-1
      DO 20 J = 2,M-1
        U(J,K) = UU(J,K)
   20 CONTINUE
```

図 **2.3** ヤコビ法のプログラム（1 回の反復）

```
      DO 10 K = 2,N-1
      DO 10 J = 2,M-1
        U(J,K) = (R*R*(U(J-1,K)+U(J+1,K))+U(J,K-1)+U(J,K+1))
     1           /(2.0*(R*R+1.0))
   10 CONTINUE
```

図 **2.4** ガウス–ザイデル法のプログラム（1 回の反復）

$$u_{j,k}^{(\nu+1)} = \frac{1}{2(r^2+1)}\{r^2(u_{j-1,k}^{(\nu)} + u_{j+1,k}^{(\nu)}) + u_{j,k-1}^{(\nu)} + u_{j,k+1}^{(\nu)}\} \qquad (2.17)$$

が収束するまで，いいかえれば ε をあらかじめ定めた小さな正数として

$$|u_{j,k}^{(\nu+1)} - u_{j,k}^{(\nu)}| < \varepsilon \qquad (2.18)$$

が成り立つまで繰り返す．

　図 2.3 はこの方法（ヤコビの反復法）の反復部分のプログラムである．1 回の反復計算の間に右辺の u の値が変化を受けないようにするため，新たな配列 (UU) を用意している．これを簡単に図 2.4 のようにすると左辺の u が変化した影響がすぐに右辺に取り込まれるため，式 (2.17) とはならず，

$$u_{j,k}^{(\nu+1)} = \frac{1}{2(r^2+1)}\{r^2(u_{j-1,k}^{(\nu+1)} + u_{j+1,k}^{(\nu)}) + u_{j,k-1}^{(\nu+1)} + u_{j,k+1}^{(\nu)}\} \qquad (2.19)$$

の計算になることに注意する．実はこの方法はガウス–ザイデル法とよばれ，収束の速さがヤコビ法の約 2 倍になることが知られている．ただし，プログラムの形からもわかるように並列計算には適さない．

　ラプラス方程式の境界値問題 (2.11), (2.12) を，連立 1 次方程式 (2.16) の解法にガウス–ザイデル法を用いて解くプログラムおよびその説明が，LAP.FOR,

---

えて 4 で割れば上式と矛盾する式

$$u_{j,k} > \frac{1}{4}(u_{j-1,k} + u_{j+1,k} + u_{j,k-1} + u_{j,k+1})$$

になるからである．最小値についても不等号を逆にして同様に説明できる．

LAP.C, LAP.TXT という名前でホームページにアップされている．プログラムのフローチャートについては図 2.5(a) に，結果の表示部分を除いて示してある．表示部分は図 2.5(b) の右側に別に示している．

図 2.6 にこのプログラムを用いて得られた結果を示す．表示プログラムは FORTRAN や C の基本命令ですませているため，結果はあまり見やすくないが，等高線またはシェーディング（同じ数字の部分はほぼ同じ温度を示す）表示に近いものになっている（この図をわかりやすくするには色鉛筆などを用い

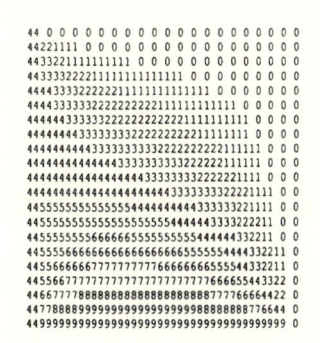

```
44 0 0 0 0 0 0 0 0 0 0 0 0 0 0 0 0 0 0 0 0 0 0
44221111 0 0 0 0 0 0 0 0 0 0 0 0 0 0 0 0 0 0
443322111111111 0 0 0 0 0 0 0 0 0 0 0 0 0 0
44333322221111111111 0 0 0 0 0 0 0 0 0 0 0
4444333322222211111111111 0 0 0 0 0 0 0 0
44443333333222222222211111111 0 0 0 0 0 0
444444333333322222222221111111 0 0 0 0 0
4444444333333332222222221111111 0 0 0 0
44444444333333333222222221111111 0 0 0
444444444333333333322222221111111 0 0
4444444444443333333333222221111 0 0
44444444444444333333333221111 0
445555555555555444444443333332211 0
4455555555555555544444443333322211 0 0
445555555556666655555544444433322211 0 0
4455566666666666666666555554444332211 0
445556666667777777777766666655554432210
44556667777777777777777777666655443322 0
4466777778888888888888887777666644422 0
4477888889999999999999999888888887766440
44999999999999999999999999999999 0
```

図 2.6 ラプラス方程式の解の例

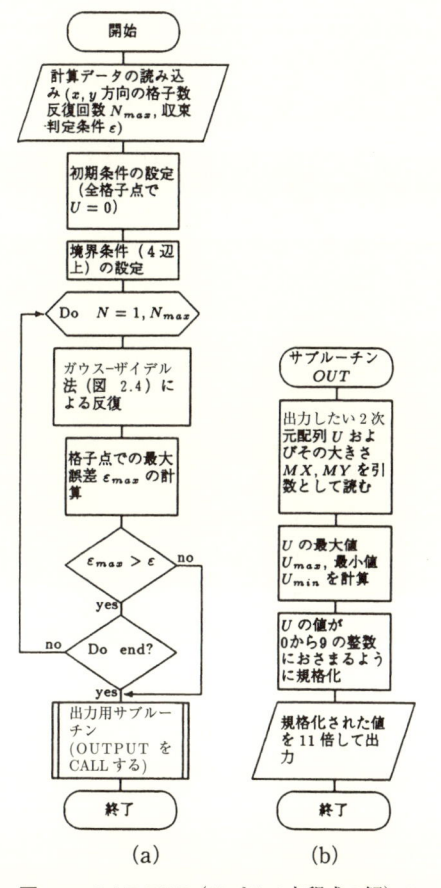

図 2.5 LAP.FOR（ラプラス方程式の解）のフローチャート

(a)   (b)

て同じ数字を同じ色で塗りつぶせばよい).

2.3　放物型偏微分方程式 1

1次元熱伝導方程式の初期値・境界値問題を考える.

$$\begin{cases} \dfrac{\partial u}{\partial t} = k\dfrac{\partial^2 u}{\partial x^2} & (k>0, t>0, 0<x<1) \\ u(0,t) = u(1,t) = 0 \\ u(x,0) = f(x) \end{cases} \quad (2.20)$$

この問題はすでに1.5節で説明したが，ここでは差分法を用いてもう少し詳しく調べてみよう．この問題は，図2.7に示すような長さ1の熱伝導率一定の針金があり，境界（両端）で温度を0に保ったときの針金内の温度分布を時間ごとに求める問題とみなすことができる．ただし，初期 $(t=0)$ に $f(x)$ で表される温度分布を与えている．

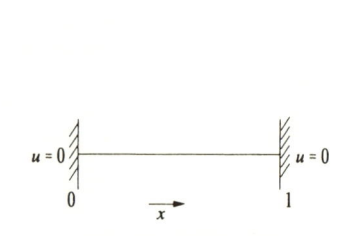

図 2.7　1次元熱伝導

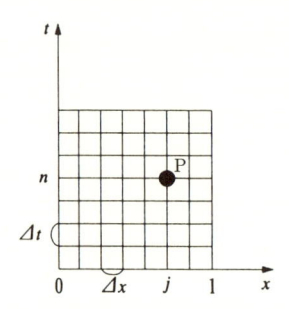

図 2.8　1次元熱伝導方程式を解くための格子分割例

式 (2.20) を差分法を用いて解くため，解くべき領域 $(0<x<1, t>0)$ を差分格子に分割してみよう．x, t の各方向にそれぞれ不等間隔の格子を用いてもよいが，特にそのようにする理由はないので等分割することにする．このとき図2.8に示すように x 方向の格子幅を Δx，t 方向の格子幅を Δt と書くことにする．各格子点に順に2次元の格子番号付けを行い，図のPの格子番号が (j,n) になったとする．このときPの座標を (x_j, t_n) と書くことにすれば

$$x_j = (j-1)\Delta x, \quad t_n = (n-1)\Delta t$$

である.ただし,原点の格子番号を $(1,1)$ とした.さらに P での u の近似値を,時間を表す添字は上添字にするという慣例に従って u_j^n で表すことにする.すなわち,

$$u_j^n = u(x_j, t_n) \tag{2.21}$$

と表す.このとき,初期条件と境界条件は

$$\begin{aligned} u_j^1 &= f(x_j) \quad (j=1,2,\ldots,J) \\ u_1^n &= u_J^n = 0 \quad (n=1,2,\ldots) \end{aligned} \tag{2.22}$$

となる.ただし,J は $x=1$ での格子番号で,$x_J = 1$ である.

図の格子を用いて熱伝導方程式 (2.20) を点 P で近似すると,時間微分に前進差分,空間微分に中心差分を用いて,1.1 節から

$$\frac{u_j^{n+1} - u_j^n}{\Delta t} = k \frac{u_{j-1}^n - 2u_j^n + u_{j+1}^n}{(\Delta x)^2} \tag{2.23}$$

または

$$u_j^{n+1} = r u_{j-1}^n + (1-2r) u_j^n + r u_{j+1}^n \quad (r = k\Delta t/(\Delta x)^2) \tag{2.24}$$
$$(j=2,3,\ldots,J-1, \ n=1,2,\ldots)$$

が得られる.式 (2.24) の左辺は $t = t_{n+1}$ での値,右辺は $t = t_n$ での値であるから,式 (2.24) は $t = t_n$ での u の値から,$t = t_{n+1}$ での u の値を計算する式になっている.一方,$t = 0$ での値は初期条件から既知であるため,1.1 節で説明したように,式 (2.24) を用いて

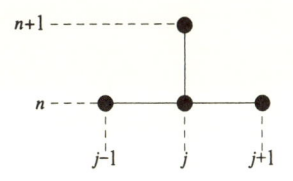

図 2.9 差分方程式 (2.24) の構成

u の値が,各 j について Δt 刻みに求まることになる.なお,式 (2.24) において,u_2^{n+1}, u_{J-1}^{n+1} を計算するとき u_1^n, u_J^n が必要になるが,それは境界条件で与えられていることに注意する.式 (2.24) の差分式の構造を図 2.9 に示す.この方法は時間微分に前進差分,空間微分に中心差分を用いて近似しているため,**FTCS**(forward time center space)法とよばれている.

図 **2.11** HEAT_E.FOR 計算例 1 ($\Delta t = 0.001$, $\Delta x = 0.05$, $k = 1$)

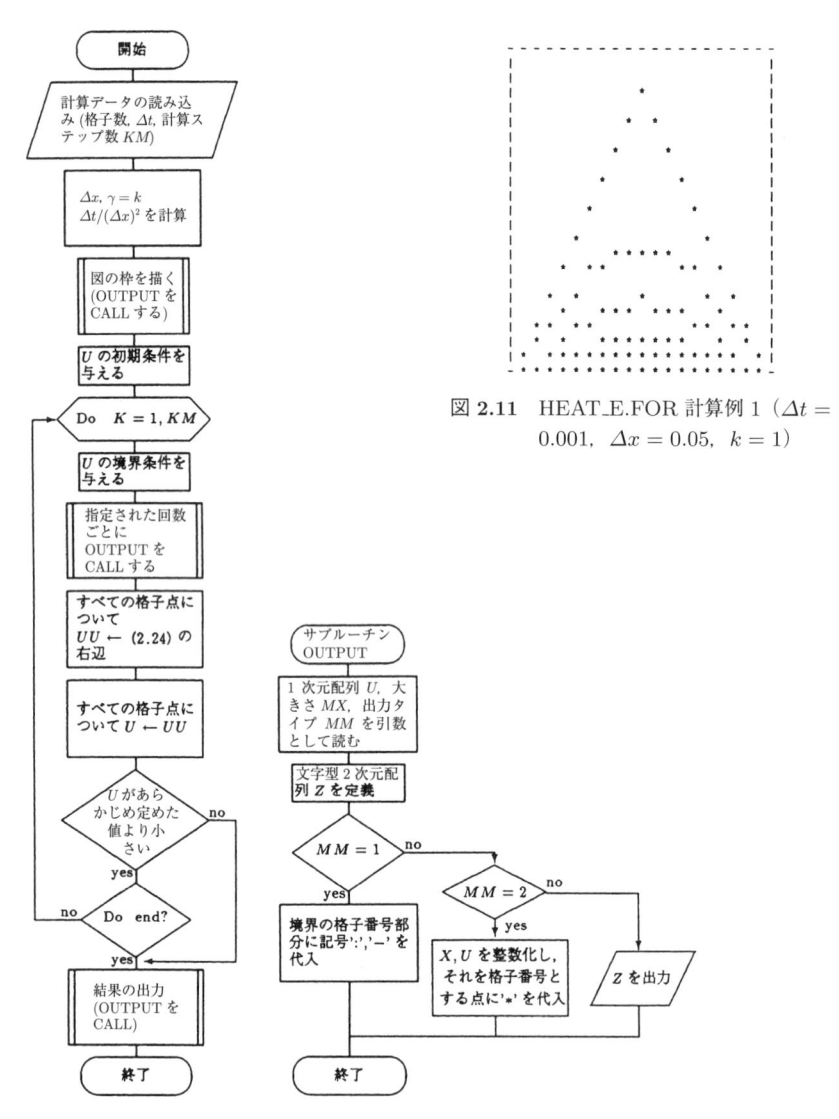

図 **2.10** HEAT_E.FOR（1 次元熱伝導方程式–陽解法）のフローチャート

本節で示した 1 次元熱伝導方程式の初期値・境界値問題を解くプログラムのフローチャートは図 2.10 に示されている．また，実際のプログラムは HEAT_E.FOR, HEAT_E.C という名前で，さらにプログラムの説明などは

HEAT_E.TXT という名前でホームページにアップされている．なお，プログラムでは初期条件として特に

$$f(x) = \begin{cases} x & (0 \leq x \leq 0.5) \\ 1-x & (0.5 \leq x \leq 1) \end{cases}$$

を選んでいるが，別の初期条件で解く場合は対応部分を書き換えればよい．

このプログラムを用いた出力例を図 2.11 に示す．これは熱伝導率 k を 1，時間間隔 Δt を 0.001，格子数を 20（したがって，式 (2.24) の r は 0.4）とした計算である．物理的に考えて，熱は両端から逃げるだけであるから，温度分布は徐々に平坦になると考えられる．この場合，図から予想どおりの結果が得られている．なお，結果の表示は，FORTRAN の WRITE 文を用いただけの簡単なものである．

グラフィックスについて　　専用のグラフィックスプログラムを用いればわかりやすく正確な図を描くことができるが，ハードウェア依存性があり，また個々の命令の名前や使い方は使用するソフトウェアごとに異なっている．図形表示プログラムを組む場合には，各種の命令を組み合わせる必要があるが，簡単な図形であれば「2 点間の線を引く命令」および「指定点への移動（線は引かない）の命令」があれば基本的な用が足りることが多い．たとえば上の命令を

CALL　PLOT (X,Y,N)

とし，$N = 2$ のときは現在の位置から座標 (X,Y) に線を引き，$N = 3$ のときは線を引かずに位置の移動だけを行うとした場合に，図 2.12 は PLOT を用いた u の表示プログラムの例である．その他，原点移動や全体のスケーリング，英数字や座標軸を描くといった機能があれば便利である．

```
      DO 10 J = 1,MX
         X = FLOAT(J-1)/FLOAT(MX-1)
         Y = U(J)
         IC = 2
         IF(J.EQ.1) IC=3
         CALL PLOT(X,Y,IC)
   10 CONTINUE
```

図 **2.12**　PLOT ルーチンを用いた出力プログラム例

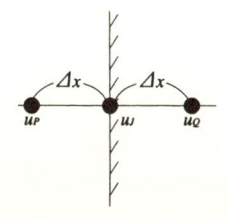

図 **2.13**　境界での導関数の取り扱い

式 (2.20) の境界条件を変更して

$$u(0) = 0, \quad \left.\frac{\partial u}{\partial x}\right|_{x=1} = 0$$

としてみよう．$x = 1$ での条件は図 2.13 を参照して

$$\frac{u_Q - u_P}{2\Delta x} = 0$$

となる．ただし，u_Q は領域外の仮想点での u の値である．この式と

$$u_J^{n+1} = ru_P^n + (1 - 2r)u_J^n + ru_Q^n$$

とから u_Q を消去すると

$$u_J^{n+1} = 2ru_P^n + (1 - 2r)u_J^n$$

が得られる．したがって，この条件を用いる場合にはプログラム HEAT_E.FOR の対応部分を

U(MX)=2.0*R*U(MX-1)+(1.0-2.0*R)*U(MX)

と書き換える必要がある．

次にプログラム HEAT_E.FOR を用いた計算で，時間および空間精度を上げる目的で，Δt と Δx を半分（MX を 2 倍）にしてみる．このとき $r = 0.8$ である．得られた結果を図 2.14 に示すが，わずかな時間ステップを進めただけで解は振動をはじめ，すぐに発散する．式 (2.23) の導き方から $\Delta t \to 0$ と $\Delta x \to 0$ の極限で差分方程式はもとの微分方程式に近づく．しかし，この例では $\Delta x, \Delta t$ を小さくとったにもかか

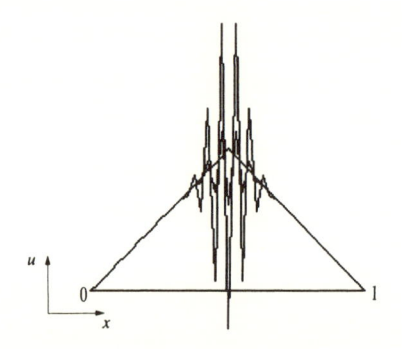

図 2.14　HEAT_E.FOR 計算例 2（$\Delta t = 0.0005, \Delta x = 0.025, k = 1$)

わらず意味のない解が得られたことになる．この例からも明らかなように，差分方程式が微分方程式を正しく近似している（$\Delta t \to 0, \Delta x \to 0$ でもとの微分方程式になる）場合でも差分方程式の解が微分方程式の解を正しく近似するとは限らないことがわかる．

この例で計算できなかった理由は以下のとおりである．差分方程式 (2.24) の特解として，

$$u_j^n = g^n \exp(\sqrt{-1}\xi j \Delta x) \tag{2.25}$$

を仮定[*4)]して式 (2.24) に代入する（右辺の n は g の n 乗を意味する．g は一般に複素数であるが，差分方程式により 1 つの時間ステップ進んだとき $u_j^{n+1} = g^{n+1} \exp(\sqrt{-1}\xi j \Delta x) = g u_j^n$ となり，その結果 u_j^n の増加を表すため複素増幅率とよばれる）．式 (2.25) は解をいろいろな波数成分の波に分解してその 1 つの波数成分について調べていることに対応する（フォン・ノイマン (von Neumann) の方法）．このとき式 (2.24) は

$$g^{n+1} \exp(\sqrt{-1}\xi j \Delta x) = r g^n \exp(\sqrt{-1}\xi(j-1)\Delta x) \\ + (1-2r) g^n \exp(\sqrt{-1}\xi j \Delta x) + r g^n \exp(\sqrt{-1}\xi(j+1)\Delta x)$$

となるため

$$g = (1-2r) + r\{\exp(-\sqrt{-1}\xi\Delta x) + \exp(\sqrt{-1}\xi\Delta x)\} = 1 - 4r\sin^2\frac{\xi\Delta x}{2}$$

ととれば，式 (2.25) は式 (2.24) を満足する．すなわち，式 (2.25) は式 (2.24) の特解になっている．一方，

$$|g| > 1$$

ならば n の増加にともない解の絶対値も増加する．したがって，$n \to \infty$ で解が発散しないためには，

$$|g| \leq 1$$

が要求される．この条件はいまの場合

$$-1 \leq 1 - 4r\sin^2\frac{\xi\Delta x}{2} \leq 1$$

であるから，すべての ξ に対して

$$r \leq \frac{1}{2\sin^2(\xi\Delta x/2)}$$

[*4)] 偏微分方程式の特解を求める場合，
$$u(x, t) = g(t) \exp(\sqrt{-1}\xi x)$$
とおいて $g(t)$ を決めることからの類推．

でなければならず，それゆえ発散しない解を得るためには

$$r \leq 1/2$$

となることが必要である．実際，前述のとおり $r = 0.4$ のとき解が得られたが $r = 0.8$ のときは発散した．付録 A で説明するが，線形偏微分方程式に対して，差分解の増幅率 g の絶対値が 1 以下の場合（正確には $1 + K\Delta t$ 以下），差分解は微分方程式の解に収束する．

次に，差分のとり方を変えてみよう．$\partial u/\partial t$ の差分近似に後退差分 (1.3) を用いることにすれば式 (2.20) はタイムステップ $n + 1$ において

$$-ru_{j-1}^{n+1} + (1+2r)u_j^{n+1} - ru_{j+1}^{n+1} = u_j^n \quad (j-2,\ldots,J-1,\ n=1,2,\ldots) \tag{2.26}$$

と近似できる．式 (2.26) は式 (2.24) と同様に $n\Delta t$ での u の値から $(n+1)\Delta t$ での u の値を求める式になっている．ただし，差分式の構造を表す図 2.15 からも明らかなように式 (2.26) から単独に u_j^{n+1} は求めることはできず，式 (2.26) が $j = 2,\ldots,J-1$ で成り立つことを利用して，連立 $(J-2)$ 元 1 次方程式（3 項方程式）とみなして解を求める必要がある．この方程式は行列形式で書けば境界条件

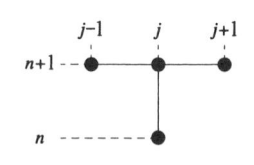

図 2.15　差分方程式 (2.26) の構成

$$u_1^{n+1} = u_J^{n+1} = 0$$

を考慮して，式 (2.27) となる．

$$\begin{bmatrix} 1+2r & -r & & & 0 \\ -r & 1+2r & -r & & \\ & \ddots & \ddots & \ddots & \\ 0 & & -r & 1+2r & -r \\ & & & -r & 1+2r \end{bmatrix} \begin{bmatrix} u_2^{n+1} \\ u_3^{n+1} \\ \vdots \\ u_{J-2}^{n+1} \\ u_{J-1}^{n+1} \end{bmatrix} = \begin{bmatrix} u_2^n \\ u_3^n \\ \vdots \\ u_{J-2}^n \\ u_{J-1}^n \end{bmatrix} \tag{2.27}$$

式 (2.24) のように新しい時間ステップでの値を求めるとき連立 1 次方程式を解く必要がなく単に代入計算で求まる解法を**陽解法**（explicit method）とよ

び，式 (2.26) のように連立 1 次方程式を解く必要がある解法を**陰解法**（implicit method）とよぶ．

上記の陰解法（オイラー陰解法）のプログラムのフローチャートは図 2.16 に示されている．また，実際のプログラムやその説明は HEAT_I.FOR, HEAT_I.C, HEAT_I.TXT という名前でホームページにアップされている．なお，式 (2.26) が 3 項方程式であるため，トーマス法 (THOMAS.FOR) のサブルーチンを使って解くことができる．

このプログラムを用いて式 (2.24) では計算できなかったパラメーター $\Delta t = 0.005, \Delta x = 1/40$（$r = 0.8$）で式 (2.27) を解いた結果を図 2.17 に示すが，この場合は解は発散せずに結果が得られている．

この理由もフォン・ノイマンの方法を用いて説明することができる．すなわち，式 (2.25) を式 (2.26) に代入して増幅率 g を計算すると

$$g = \frac{1}{1 + 4r\sin^2(\xi\Delta x/2)}$$

となり，これから r の値のいかんにかかわらず

$$|g| \leq 1$$

となるからである（**無条件安定**）．

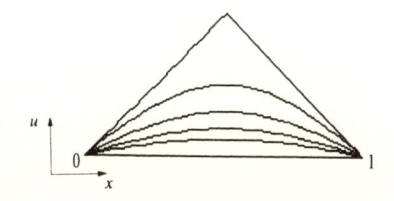

図 2.17　HEAT_I.FOR の計算例（$\Delta t = 0.0005$, $\Delta x = 0.025$, $k = 1$）

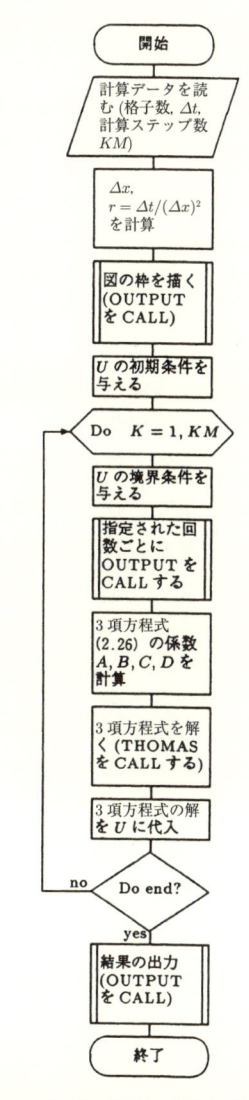

図 2.16　HEAT_I.FOR（1 次元熱伝導方程式–陰解法）のフローチャート

式 (2.24) と式 (2.26) の中間的な方法に, α を $0 \leq \alpha \leq 1$ を満足する定数として式 (2.20) の近似に

$$\frac{u_j^{n+1} - u_j^n}{\Delta t} = (1-\alpha)k\frac{u_{j-1}^n - 2u_j^n + u_{j+1}^n}{(\Delta x)^2}$$
$$+ \alpha k\frac{u_{j-1}^{n+1} - 2u_j^{n+1} + u_{j+1}^{n+1}}{(\Delta x)^2}$$

または

$$-\alpha r u_{j-1}^{n+1} + (1+2\alpha r)u_j^{n+1} - \alpha r u_{j+1}^{n+1}$$
$$= (1-\alpha)r u_{j-1}^n + (1-2(1-\alpha)r)u_j^n$$
$$+ (1-\alpha)r u_{j+1}^n$$
$$(r = k\Delta t/(\Delta x)^2) \tag{2.28}$$

を用いる方法がある. 式 (2.28) は, $\alpha = 0$ のとき式 (2.24) に, $\alpha = 1$ のとき式 (2.26) に一致するが, $\alpha \neq 0$ のとき連立 1 次方程式を解く必要があるため, 陰解法になっている. なお, フォン・ノイマンの方法を用いれば $\alpha \geq 1/2$ のとき無条件安定であることがわかる. 特に, $\alpha = 1/2$ のときはクランク–ニコルソン (Crank-Nicolson) 法とよばれ, 時間精度が 2 になるためしばしば用いられる.

2.4 放物型偏微分方程式 2

本節では 2 次元の熱伝導方程式の初期値・境界値問題を差分法で解いてみよう. 前掲の図 2.1 に示したような熱伝導率一定の正方形の板があり, 初期に板の温度を 0 に固定しておき, また境界 BC, CD 上で温度 0, AD 上で 0.5, AB 上で 1 に保ったとき, 平板上の温度が時間的にどのように変化するかを考える (平板の熱伝導). この現象を記述する方程式, および初期・境界条件は

$$\frac{\partial u}{\partial t} = k\left(\frac{\partial^2 u}{\partial x^2} + \frac{\partial^2 u}{\partial y^2}\right) \quad (k > 0, t > 0, 0 < x < 1, 0 < y < 1) \tag{2.29}$$

$$u(x, y, 0) = 0 \tag{2.30}$$

$$\begin{array}{ll} u(0, y, t) = 0.5, & u(1, y, t) = 0 \\ u(x, 0, t) = 1.0, & u(x, 1, t) = 0 \end{array} \tag{2.31}$$

である．ただし，k は熱伝導率であり，定数とみなしている．式 (2.29) は

$$\frac{\partial u}{\partial (kt)} = \frac{\partial^2 u}{\partial x^2} + \frac{\partial^2 u}{\partial y^2}$$

と書くことができるため，$T = kt$ を時間とみなせば熱伝導率を 1 としても一般性を失わない．ただし，得られた結果を解釈する場合は，実際の時間 t は $t = T/k$ として解釈する．ここでは $T = kt$ とおいた上で，あらためて T を t と書くことにする．

式 (2.29) を解く方法はいろいろ考えられるが，最も簡単な方法は陽解法であり，式 (2.29) を次式で近似する：

$$\frac{u_{j,k}^{n+1} - u_{j,k}^n}{\Delta t} = \frac{u_{j-1,k}^n - 2u_{j,k}^n + u_{j+1,k}^n}{(\Delta x)^2} + \frac{u_{j,k-1}^n - 2u_{j,k}^n + u_{j,k+1}^n}{(\Delta y)^2} \quad (2.32)$$

ただし，領域を図 2.2 のように合同な長方形格子（1 辺が $\Delta x, \Delta y$）に分割し，また

$$u_{j,k}^n = u(x_j, y_k, t_n) = u(j\Delta x, k\Delta y, n\Delta t)$$

とおいている．発散しない解を得る条件を求めるため，式 (2.25) にならって

$$u_j^n = g^n \exp\{\sqrt{-1}(\xi j \Delta x + \eta k \Delta y)\} \quad (2.33)$$

を仮定して，式 (2.32) に代入する．このとき，増幅率は

$$r = \Delta t/(\Delta x)^2, \quad s = \Delta t/(\Delta y)^2$$

とおいて

$$g = 1 - 4\left(r \sin^2 \frac{\xi \Delta x}{2} + s \sin^2 \frac{\eta \Delta y}{2}\right)$$

となる．したがって，$|g| \leq 1$ が任意の ξ, η に対して成り立つためには

$$r + s \leq 1/2$$

あるいは

$$\Delta t \leq \frac{1}{2\{1/(\Delta x)^2 + 1/(\Delta y)^2\}} = \frac{(\Delta x)^2(\Delta y)^2}{2\{(\Delta x)^2 + (\Delta y)^2\}} \quad (2.34)$$

が要求される．

2 次元熱伝導方程式の初期値，境界値問題を解くプログラムおよびその説明は HEAT2D.FOR, HEAT2D.C, HEAT2D.TXT という名前でホームページにアップされている．次元が 1 つ増えただけなので 1 次元の場合の HEAT_E.FOR とほぼ同じ構造をしている．したがって，フローチャートは示していない．

次に陰解法

$$\frac{u_{j,k}^{n+1} - u_{j,k}^{n}}{\Delta t} = \frac{u_{j-1,k}^{n+1} - 2u_{j,k}^{n+1} + u_{j+1,k}^{n+1}}{(\Delta x)^2} + \frac{u_{j,k-1}^{n+1} - 2u_{j,k}^{n+1} + u_{j,k+1}^{n+1}}{(\Delta y)^2} \tag{2.35}$$

について考えてみよう．式 (2.33) を仮定して増幅率 g を求めると

$$g = \frac{1}{1 + 4\left(r\sin^2\frac{\xi\Delta x}{2} + s\sin^2\frac{\eta\Delta y}{2}\right)}$$

となる．すなわち，この場合は r, s の値いかんにかかわらず $|g| \leq 1$ となり，解は発散しない．式 (2.35) は連立 1 次方程式となるが 2.2 節で説明したラプラス方程式の場合と同様に格子点の数だけの未知数をもつ連立 1 次方程式となる．この場合，格子点数が多くなると消去法で解くのは現実的ではなく，通常は反復法で解かれる．

次に以下に示す 2 段階の方法を考える：

$$\frac{u_{j,k}^{n+1/2} - u_{j,k}^{n}}{(\Delta t/2)} = \frac{u_{j-1,k}^{n+1/2} - 2u_{j,k}^{n+1/2} + u_{j+1,k}^{n+1/2}}{(\Delta x)^2} + \frac{u_{j,k-1}^{n} - 2u_{j,k}^{n} + u_{j,k+1}^{n}}{(\Delta y)^2}$$

$$\frac{u_{j,k}^{n+1} - u_{j,k}^{n+1/2}}{(\Delta t/2)} = \frac{u_{j-1,k}^{n+1/2} - 2u_{j,k}^{n+1/2} + u_{j+1,k}^{n+1/2}}{(\Delta x)^2} + \frac{u_{j,k-1}^{n+1} - 2u_{j,k}^{n+1} + u_{j,k+1}^{n+1}}{(\Delta y)^2} \tag{2.36}$$

すなわち，はじめのステップでは x 方向だけを陰的に取り扱い，次のステップでは y 方向だけを陰的に取り扱い，それを交互に繰り返す方法である．この方法は **ADI 法**[2] (alternating direction implicit method，交互方向陰解法) とよばれる．まず，増幅率を計算すると，はじめのステップで

$$g_1 = \frac{1 - 2r\sin^2(\eta\Delta y/2)}{1 + 2r\sin^2(\xi\Delta x/2)}$$

次のステップで

2.5 双曲型偏微分方程式

$$g_2 = \frac{1 - 2s\sin^2(\xi\Delta x/2)}{1 + 2s\sin^2(\eta\Delta y/2)}$$

であるから，式 (2.36) で 1 ステップ進めると，r, s の値にかかわらず

$$|g| = |g_1||g_2| = \frac{|1 - 2r\sin^2(\xi\Delta x/2)||1 - 2s\sin^2(\eta\Delta y/2)|}{|1 + 2s\sin^2(\xi\Delta x/2)||1 + 2r\sin^2(\eta\Delta y/2)|} \leq 1$$

となるため，無条件安定であることがわかる．しかも内部の格子点数を $M \times N$ としたとき，陰解法では $M \times N$ 元の連立 1 次方程式を解く必要があるのに対して，ADI 法では N 個の M 元 3 項方程式および M 個の N 元の 3 項方程式

$$
\begin{aligned}
& -u_{j-1,k}^{n+1/2} + 2\left(1 + \frac{(\Delta x)^2}{\Delta t}\right)u_{j,k}^{n+1/2} - u_{j+1,k}^{n+1/2} \\
& = \frac{(\Delta x)^2}{(\Delta y)^2}u_{j,k-1}^n + 2\left(\frac{1}{\Delta t} - \frac{(\Delta x)^2}{(\Delta y)^2}\right)u_{j,k}^n + \frac{(\Delta x)^2}{(\Delta y)^2}u_{j,k+1}^n \quad (2.37)
\end{aligned}
$$

$$
\begin{aligned}
& -u_{j,k-1}^{n+1} + 2\left(1 + \frac{(\Delta y)^2}{\Delta t}\right)u_{j,k}^{n+1} - u_{j,k+1}^{n+1} \\
& = \frac{(\Delta y)^2}{(\Delta x)^2}u_{j-1,k}^{n+1/2} + 2\left(\frac{1}{\Delta t} - \frac{(\Delta y)^2}{(\Delta x)^2}\right)u_{j,k}^{n+1/2} + \frac{(\Delta y)^2}{(\Delta x)^2}u_{j+1,k}^{n+1/2} \quad (2.38)
\end{aligned}
$$

を解けばよい．

ADI 法を用いて式 (2.29)〜(2.31) を解くプログラムのフローチャートを図 2.18 に示す．また，実際のプログラムおよびその説明は ADI.FOR および ADI.TXT の名前でホームページにアップされている．

2.5　双曲型偏微分方程式

はじめに次の 1 階偏微分方程式の初期値問題

$$\begin{cases} \dfrac{\partial u}{\partial t} + c\dfrac{\partial u}{\partial x} = 0 \\ u(x,0) = \varphi(x) \end{cases} \quad (2.39)$$

を考察しよう．ただし，$c > 0$ とする．式 (2.39) は 2.1 節で説明したように，双曲型の波動方程式 (2.9) の片割れとみなすことができる．式 (2.39) は差分法を用いるまでもなく，厳密解

$$u(x,t) = \varphi(x - ct) \quad (2.40)$$

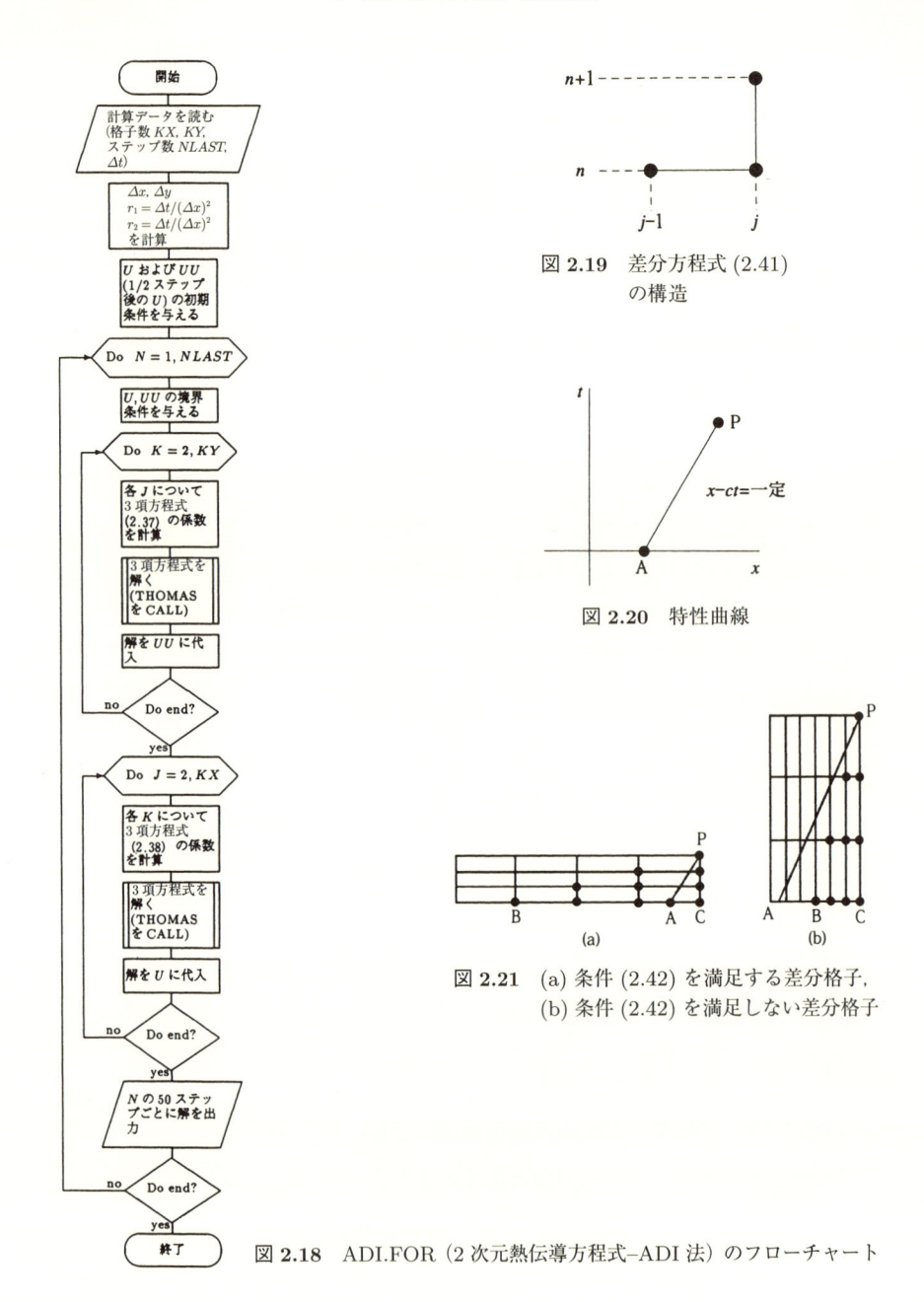

図 2.19　差分方程式 (2.41) の構造

図 2.20　特性曲線

図 2.21　(a) 条件 (2.42) を満足する差分格子，(b) 条件 (2.42) を満足しない差分格子

図 2.18　ADI.FOR（2次元熱伝導方程式–ADI法）のフローチャート

2.5 双曲型偏微分方程式

をもつことは，式 (2.40) を式 (2.39) に代入することによって確かめることができるが，ここでは逆に厳密解 (2.40) を用いて差分方程式を考察する．

式 (2.40) の 1 つの差分近似

$$\frac{u_j^{n+1} - u_j^n}{\Delta t} + c\frac{u_j^n - u_{j-1}^n}{\Delta x} = 0 \tag{2.41}$$

を例にとる（図 2.19）．増幅率を計算するために，式 (2.25) を式 (2.41) に代入すると，$\mu = c\Delta t/\Delta x$（クーラン数とよばれる）として

$$\begin{aligned}g &= 1 - \mu + \mu \exp(\sqrt{-1}\xi\Delta x) \\ &= (1 - \mu + \mu\cos(\xi\Delta x)) + \sqrt{-1}\mu\sin(\xi\Delta x)\end{aligned}$$

が得られる．発散しない解を得るためには

$$\begin{aligned}1 \geq |g| &= (1 - \mu + \mu\cos(\xi\Delta x))^2 + (\mu\sin(\xi\Delta x))^2 \\ &= 1 - 2\mu(1-\mu)(1-\cos(\xi\Delta x)) = 1 - 4\mu(1-\mu)\sin^2(\xi\Delta x/2)\end{aligned}$$

である必要があり，この式から $\mu \leq 1$，すなわち

$$c\Delta t/\Delta x \leq 1 \tag{2.42}$$

が要求される．

式 (2.42) の物理的な意味を考えてみよう．厳密解 (2.40) から φ の値は

$$x - ct = b = 一定$$

の直線（特性曲線）上で一定値 $\varphi(b)$ をとる．すなわち，図 2.20 において，x–t 面上の点 P での u の値は x 軸上の点 A での u の値と等しくなる．次に，式 (2.42) を満足するような差分格子は特性曲線と図 2.21(a) に示すような関係になっている．差分公式 (2.41) は図 2.19 の構造をもっているため，図 2.21(a) において，点 P での値を計算するとき，さかのぼって $t = 0$ では図の BC 間の点を使っていることになる．すなわち，図に示す線分 BC 上の点における u の値の線形結合で点 P の値を計算しているため，点 A の影響は点 P に取り込まれていると考えられる．一方，式 (2.42) を満足しない差分格子を用いた場合，点 A は線分 BC の外側にある（図 2.21(b)）．すなわち，BC 間の点だけを用いる

差分公式では点 A の影響を取り込むことができないことになる．式 (2.42) の関係，すなわち格子間隔の比がもとの微分方程式の特性曲線の傾きを超えてはいけないという条件は **CFL**（Courant–Friedrichs–Lewy, クーラント–フリードリックス–レウィ）条件[3)] とよばれる．

CFL 条件は別の考察からも導かれる．テイラー展開

$$u_j^{n+1} = u_j^n + \Delta t u_t + \frac{1}{2}(\Delta t)^2 u_{tt} + \cdots$$

$$u_{j-1}^n = u_j^n - \Delta x u_x + \frac{1}{2}(\Delta x)^2 u_{xx} + \cdots$$

を右辺第 3 項で打ち切り，式 (2.41) に代入すると

$$u_t + \frac{\Delta t}{2} u_{tt} = -c u_x + \frac{c \Delta x}{2} u_{xx} \tag{2.43}$$

となる．すなわち，差分式 (2.41) は式 (2.39) を近似しているが，さらに高精度で式 (2.43) を近似していると考えられる．一方，式 (2.39) から

$$\frac{\partial^2 u}{\partial t^2} = \frac{\partial}{\partial t}\left(-c\frac{\partial u}{\partial x}\right) = -c\frac{\partial}{\partial x}\left(\frac{\partial u}{\partial t}\right) = c^2 \frac{\partial^2 u}{\partial x^2} \tag{2.44}$$

が成り立つから，式 (2.43) に代入して

$$u_t + c u_x = \frac{c(\Delta x)}{2}\left(1 - \frac{c \Delta t}{\Delta x}\right) u_{xx} \tag{2.45}$$

が得られる．ここで，式 (2.45) が物理的に安定な現象を表すためには，拡散係数が正，すなわち

$$1 - c\Delta t/\Delta x \geq 0$$

である必要がある．これは式 (2.42) に他ならない．

テイラー展開を用いて差分式がどのような方程式をより高精度で近似しているかを考え，その方程式が物理的に意味する性質から安定条件を求める上述の方法（**Hirt の方法**）[4)] はあくまで発見的な方法であり，フォン・ノイマンの方法のように安定性の必要十分条件が求まる方法ではない．しかし，フォン・ノイマンの方法が原理的に使えない非線形方程式にも適用できる場合があり，安定性の目安を求めることのできる便利な方法である．

式 (2.39) を近似する別の方法を考える．式 (2.44) から

$$u(x, t + \Delta t) = u(x, t) + \Delta t u_t + \frac{1}{2}(\Delta t)^2 u_{tt} + O(\Delta t^3)$$

$$= u(x,t) - c\Delta t u_x + \frac{c^2}{2}(\Delta t)^2 u_{xx} + O(\Delta t^3)$$

となるため，u_x, u_{xx} の近似に中心差分を用いると

$$u_j^{n+1} = u_j^n - \frac{c\Delta t}{2\Delta x}(u_{j+1}^n - u_{j-1}^n) + \frac{c^2(\Delta t)^2}{2(\Delta x)^2}(u_{j+1}^n - 2u_j^n + u_{j-1}^n) \quad (2.46)$$

という差分方程式（**Lax–Wendroff 法**[5]）が得られる．式 (2.46) は陽解法であり，精度も 2 であるため，しばしば用いられる方法である．この方法は次のように書き換えられる：

$$\bar{u}_j^n = u_j^n - \frac{c\Delta t}{\Delta x}(u_{j+1}^n - u_j^n)$$
$$u_j^{n+1} = \frac{1}{2}\{(u_j^n + \bar{u}_j^n) - c\frac{\Delta t}{\Delta x}(\bar{u}_j^n - \bar{u}_{j-1}^n)\} \quad (2.47)$$

このことは，第 1 式を第 2 式に代入すると式 (2.46) が得られることから確かめられる．なお，式 (2.47) は圧縮性流体の解法で多用されてきた MacCormack の陽解法を線形方程式に適用したものとみなすこともできる．

次に 2 階微分方程式の初期値問題

$$\frac{\partial^2 u}{\partial t^2} = c^2 \frac{\partial^2 u}{\partial x^2} \quad (2.48)$$

$$u(x,0) = f(x), \quad \frac{\partial u}{\partial t}(x,0) = 0 \quad (2.49)$$

を考える．2 階微分を標準的な方法で近似すると式 (2.48) は

$$\frac{u_j^{n+1} - 2u_j^n + u_j^{n-1}}{(\Delta t)^2} = c^2 \frac{u_{j+1}^n - 2u_j^n + u_{j-1}^n}{(\Delta x)^2} \quad (2.50)$$

または

$$u_j^{n+1} = \mu^2 u_{j-1}^n + 2(1-\mu^2)u_j^n + \mu^2 u_{j+1}^n - u_j^{n-1} \quad (\mu = c\Delta t/\Delta x) \quad (2.51)$$

と近似できる．増幅率を計算するために，式 (2.25) を代入すると

$$g^2 - 2\{1 - 2(\mu\sin(\xi\Delta x/2))^2\}g + 1 = 0$$

となる．これから $|g| \leq 1$ であるためには

$$c\Delta t/\Delta x \leq 1$$

が要求される.

式 (2.50) は時間 t に関しては 2 階であるから, $(n+1)\Delta t$ での u の値を求めるためには $n\Delta t$ および $(n-1)\Delta t$ での u の値が必要になる. このことは, 初期 ($n=0$) において, u_j^0, u_j^{-1} が必要であることを意味する. u_j^0 は初期条件 $f(x)$ からそのまま決まるが, u_j^{-1} はもう 1 つの条件 $u_t(x,0)$ から決める必要がある. たとえば, u_t を後退差分を用いて

$$(u_j^0 - u_j^{-1})/\Delta t = 0$$

と近似した場合は

$$u_j^{-1} = u_j^0$$

にとればよい.

別の近似として

$$\frac{\partial u}{\partial t} = v, \quad c\frac{\partial u}{\partial x} = w \qquad (2.52)$$

とおいてみよう. このとき, 式 (2.48) は

$$\begin{cases} \dfrac{\partial v}{\partial t} = c\dfrac{\partial w}{\partial x}, \quad \dfrac{\partial w}{\partial t} = c\dfrac{\partial v}{\partial x} \\ v(x,0) = 0, \quad w(x,0) = cf'(x) \end{cases} \qquad (2.53)$$

となる. 式 (2.53) の近似として, たとえば次のようにとる.

$$\frac{v_j^{n+1} - v_j^n}{\Delta t} = c\frac{w_{j+1/2}^n - w_{j-1/2}^n}{\Delta x} \qquad (2.54)$$

$$\frac{w_{j-1/2}^{n+1} - w_{j-1/2}^n}{\Delta t} = c\frac{v_j^{n+1} - v_{j-1}^{n+1}}{\Delta x} \qquad (2.55)$$

$$v_j^0 = 0, \quad w_{j-1/2}^0 = cf'((j-1/2)\Delta x) \qquad (2.56)$$

式 (2.54) は $n\Delta t$ での v, w から $(n+1)\Delta t$ での v を求める式である. $n=0$ の場合は, 式 (2.56) から v, w は既知となる. 一方, 式

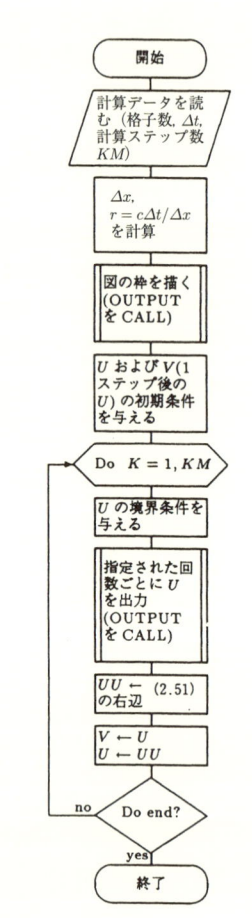

図 2.22 WAVE.FOR (1 次元波動方程式–陽解法) のフローチャート

(2.55) は $(n+1)\Delta t$ の v および $n\Delta t$ での w から $(n+1)\Delta t$ の w を求める式である．一見，陰解法にみえるが，式 (2.54) から $(n+1)\Delta t$ での v の値が求まっているため，陽解法になっている．この方法の安定条件は u が２成分ベクトルとなるため，計算が少し面倒になるが，結果は

$$c\Delta t/\Delta x \leq 1$$

である．

　波動方程式 (2.48) を初期条件 (2.49) および境界条件 $u(0,t) = u(1,t) = 0$ のもとで解くプログラムのフローチャートは図 2.22 に示されている．また，実際のプログラムおよびその説明は WAVE.FOR, WAVE.C および WAVE.TXT の名前でホームページにアップされている．

2.6　移流拡散方程式と上流差分法

偏微分方程式

$$\frac{\partial u}{\partial t} + f\frac{\partial u}{\partial x} = \nu\frac{\partial^2 u}{\partial x^2} \tag{2.57}$$

の差分近似を考えよう．ここで f は x の関数，ν は定数とする．$\nu = 0$ のとき，式 (2.57) は１階の波動方程式になり，$f = 0$ のときは拡散方程式になる．したがって，式 (2.57) は物理的には，物理量 u が速度 f で移動しながら，拡散係数 ν で拡散する現象を表し，（１次元）**移流拡散方程式**とよばれる（図 2.23）．式 (2.57) の左辺第２項は**移流項**，右辺は**拡散項**とよばれる．

　式 (2.57) の差分近似として，上流差分法とよばれる近似法がある．その精度により種々の上流差分法があるが，**１次精度上流差分法**とは，式 (2.57) の移流項を

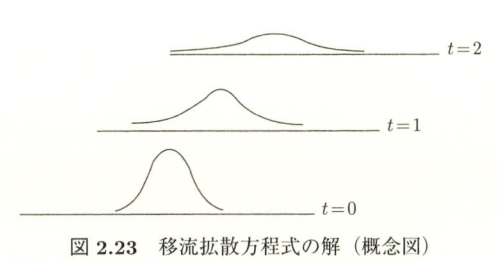

図 **2.23**　移流拡散方程式の解（概念図）

$$f\left.\frac{\partial u}{\partial x}\right|_{x=x_j} = \begin{cases} f\dfrac{u_j - u_{j-1}}{\Delta x} & (f \geq 0) \\ f\dfrac{u_{j+1} - u_j}{\Delta x} & (f < 0) \end{cases} \qquad (2.58)$$

で近似する．これは移流項の性質により，$f > 0$ のときは負の側から情報が伝わるため，着目点の負の側に重点をおいた差分法（後退差分）を用い，$f < 0$ のときは正の側から情報が伝わるため，着目点の正の側に重点をおいた差分法（前進差分）を用いる近似と解釈できる．すなわち，着目点の上流側に重点をおいた差分法である．一方，式 (2.58) は

$$f\left.\frac{\partial u}{\partial x}\right|_{x=x_j} = f\frac{u_{j+1} - u_{j-1}}{2\Delta x} - \frac{|f|\Delta x}{2}\frac{u_{j+1} - 2u_j + u_{j-1}}{(\Delta x)^2} \qquad (2.59)$$

と書き換えることができる．式 (2.59) の右辺第 1 項は $f\partial u/\partial x$ の中心差分近似，また第 2 項は $-(|f|\Delta x/2)\partial^2 u/\partial x^2$ の中心差分近似と考えることができる．したがって，1 次精度上流差分法を用いることは，見かけ上

$$\frac{\partial u}{\partial t} + f\frac{\partial u}{\partial x} = \left(\nu + \frac{|f|\Delta x}{2}\right)\frac{\partial^2 u}{\partial x^2} \qquad (2.60)$$

の移流項を中心差分で近似したものとみなせる．これはもとの式に比べ，拡散係数が大きくなっており，1 次精度上流差分を用いることにより，新たに拡散項（**数値拡散項**または**数値粘性項**）が加わることを意味する．したがって，式 (2.60) を解いて拡散係数 ν の影響を調べる場合には，Δx を十分に細かくとって数値拡散項が大きくならないように注意する必要がある．

次に等間隔格子を用いた場合の **2 次精度上流差分法**

$$f\left.\frac{\partial u}{\partial x}\right|_{x=x_j} = \begin{cases} f\dfrac{3u_j - 4u_{j-1} + u_{j-2}}{2\Delta x} & (f \geq 0) \\ f\dfrac{-3u_j + 4u_{j+1} - u_{j+2}}{2\Delta x} & (f < 0) \end{cases} \qquad (2.61)$$

について調べてみよう．式 (2.59) と同様，式 (2.61) は

$$f\left.\frac{\partial u}{\partial x}\right|_{x=x_j} = f\frac{-u_{j+2} + 4(u_{j+1} - u_{j-1}) + u_{j-2}}{4\Delta x}$$
$$+ \frac{|f|(\Delta x)^3}{4}\frac{u_{j+2} - 4u_{j+1} + 6u_j - 4u_{j-1} + u_{j-2}}{(\Delta x)^4} \qquad (2.62)$$

と書き換えることができる．右辺第 1 項は，テイラー展開を用いて x_i のまわ

りに展開すると

$$f\frac{\partial u}{\partial x} - \frac{f(\Delta x)^2}{3}\frac{\partial^3 u}{\partial x^3} + O(\Delta x^4) \tag{2.63}$$

となり，一方，式 (2.63) の第 2 項は

$$-\frac{|f|(\Delta x)^3}{4}\frac{\partial^4 u}{\partial x^4} + O(\Delta x^5) \tag{2.64}$$

となる．したがって，2 次精度上流差分を用いる場合，誤差の主要項は式 (2.63) の右辺第 2 項であり，物理量の 3 階微分に比例している．したがって，1 次精度上流差分のように 2 階微分が表す拡散項が新たに加わることはないが，分散の働きをする 3 階微分項が加わることになる．

なお，図 2.24 に示すように，2 次精度上流差分法は f が正負両方の値をとる可能性がある部分では着目している点を中心として左右に 2 点，合計 5 点を使うことになる．

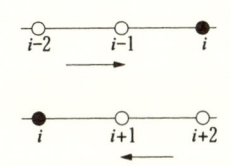

最後に **3 次精度上流差分法**およびその変形についてみてみよう．等間隔格子を用いる場合，3 次精度上流差分法は

図 **2.24** 2 次精度上流差分法

$$\left. f\frac{\partial u}{\partial x}\right|_{x=x_j} = \begin{cases} f\dfrac{2u_{j+1} + 3u_j - 6u_{j-1} + u_{j-2}}{6\Delta x} & (f \geq 0) \\ f\dfrac{-u_{j+2} + 6u_{j+1} - 3u_j - 2u_{j-2}}{6\Delta x} & (f < 0) \end{cases} \tag{2.65}$$

と書ける．すなわち，この方法は 2 次精度の場合と同じく 5 点を用いる近似になっている．式 (2.59),(2.62) に対応して，式 (2.65) は

$$\left. f\frac{\partial u}{\partial x}\right|_{x=x_i} = f\frac{-u_{j+2} + 8(u_{j+1} - u_{j-1}) + u_{j-2}}{12\Delta x}$$

$$+ \frac{|f|(\Delta x)^3}{12}\frac{u_{i+2} - 4u_{j+1} + 6u_j - 4u_{j-1} + u_{j-2}}{(\Delta x)^4} \tag{2.66}$$

と書ける．第 1 項はテイラー展開すると

$$f\frac{\partial u}{\partial x} + O(\Delta x^4)$$

となり，4 次精度の（中心）差分近似であることがわかる．一方，右辺第 2 項は式 (2.62) において分母の 4 を 12 にしたものである．したがって，誤差の主

要項は右辺の第2項から出てくる $(\Delta x)^3$ の項であり，4階微係数に比例している．4階微係数は拡散の働きをもっているが，通常の2階微分による拡散とは異なった効果をもっている．いいかえれば，もとの方程式のもっている拡散項には変化を与えず，別の種類の拡散が新たに加わることになる．式 (2.66) は

$$（精度のよい中心差分）＋（数値拡散）$$

と解釈できる．そこで，数値拡散項に重みを付けることにより3次精度上流差分法の変形ができる．すなわち，α を定数または場所の関数として

$$f\frac{\partial u}{\partial x}\bigg|_{x=x_i} = f\frac{-u_{i+2}+8(u_{i+1}-u_{i-1})+u_{i-2}}{12\Delta x}$$
$$+\alpha|f|\frac{u_{i+2}-4u_{i+1}+6u_i-4u_{i-1}+u_{i-2}}{12\Delta x} \qquad (2.67)$$

と近似すればよい[6]．

この考え方を推し進めれば，より高精度の上流差分法をつくることもできる．しかし，前節でみたように，差分近似式の精度を上げるためには近似に用いる格子点数を増加させる必要があり，そのため境界での取り扱いが難しくなる．すなわち，境界で同一の差分近似式を用いる場合，境界の外に仮想的な格子点を設ける必要がある．したがって，それらの点の値を何らかの形で決めなければならず，一般に困難をともなう．境界で片側差分を用いたり，あるいは差分式の精度を落とすことも考えられるが，境界条件はしばしば解全体に大きな影響を及ぼすため，あまりよい方法とはいえない．

以上の議論は空間微分のみに着目したものである．ところが，実際の方程式は時間微分も含むため，時間微分の離散化にともなう誤差も考慮に入れる必要がある．

$\partial u/\partial t$ を前進差分で近似（オイラー法）すると

$$\frac{u^{n+1}-u^n}{\Delta t} = \frac{\partial u}{\partial t} + \Delta t\frac{\partial^2 u}{\partial t^2} + \cdots \qquad (2.68)$$

であるから，誤差の主要項として $\partial^2 u/\partial t^2$ に比例する項が入ってくる．いま，ν が小さい場合を考え，式 (2.57) において右辺を無視してみよう．その上で，t で微分すると

$$\frac{\partial^2 u}{\partial t^2} = -f\frac{\partial}{\partial x}\left(-f\frac{\partial u}{\partial t}\right) = -f\frac{\partial}{\partial x}\left(-f\frac{\partial u}{\partial x}\right) = f^2\frac{\partial^2 u}{\partial x^2}$$

となる．ただし，簡単のため f を定数とみなした．この関係を式 (2.68) に代入すると，式 (2.57) の時間微分に前進差分を用いた計算では，式 (2.57) よりも高精度で

$$\frac{\partial u}{\partial t} + f\frac{\partial u}{\partial x} = (\nu - f^2 \Delta t)\frac{\partial^2 u}{\partial x^2}$$

という方程式を近似していることがわかる．Δt は通常は十分に小さいが，ν が小さい場合（流体では高レイノルズ数流れに相当）は誤差の影響がもとの拡散項に及ぶ可能性がある．したがって，このような場合には，時間微分の近似にも 2 次精度以上のもの（たとえば **Adams–Bashforth 法**[*5)]など）を用いるべきであることがわかる．

[*5)] $\partial u/\partial t = f(t, u)$ の近似に
$$u^{n+1} = u^n + \frac{\Delta t}{2}\{3f(t_n, u^n) - f(t_{n-1}, u^{n-1})\}$$
を用いるものを 2 次精度 Adams–Bashforth 法，
$$u^{n+1} = u^{n-1} + \frac{\Delta t}{12}\{23f(t_n, u^n) - 16f(t_{n-1}, u^{n-1}) + 5f(t_{n-2}, u^{n-2})\}$$
を用いるものを 3 次精度 Adams–Bashforth 法という．

3

非圧縮性ナビエ–ストークス方程式の差分解法

われわれが通常経験する流れでは，多くの場合，流れが非圧縮性であると仮定できる．その意味で，非圧縮性流れの差分解法は実用上非常に重要な意味をもつ．もちろん，流体は多少の圧縮性をもつため，厳密な意味ではすべて圧縮性流体である．したがって，わざわざ非圧縮性として解かなくても圧縮性流体の数値解法で十分であると思われるかもしれない．しかし，圧縮性流体の解法はそのままでは流れが非圧縮に近づくと大変効率が悪くなり実用的ではなくなる．したがって，非圧縮性流れに対して特有の解法がいくつか考案されている．本章では，その中で代表的な解法である流れ関数–渦度法，MAC法，SMAC法，フラクショナル・ステップ法などを紹介する．また，実際に正方形キャビティ内の流れを例にとり，上記の方法を適用して使い方を示すことにする．

3.1 ナビエ–ストークス方程式

多くの液体の流れのように流体が縮まないとみなせる場合，あるいは気体の流れでも流速が音速に比べて小さい場合は，流体の運動は非圧縮性ナビエ–ストークス方程式に支配される．いま，外力が働かない場合，あるいは働いても無視できる場合には，非圧縮性ナビエ–ストークス方程式は

$$\begin{cases} \nabla \cdot \boldsymbol{V} = 0 & (3.1) \\ \dfrac{\partial \boldsymbol{V}}{\partial t} + (\boldsymbol{V} \cdot \nabla)\boldsymbol{V} = -\dfrac{1}{\rho}\nabla p + \dfrac{\mu}{\rho}\triangle \boldsymbol{V} & (3.2) \end{cases}$$

と書ける．ここで $\boldsymbol{V}$ は流速，p は圧力，ρ は密度，μ は流体の粘性率（この場合，定数としている）である．また ∇ は勾配演算子，$\triangle$ はラプラシアンを表

3.1 ナビエ–ストークス方程式

す. 式 (3.1) は質量保存則を表し, **連続の式**とよばれる. また, 式 (3.2) は運動量保存則を表し, (狭義の) ナビエ–ストークス方程式とよばれる. いま, 流れの代表的な長さを L, 代表的な速度を U として

$$\boldsymbol{x} = L\tilde{\boldsymbol{x}}, \quad V = U\tilde{\boldsymbol{V}}, \quad t = (L/U)\tilde{t}, \quad p = \rho U^2 \tilde{p} \tag{3.3}$$

とおけば, $\tilde{x}, \tilde{V}, \tilde{t}, \tilde{p}$ は無次元量になる. 式 (3.3) を, 式 (3.1),(3.2) に代入すると

$$\begin{cases} \tilde{\nabla} \cdot \tilde{\boldsymbol{V}} = 0 \\ \dfrac{\partial \tilde{\boldsymbol{V}}}{\partial \tilde{t}} + (\tilde{\boldsymbol{V}} \cdot \tilde{\nabla})\tilde{\boldsymbol{V}} = -\tilde{\nabla}\tilde{p} + \dfrac{1}{\mathrm{Re}}\tilde{\triangle}\tilde{\boldsymbol{V}} \end{cases} \tag{3.4}$$

となる. ここで

$$\tilde{\nabla} = \boldsymbol{i}\frac{\partial}{\partial \tilde{x}} + \boldsymbol{j}\frac{\partial}{\partial \tilde{y}} + \boldsymbol{k}\frac{\partial}{\partial \tilde{z}}$$

などである. また, Re はレイノルズ数とよばれ

$$\mathrm{Re} = \frac{\rho U L}{\mu} \tag{3.5}$$

で定義される無次元のパラメータである. 式 (3.4) にはパラメータがただ 1 つ現れるため, 非圧縮性流れは外力がない場合, レイノルズ数のみに応じて変化することがわかる. 式 (3.5) から, 流速が小さいこと, 流れのスケールが小さいこと, 粘性が大きいことは, すべてレイノルズ数を小さくするという意味で同じ効果をもつことがわかる. レイノルズ数は, 物理的には慣性力と粘性力の比を表し, レイノルズ数が小さいことは粘性力が慣性力より卓越することを意味する. すなわち, 直感的には粘い流体の流れとなる. 今後, 特に断らない限り, 方程式は無次元形で書かれているとする. また, 式 (3.4) はすべての項に ˜ が付いているため, ˜ を省略して

$$\begin{cases} \nabla \cdot \boldsymbol{V} = 0 & (3.6) \\ \dfrac{\partial \boldsymbol{V}}{\partial t} + (\boldsymbol{V} \cdot \nabla)\boldsymbol{V} = -\nabla p + \dfrac{1}{\mathrm{Re}}\triangle \boldsymbol{V} & (3.7) \end{cases}$$

と簡単に記すことにする.

方程式系 (3.6), (3.7) の形の上の特徴として,
(1) 式 (3.7) の左辺第 2 項が**非線形**であること (ナビエ–ストークス方程式は非線形の偏微分方程式であること).

(2) 最高階の微係数は式 (3.7) の右辺第 2 項で 2 階であり，しかもパラメータを含んでいること．

(3) 速度 V については時間発展形になっているが，圧力 p については時間発展形になっていないこと．

があげられる．特徴 (1), (2) は圧縮性ナビエ–ストークス方程式でも同様であるが，(3) は非圧縮性の場合の特有の問題であり，ある意味で非圧縮性ナビエ–ストークス方程式の数値解法を（圧縮性に比べ）困難にしている．すなわち，速度 V を時間発展的に求める場合，各時間ステップで連続の式 (3.6) を満足するように圧力 p を決める必要がある．

非圧縮性ナビエ–ストークス方程式を数値的に解く方法は次の 4 種類に大別される．

① 圧力を消去する方法
② 圧力を独立に求める方法
③ 擬似的な圧縮性を導入する方法
④ 連続の式，ナビエ–ストークス方程式をそのまま連立させて解く方法

本章ではこの中で一般的によく用いられる①，②について詳しく説明することにする．なお，理解を深めるために，代表的な方法については数値計算法のテスト問題としてしばしば用いられる，2 次元正方形空洞内の流れの解析（キャビティ問題）を例にとって具体的に解説する．ただし，ここで説明するキャビティ問題とは以下のような問題である．

キャビティ問題　図 3.1 に示すように 1 辺の長さが 1 の正方形領域を考え，内部に流体が満たされているとする．いま，辺 DC を速さ 1 で右方向に移動させると内部の流体はひきずられて運動を始める．このようにしてできる流れの

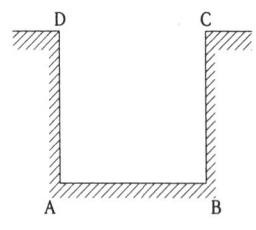

図 3.1　正方形キャビティ

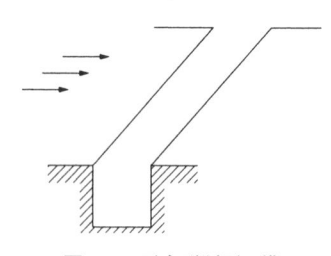

図 3.2　正方形断面の溝

ことをキャビティ流れといい，キャビティ流れを数値的に方程式を解いて求める問題をキャビティ問題とよぶことにする．現実には，図 3.2 に示すように正方形断面の溝がある壁面に，（溝に垂直で）壁面に平行な流れが当たる場合，溝の内部にできる流れとして近似的に実現される．

3.2 圧力を消去する方法

3.2.1 流れ関数–渦度法

2 次元流れを考えると，式 (3.6), (3.7) はデカルト座標系で

$$\frac{\partial u}{\partial x} + \frac{\partial v}{\partial y} = 0 \tag{3.8}$$

$$\frac{\partial u}{\partial t} + u\frac{\partial u}{\partial x} + v\frac{\partial u}{\partial y} = -\frac{\partial p}{\partial x} + \frac{1}{\mathrm{Re}}\left(\frac{\partial^2 u}{\partial x^2} + \frac{\partial^2 u}{\partial y^2}\right) \tag{3.9}$$

$$\frac{\partial v}{\partial t} + u\frac{\partial v}{\partial x} + v\frac{\partial v}{\partial y} = -\frac{\partial p}{\partial y} + \frac{1}{\mathrm{Re}}\left(\frac{\partial^2 v}{\partial x^2} + \frac{\partial^2 v}{\partial y^2}\right) \tag{3.10}$$

となる．圧力を消去するため，式 (3.10) を x で微分した式から，式 (3.9) を y で微分した式を引き，式 (3.8) を考慮すれば，

$$\frac{\partial \omega}{\partial t} + u\frac{\partial \omega}{\partial x} + v\frac{\partial \omega}{\partial y} = \frac{1}{\mathrm{Re}}\left(\frac{\partial^2 \omega}{\partial x^2} + \frac{\partial^2 \omega}{\partial y^2}\right) \tag{3.11}$$

が得られる．ここで ω は渦度とよばれ，次式で定義される：

$$\omega = \frac{\partial v}{\partial x} - \frac{\partial u}{\partial y} \tag{3.12}$$

次に連続の式 (3.8) が成り立つことから，次式で定義される流れ関数 ψ が存在する：

$$u = \frac{\partial \psi}{\partial y}, \quad v = -\frac{\partial \psi}{\partial x} \tag{3.13}$$

実際，式 (3.13) は式 (3.8) を恒等的に満足する．渦度は"流体の微小部分の回転角速度の 2 倍"という物理的な意味をもち，流れ関数は"流れ関数が一定の曲線が流線である"あるいは"2 点間の流れ関数の差が，その 2 点間を単位時間に通過する流量である"という物理的な意味をもっている．式 (3.13) を式 (3.12) および式 (3.11) に代入することにより，

$$\frac{\partial^2 \psi}{\partial x^2} + \frac{\partial^2 \psi}{\partial y^2} = -\omega \tag{3.14}$$

$$\frac{\partial \omega}{\partial t} + \frac{\partial \psi}{\partial y}\frac{\partial \omega}{\partial x} - \frac{\partial \psi}{\partial x}\frac{\partial \omega}{\partial y} = \frac{1}{\mathrm{Re}}\left(\frac{\partial^2 \omega}{\partial x^2} + \frac{\partial^2 \omega}{\partial y^2}\right) \tag{3.15}$$

が得られる.式 (3.14), (3.15) は ψ, ω に関して閉じた方程式系を構成しており,これらの式を基礎方程式系にとる数値解法は**流れ関数–渦度法**(ψ–ω 法)とよばれている.

流れ関数–渦度法を用いてキャビティ問題を解いてみよう.

はじめに流れ関数の境界条件について考える.固体壁と移動壁に囲まれた問題であるが,粘性流体を考えるため壁面上では**粘着条件**,すなわち流体と壁面間の相対速度が 0 であるという条件が課される.座標系を図 3.3 で示すようにとる.速度と流れ関数の間には式 (3.13) の関係があり,DA, AB, BC 上で $u = v = 0$ であることから

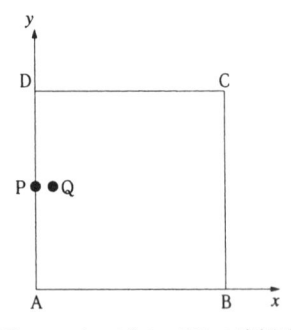

図 3.3 キャビティ流れの座標系

$$\psi = 一定 \quad (一定値は各辺で共通)$$

となる.次に CD 上 ($y = 1$) では $u = 1, v = 0$ であるから,やはり

$$\psi = 一定$$

である.DA, BC 上の ψ の値と CD 上の ψ の値が異なれば点 C または点 D で流量の出入りがあることになり不都合であるから,結局すべての辺上の ψ の値は共通の一定値をとる.式 (3.14), (3.15) において ψ は微分の形で方程式に入っているため,境界上の ψ の値を ψ_0 としたとき,$\psi - \psi_0$ も同じ方程式を満足する.したがって,境界上で $\psi = 0$ としても計算結果に影響を及ぼさないため,今後境界条件として次式を用いる.

$$\psi = 0 \quad (すべての境界上) \tag{3.16}$$

ω の境界条件について考えよう.AD 上の ω については以下のようにする.図

3.3 の点 Q での ψ の値 ψ_Q は ψ を点 P のまわりにテイラー展開して

$$\psi_Q = \psi_P + \Delta x \frac{\partial \psi}{\partial x}\Big|_P + \frac{(\Delta x)^2}{2}\frac{\partial^2 \psi}{\partial x^2}\Big|_P + O(\Delta x^3) \tag{3.17}$$

となる．壁面上で $\psi_P = 0$, $v = -\partial\psi/\partial x = 0$ が成り立ち，さらに $u = \partial\psi/\partial y = 0$ を用いて，式 (3.14) から

$$\omega = -\frac{\partial^2 \psi}{\partial x^2}$$

が得られる．そこで，$O(\Delta x^3)$ の項を無視すれば，式 (3.17) は

$$\psi_Q = -\frac{1}{2}(\Delta x)^2 \omega_P$$

となる．他の辺も同様に考えれば，壁面上の ω の境界条件が得られる：

$$\begin{aligned}
\omega_P &= -2\psi_Q/(\Delta x)^2 & (\text{AD, BC 上}) \\
\omega_P &= -2\psi_Q/(\Delta y)^2 & (\text{AB 上}) \\
\omega_P &= 2(-\psi_Q - \Delta y)/(\Delta y)^2 & (\text{CD 上})
\end{aligned} \tag{3.18}$$

ただし Q は境界より 1 つ内側の格子点である．以下，式 (3.16), (3.18) を用いて式 (3.14), (3.15) を解く．

領域を $(N-1) \times (N-1)$ の正方形格子に分割した上で差分近似を行う．このとき，

$$\Delta x = \Delta y = 1/(N-1) \quad (= h)$$

である．定常方程式と非定常方程式を解く方法を示すが，定常解が存在すれば後者の方法も十分に時間が経った時点で前者の解となる．

定常方程式を解く方法　　式 (3.14) および式 (3.15) で $\partial \omega/\partial t = 0$ とおいた方程式を中心差分で近似すると

$$\frac{\psi_{j-1,k} - 2\psi_{j,k} + \psi_{j+1,k}}{h^2} + \frac{\psi_{j,k-1} - 2\psi_{j,k} + \psi_{j,k+1}}{h^2} = -\omega_{j,k} \tag{3.19}$$

$$\frac{(\psi_{j,k+1} - \psi_{j,k-1})(\omega_{j+1,k} - \omega_{j-1,k})}{4h^2} - \frac{(\psi_{j+1,k} - \psi_{j-1,k})(\omega_{j,k+1} - \omega_{j,k-1})}{4h^2}$$
$$= \frac{1}{\text{Re}}\left(\frac{\omega_{j-1,k} - 2\omega_{j,k} + \omega_{j+1,k}}{h^2} + \frac{\omega_{j,k-1} - 2\omega_{j,k} + \omega_{j,k+1}}{h^2}\right)$$
$$(j = 2, 3, \ldots, N-1, \quad k = 2, 3, \ldots, N-1) \tag{3.20}$$

となる．これは非線形の連立方程式であるから，反復法を用いて解く必要がある．そのため，式 (3.19) を $\psi_{j,k}$ について解いた式，および式 (3.20) を $\omega_{j,k}$ に

ついて解いた式から次の反復を定義する：

$$\begin{cases} \psi_{j,k}^{(\nu+1)} = \frac{1}{4}(\psi_{j+1,k}^{(\nu)} + \psi_{j,k+1}^{(\nu)} + \psi_{j-1,k}^{(\nu)} + \psi_{j,k-1}^{(\nu)}) + h^2 \omega_{j,k}^{(\nu)} \\ \omega_{j,k}^{(\nu+1)} = \frac{1}{4}(\omega_{j+1,k}^{(\nu)} + \omega_{j,k+1}^{(\nu)} + \omega_{j-1,k}^{(\nu)} + \omega_{j,k-1}^{(\nu)}) \\ \qquad - \frac{\text{Re}}{16}\{(\psi_{j,k+1}^{(\nu+1)} - \psi_{j,k-1}^{(\nu+1)})(\omega_{j+1,k}^{(\nu)} - \omega_{j-1,k}^{(\nu)}) \\ \qquad - (\psi_{j+1,k}^{(\nu+1)} - \psi_{j-1,k}^{(\nu+1)})(\omega_{j,k+1}^{(\nu)} - \omega_{j,k-1}^{(\nu)})\} \end{cases} \quad (3.21)$$

この反復が収束するまで繰り返し計算する．

この方法を用いてキャビティ内の定常流れを計算するプログラムのフローチャートが図 3.4 に示されている．また，実際のプログラムおよびその説明はPOCVS.FOR, POCVS.C, POCVS.TXTの名前でホームページにアップされている．反復法の収束判定は，単純に $\varepsilon_1, \varepsilon_2$ を読み込んで

$$\max |\psi_{j,k}^{(\nu+1)} - \psi_{j,k}^{(\nu)}| < \varepsilon_1$$
$$\max |\omega_{j,k}^{(\nu+1)} - \omega_{j,k}^{(\nu)}| < \varepsilon_2 \quad (3.22)$$

の両方が成り立つかどうかで行っている．

図 3.5 はこのプログラムを用いて Re = 5, Re = 40 の計算を行った結果である．図 3.6 は市販の表示ソフトウェアを用いて等高線表示した結果である．

非定常方程式を解く方法 式 (3.14) を中心差分で近似し，式 (3.15) を時間微分に関して前進差分，空間微分に関しては中心差分で近似すると

$$\frac{\psi_{j-1,k}^n - 2\psi_{j,k}^n + \psi_{j+1,k}^n}{h^2} + \frac{\psi_{j,k-1}^n - 2\psi_{j,k}^n + \psi_{j,k+1}^n}{h^2}$$
$$= -\omega_{j,k}^n \quad (3.23)$$

図 **3.4** POCVS.FOR（キャビティ流れ，定常，流れ関数–渦度法）のフローチャート

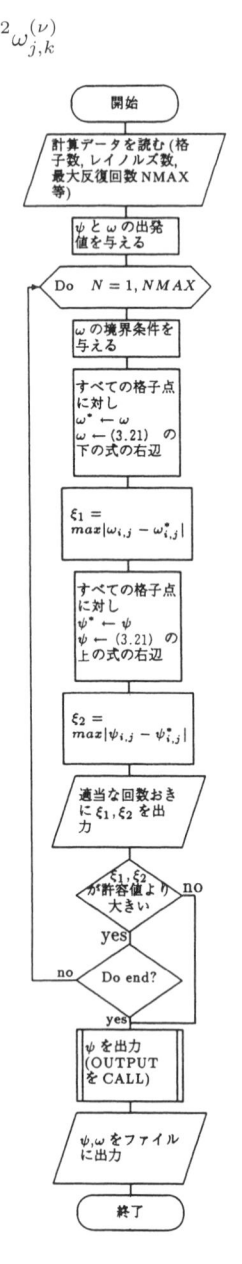

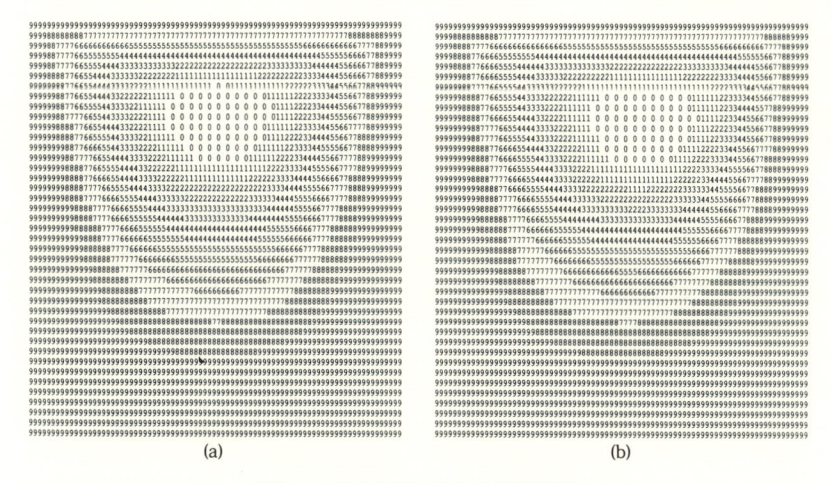

図 **3.5** PQCVS.FOR の実行結果
(a) Re = 5, (b) Re = 40

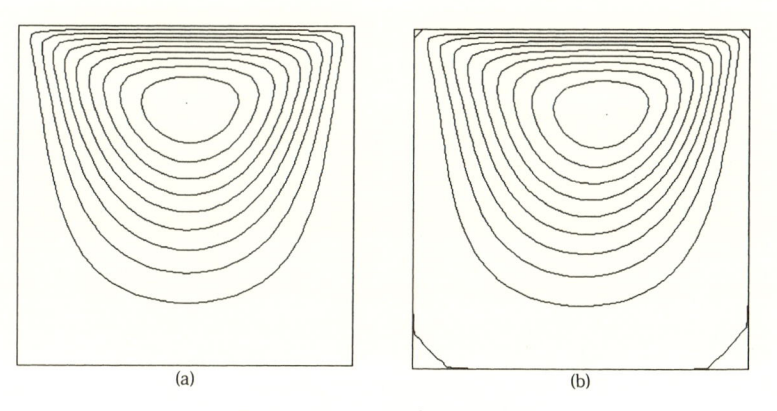

図 **3.6** 図 3.5 に対応する流線図
(a) Re = 5, (b) Re = 40

$$\frac{\omega_{j,k}^{n+1} - \omega_{j,k}}{\Delta t} = -\frac{(\psi_{j,k+1} - \psi_{j,k-1})(\omega_{j+1,k} - \omega_{j-1,k})}{4h^2}$$
$$+ \frac{(\psi_{j+1,k} - \psi_{j-1,k})(\omega_{j,k+1} - \omega_{j,k-1})}{4h^2}$$
$$+ \frac{1}{\text{Re}} \left(\frac{\omega_{j-1,k} - 2\omega_{j,k} + \omega_{j+1,k}}{h^2} + \frac{\omega_{j,k-1} - 2\omega_{j,k} + \omega_{j,k+1}}{h^2} \right)$$
(3.24)

となる（式 (3.24) で上添字がない項は上添字 n を省略している）．式 (3.23) はポアソン方程式であり，n ステップの ω を与えて n ステップの ψ を計算する．次に，式 (3.24) を用いて n ステップの ψ, ω から $n+1$ ステップの ω を計算する．したがって，初期条件を与えた上で式 (3.23), (3.24) を交互に計算することにより，

$$\omega^0 \xrightarrow[(3.23)]{} \psi^0(,\omega^0) \xrightarrow[(3.24)]{} \omega^1 \xrightarrow[(3.23)]{} \psi^1(,\omega^1) \xrightarrow[(3.24)]{} \omega^2 \xrightarrow[(3.23)]{} \psi^2(,\omega^2) \to \cdots$$

の順に解が非定常的に求まることになる．この場合，各時間ステップごとにポアソン方程式を解く必要があり，計算時間がかかるようにみえる．しかし，実際にはポアソン方程式を **SOR 法**（付録 E 参照）など反復法を用いて解けば，前の時間ステップでの ψ の値がよい出発値になっており，収束は速い．なお，ψ の境界条件は式 (3.16) であり，境界上での ψ を直接指定するディリクレ条件になっている．また，ω の境界条件は式 (3.24) を計算するとき用いられる．

式 (3.23), (3.24) を用いて非定常的にキャビティ問題を解くプログラムのフローチャートが図 3.7 に示されている．また，実際のプログラムおよびその説明は POCV.FOR, POCV.C, POCV.TXT の名前でホームページにアップされている．なお，プログラムでは 2 つの正数 $\varepsilon_1, \varepsilon_2$ を読み込んで，ψ, ω がそれぞれ

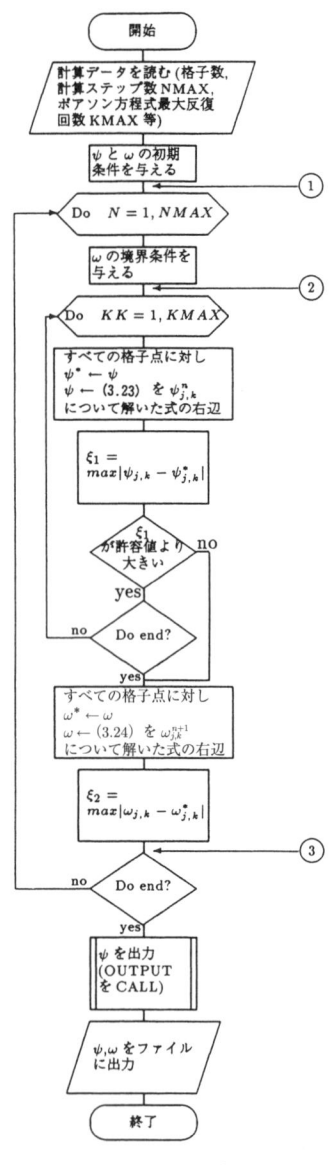

図 3.7　POCV.FOR（キャビティ流れ，非定常，流れ関数–渦度法）のフローチャート
①，②，③は 4.2 節で用いる．

$$\max |\psi_{j,k}^{n+1} - \psi_{j,k}^{n}| < \varepsilon_1$$

$$\max |\omega_{j,k}^{n+1} - \omega_{j,k}^{n}| < \varepsilon_2$$

を満足したとき定常であると判断している．

　流れ関数–渦度法は，連続の式が厳密に満足されるという意味で他の方法に比べて優れている．さらに，非定常計算を行う場合に，ポアソン方程式の収束が速いという利点もある．ただし，3次元問題に対してはそのままの形では適用できず，また2次元の場合であっても，境界条件の種類（たとえば圧力に関する条件が陽に課された場合など）によっては適用が難しいという欠点がある．

3.2.2　ベクトルポテンシャル–渦度法

　流れ関数–渦度法を3次元に拡張しよう．ナビエ–ストークス方程式 (3.7) において，ベクトル解析の公式

$$(\boldsymbol{V} \cdot \nabla)\boldsymbol{V} = \nabla \frac{1}{2}|\boldsymbol{V}|^2 - \boldsymbol{V} \times (\nabla \times \boldsymbol{V})$$

および $\nabla \times \nabla A = 0$（$A$ は任意の関数）に注意して式 (3.7) の回転をとると

$$\frac{\partial \boldsymbol{\omega}}{\partial t} - \nabla \times (\boldsymbol{V} \times \boldsymbol{\omega}) = \frac{1}{\mathrm{Re}} \triangle \boldsymbol{\omega} \tag{3.25}$$

となる．ただし，$\boldsymbol{\omega}$ は渦度（ベクトル）であり，次式で定義される：

$$\boldsymbol{\omega} = \nabla \times \boldsymbol{V} \tag{3.26}$$

また，右辺の変形には

$$\nabla \times \triangle \boldsymbol{V} = \triangle (\nabla \times \boldsymbol{V}) \tag{3.27}$$

を用いた．なお，式 (3.27) は

$$\nabla \times \triangle \boldsymbol{V} = \nabla \times \{\nabla(\nabla \cdot \boldsymbol{V}) - \nabla \times (\nabla \times \boldsymbol{V})\} = -\nabla \times \nabla \times (\nabla \times \boldsymbol{V})$$

$$\triangle(\nabla \times \boldsymbol{V}) = \nabla\{\nabla \cdot (\nabla \times \boldsymbol{V})\} - \nabla \times \{\nabla \times (\nabla \times \boldsymbol{V})\}$$

$$= -\nabla \times \nabla \times (\nabla \times \boldsymbol{V})$$

から証明できる．

　式 (3.25) は次のようにも書き換えられる．

$$\frac{\partial \boldsymbol{\omega}}{\partial t} = (\boldsymbol{\omega} \cdot \nabla)\boldsymbol{V} - (\boldsymbol{V} \cdot \nabla)\boldsymbol{\omega} + \frac{1}{\mathrm{Re}} \triangle \boldsymbol{\omega} \qquad (3.28)$$

さらに，連続の式からベクトルポテンシャル $\boldsymbol{\psi}$ が存在して

$$\boldsymbol{V} = \nabla \times \boldsymbol{\psi}$$
$$\nabla \cdot \boldsymbol{\psi} = 0 \qquad (3.29)$$

と書ける．このとき

$$\boldsymbol{\omega} = \nabla \times \boldsymbol{V} = \nabla \times \nabla \times \boldsymbol{\psi} = \nabla(\nabla \cdot \boldsymbol{\psi}) - \triangle \boldsymbol{\psi} = -\triangle \boldsymbol{\psi}$$

すなわち

$$\boldsymbol{\omega} = -\triangle \boldsymbol{\psi} \qquad (3.30)$$

が成り立つ．式 (3.28)～(3.30) は閉じた方程式系を構成する．これを基礎方程式に用いる方法はベクトルポテンシャル–渦度法とよばれる．この方法は連続の式が厳密に満足されるという大きな長所がある反面，ベクトルポテンシャルの境界条件が課しにくいという欠点があるため，以下のような改良がなされている[8]．

任意のベクトル場 $\boldsymbol{F}$ は

$$\boldsymbol{F} = \boldsymbol{F}_i + \boldsymbol{F}_s$$

ただし, $\nabla \times \boldsymbol{F}_i = 0, \ \nabla \cdot \boldsymbol{F}_s = 0$

と分解できる（ベクトル解析におけるヘルムホルツの分解定理）．ここで $\boldsymbol{F}_i$ は非回転部分，$\boldsymbol{F}_s$ はソレノイダル部分とよばれる．速度場 $\boldsymbol{V}$ を

$$\boldsymbol{V} = \boldsymbol{V}_s + \boldsymbol{V}_i \qquad (3.31)$$

と分解したとき，速度 $\boldsymbol{V}_i$ は非回転場，すなわち渦なし流れを表すから，速度ポテンシャル ϕ が存在して

$$\boldsymbol{V}_i = \nabla \phi \qquad (3.32)$$

と書ける．式 (3.31) の両辺の発散をとり，式 (3.32) および連続の式 (3.6) を考慮すると

$$0 = \nabla \cdot \boldsymbol{V} = \nabla \cdot \boldsymbol{V}_s + \nabla \cdot \boldsymbol{V}_i = \nabla \cdot \nabla \phi = \triangle \phi$$

となる．一方，$\nabla \cdot \boldsymbol{V}_s = 0$ からベクトルポテンシャル $\boldsymbol{\psi}$ が存在して，式 (3.29),
(3.30) が成り立つ．まとめると基礎方程式として

$$\begin{cases} \dfrac{\partial \boldsymbol{\omega}}{\partial t} + (\boldsymbol{V} \cdot \nabla)\boldsymbol{\omega} - (\boldsymbol{\omega} \cdot \nabla)\boldsymbol{V} = \dfrac{1}{\mathrm{Re}} \triangle \boldsymbol{\omega} \\ \boldsymbol{\omega} = -\triangle \boldsymbol{\psi} \quad (\nabla \cdot \boldsymbol{\psi} = 0) \\ \boldsymbol{V} = \nabla \phi + \nabla \times \boldsymbol{\psi} \\ \triangle \phi = 0 \end{cases} \quad (3.33)$$

が得られる．式 (3.33) は方程式 (3.28)～(3.30) に比べ，式 (3.33) の最後の式が増え，計算が複雑になるようにみえるが，式 (3.33) の最後の式は 1 回だけ計算すればよく，以後その値を使う．ϕ の境界条件として物体上や無限遠で渦なしが仮定できる場合，$\boldsymbol{V}$ から定義に従い決めることができる．$\boldsymbol{\psi}$ の境界条件は，$\boldsymbol{\psi}$ から求まる速度 $\boldsymbol{V}_S$ が渦なし部分を含んでいないため，簡単化される．たとえば，遠方で渦なしが仮定できる場合には，$\boldsymbol{\psi} = 0$ である．また，単連結領域の場合，物体上で

$$\psi_{t1} = \psi_{t2} = \partial \psi_n / \partial n = 0 \quad (3.34)$$

となる．ここで ψ_{t1}, ψ_{t2} は $\boldsymbol{\psi}$ の 2 つの接線方向成分，ψ_n は法線方向成分，$\partial/\partial n$ は法線方向微分を表す．

なお，2 次元の場合，

$$\boldsymbol{\omega} = (0, 0, \omega), \quad \boldsymbol{\omega} \cdot \nabla = 0, \quad \boldsymbol{\psi} = (0, 0, \psi)$$

(ψ は流れ関数とよばれる) などの関係を考慮すれば，式 (3.28)～(3.30) は流れ関数–渦度法と一致する．

3.3　圧力を求める方法

3.3.1　ＭＡＣ法

ナビエ–ストークス方程式 (3.7) の両辺の発散をとると

$$\frac{\partial D}{\partial t} + \nabla \cdot \{(\boldsymbol{V} \cdot \nabla)\boldsymbol{V}\} = -\triangle p + \frac{1}{\mathrm{Re}} \triangle D \quad (3.35)$$

となる．ただし，$D = \nabla \cdot \boldsymbol{V}$ で

$$\nabla \cdot (\triangle \boldsymbol{V}) = \nabla \cdot \{\nabla(\nabla \cdot \boldsymbol{V}) - \nabla \times \nabla \times \boldsymbol{V}\} = \triangle(\nabla \cdot \boldsymbol{V})$$

を用いた．連続の式 (3.6) から $D = 0$ となるはずであるが，式 (3.35) を差分化して解くとき離散化誤差が集積して D が大きな値になることがあるのでわざと残している．式 (3.35) において $D = 0$ として求めた圧力分布は

$$\frac{\partial D}{\partial t} = \frac{1}{\text{Re}} \triangle D \tag{3.36}$$

を満足する．しかし，式 (3.36) は必ずしも $D = 0$ を意味しないことは $D = $ 定数 が，式 (3.36) を満たすことからもわかる．境界上で $D = 0$ が常に満足され，さらに領域内すべてで $D = 0$ を満足するように初期条件が与えられれば式 (3.36) は $D = 0$ を意味するが，これらの条件を満たすのは困難である．そこで，式 (3.35) を t について離散化し，

$$\frac{D^{n+1} - D^n}{\varDelta t} + \cdots = \cdots + \frac{1}{\text{Re}}\{\alpha \triangle D^n + (1-\alpha)\triangle D^{n+1}\} \quad (0 \leq \alpha \leq 1)$$

とした上で $D^{n+1} = 0$ とおく．このとき，式 (3.35) は

$$\triangle p = -\nabla \cdot \{(\boldsymbol{V} \cdot \nabla)\boldsymbol{V}\} + \frac{D^n}{\varDelta t} + \frac{\alpha}{\text{Re}}\triangle D^n \tag{3.37}$$

となる[*1)]．このようにして求まる p は $D^n \neq 0$ であっても，$D^{n+1} = 0$ となるように決めているため，境界条件の不正確さや時間進行による誤差の集積に対して常に D を小さな値にとどめておくことができる．式 (3.37) から圧力が決まれば，式 (3.7) に圧力を代入することにより，$\boldsymbol{V}$ を時間発展させることができる．この方法は **MAC 法**[*2)]とよばれる．まとめると MAC 法では

$$\triangle p = -\nabla \cdot \{(\boldsymbol{V} \cdot \nabla)\boldsymbol{V}\} + \frac{D^n}{\varDelta t} \tag{3.38}$$

$$\frac{\partial \boldsymbol{V}}{\partial t} + (\boldsymbol{V} \cdot \nabla)\boldsymbol{V} = -\nabla p + \frac{1}{\text{Re}}\triangle \boldsymbol{V} \tag{3.39}$$

[*1)] 式 (3.37) において $\varDelta t$ は十分に小さいため，$D^n/\varDelta t$ は $\alpha \triangle D^n/\text{Re}$ に比べて圧倒的に大きい．したがって，α の大きさは結果にほとんど影響を及ぼさないと考えられるため，今後 $\alpha = 0$ とする．

[*2)] marker and cell 法[9)] の略で，もともと式 (3.38), (3.39) を用いて自由表面問題を解くために開発された．自由表面の形状を決めるため，格子セル内にマーカーを配置して局所速度で動かしたことからこの名称がある．現在，MAC 法といった場合，自由表面問題とは関わりなく，式 (3.38), (3.39) を基礎方程式として用いる方法を指す．

を基礎方程式にとる．

式 (3.38), (3.39) を 2 次元デカルト座標の場合に具体的に記すと

$$\nabla \cdot \{(\boldsymbol{V} \cdot \nabla)\boldsymbol{V}\} = \frac{\partial}{\partial x}(uu_x + vu_y) + \frac{\partial}{\partial y}(uv_x + vv_y)$$
$$= u_x^2 + 2v_x u_y + v_y^2 + u(u_x + v_y)_x + v(u_x + v_y)_y$$
$$= u_x^2 + 2v_x u_y + v_y^2$$

を考慮して

$$p_{xx} + p_{yy} = -(u_x^2 + 2v_x u_y + v_y^2) + (u_x + v_y)/\Delta t \tag{3.40}$$

$$u_t + uu_x + vu_y = -p_x + \frac{1}{\mathrm{Re}}(u_{xx} + u_{yy}) \tag{3.41}$$

$$v_t + uv_x + vv_y = -p_y + \frac{1}{\mathrm{Re}}(v_{xx} + v_{yy}) \tag{3.42}$$

となる．式 (3.41), (3.42) は非保存形とよばれるが，それぞれの非線形項に

$$(u^2)_x + (uv)_y \ (= uu_x + vu_y + u(u_x + v_y) = uu_x + vu_y)$$
$$(uv)_x + (v^2)_y \ (= uv_x + vv_y + v(u_x + v_y) = uv_x + vv_y)$$

を用いることもできる（連続の式を用いている）．この形は，**保存形**とよばれる．

MAC 法は 2 次元，3 次元にかかわらず適用できること，圧力に関する境界条件が与えられた問題に自然に適用できるなど多くの長所をもっているが，連続の式が近似的にしか満足されないことや，後に示すように圧力のポアソン方程式の境界条件がノイマン条件になるため，反復法で解く場合，収束が遅いなどの欠点がある．

MAC 法を用いて具体的にキャビティ問題を解いてみよう．

はじめに速度の境界条件について考える．壁面上では粘着条件

$$\boldsymbol{V} = \boldsymbol{V}_{\mathrm{wall}} \tag{3.43}$$

が課されるから，図 3.3 において AD, AB, BC 上で

$$u = v = 0$$

CD 上では

$$u = 1, \quad v = 0$$

となる．次に圧力の境界条件を求めるため，壁面上でもナビエ–ストークス方程式が成り立つとする．すなわち，式 (3.7) において粘性項を除き $\boldsymbol{V} = 0$ を代入すると

$$\nabla p = \frac{1}{\mathrm{Re}} \triangle \boldsymbol{V} \tag{3.44}$$

となる．この式は AD, BC 上では y 方向に沿って $u = 0$ であるから，

$$\frac{\partial p}{\partial x} = \frac{1}{\mathrm{Re}} \frac{\partial^2 u}{\partial x^2} \tag{3.45}$$

となり，AB, CD 上では x 方向に沿って $v = 0$ であるから

$$\frac{\partial p}{\partial y} = \frac{1}{\mathrm{Re}} \frac{\partial^2 v}{\partial y^2} \tag{3.46}$$

となる．ここで注意すべき点は，圧力のポアソン方程式の境界条件が導関数に関する条件（ノイマン条件）になっている点で，もし全境界でノイマン条件が課される場合には式 (3.44) の条件のもとで式 (3.37) の解は一意的に決まらない．なぜなら，p_0 を定数とするとき，$p + p_0$ も全く同じ方程式および境界条件を満足するからである．解を一意的に決めるためには，境界上の 1 点（任意の点）での p の値を指定する必要がある．

さて，MAC 法では通常は図 3.8 に示すように個々の物理量の定義点が同一でないスタガード格子（食い違い格子）を用いる．なお，流れ関数–渦度法で用いたような，すべての物理量が同一格子点で定義されるレギュラー格子（通常格子）を用いることも可能である．スタガード格子を用いる利点として，1 つの格子セルで連続の式が自然に表現でき，さらに各方向の圧力勾配がその方向の速度を決めるという，ナビエ–ストークス方程式の性質が自然に表現されるという点があげられる．

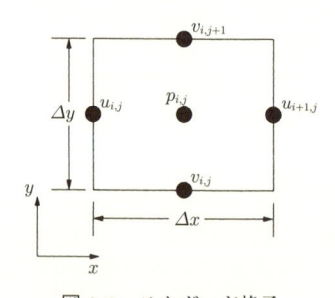

図 3.8 スタガード格子

具体的に図 3.8 に示した記号を用いて図のセルで連続の式を近似すると

$$D_{ij}^n = \frac{u_{i+1,j}^n - u_{i,j}^n}{\Delta x} + \frac{v_{i,j+1}^n - v_{i,j}^n}{\Delta y}$$

3.3 圧力を求める方法

となる．スタガード格子を用いてナビエ–ストークス方程式を近似する場合には以下の点に注意する必要がある．たとえば，u に対する方程式を考えると，方程式中に

$$v\frac{\partial u}{\partial y} \quad \text{(非保存形)}, \quad \frac{\partial uv}{\partial y} \quad \text{(保存形)}$$

という項が現れる．この式中の v としてはあくまで u の定義点での値をとるべきであるが，スタガード格子ではその点において v は定義されていない．その場合，未定義点での v は定義点から補間等によって決める必要があるため，たとえばまわりの点の平均値

$$\frac{v_{i,j} + v_{i,j+1} + v_{i-1,j} + v_{i-1,j+1}}{4}$$

を用いる．v に関する方程式についても同様に，$v_{i,j}$ の定義点での u の値として

$$\frac{u_{i,j-1} + u_{i+1,j-1} + u_{i,j} + u_{i+1,j}}{4}$$

を用いるのが簡単である．圧力のポアソン方程式の右辺についても，u_y, v_x の項に対して同じ問題が生じるが，これも上と同様な処理をする．

以上をまとめると，MAC 法の基礎方程式は，非保存形でスタガード格子を用いた場合，以下のように近似される．

$$\frac{p_{i-1,j} - 2p_{i,j} + p_{i+1,j}}{(\Delta x)^2} + \frac{p_{i,j-1} - 2p_{i,j} + p_{i,j+1}}{(\Delta y)^2}$$
$$= \frac{1}{\Delta t}\left(\frac{u_{i+1,j} - u_{i,j}}{\Delta x} + \frac{v_{i,j+1} - v_{i,j}}{\Delta y}\right) - \left(\frac{u_{i+1,j} - u_{i,j}}{\Delta x}\right)^2 - \left(\frac{v_{i,j+1} - v_{i,j}}{\Delta y}\right)^2$$
$$- \frac{(u_{i,j+1} + u_{i+1,j+1} - u_{i,j-1} - u_{i+1,j-1})(v_{i+1,j} + v_{i+1,j+1} - v_{i-1,j} - v_{i-1,j-1})}{8\Delta x \Delta y}$$
(3.47)

$$\frac{u_{i,j}^{n+1} - u_{i,j}}{\Delta t} + u_{i,j}\frac{u_{i+1,j} - u_{i-1,j}}{2\Delta x}$$
$$+ \frac{v_{i,j} + v_{i,j+1} + v_{i-1,j} + v_{i-1,j+1}}{4}\frac{u_{i,j+1} - u_{i,j-1}}{2\Delta y}$$
$$= -\frac{p_{i,j} - p_{i-1,j}}{\Delta x} + \frac{1}{\text{Re}}\left(\frac{u_{i-1,j} - 2u_{i,j} + u_{i+1,j}}{(\Delta x)^2} + \frac{u_{i,j-1} - 2u_{i,j} + u_{i,j+1}}{(\Delta y)^2}\right)$$
(3.48)

$$\frac{v_{i,j}^{n+1} - v_{i,j}}{\Delta t} + \frac{u_{i,j-1} + u_{i+1,j-1} + u_{i,j} + u_{i+1,j}}{4}\frac{v_{i+1,j} - v_{i-1,j}}{2\Delta x}$$

$$
+ v_{i,j} \frac{v_{i,j+1} - v_{i,j-1}}{2\Delta y}
$$
$$
= -\frac{p_{i,j} - p_{i,j-1}}{\Delta y} + \frac{1}{\mathrm{Re}} \left(\frac{v_{i-1,j} - 2v_{i,j} + v_{i+1,j}}{(\Delta x)^2} + \frac{v_{i,j-1} - 2v_{i,j} + v_{i,j+1}}{(\Delta y)^2} \right) \tag{3.49}
$$

ただし，時間積分にはオイラー陽解法を用い，また上添字の n は省略している．保存形の場合にも同様に近似できる．

　方程式を解く手順は，速度の初期条件あるいは前の時間ステップでの速度から式 (3.47) のポアソン方程式を解いて圧力を決定し，その圧力および速度から式 (3.48), (3.49) を用いて次の時間ステップでの速度を決める．この手続きを繰り返すことにより

$$
\boldsymbol{V}^0 \xrightarrow[(3.47)]{} p^0(, \boldsymbol{V}^0) \xrightarrow[(3.48),\,(3.49)]{} \boldsymbol{V}^1 \xrightarrow[(3.47)]{} p^1(, \boldsymbol{V}^1) \to \cdots
$$

の順に解が時間発展的に求まることになる．

　境界条件は以下のとおりである．速度の境界条件については，壁面を図 3.9 に示すような位置にとると

$$
u_\mathrm{W} = 0
$$

となる．圧力の境界条件については，たとえば仮想点の圧力を p' と記すことにすれば，式 (3.45) から

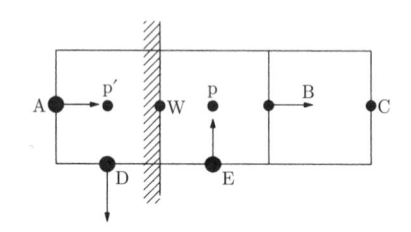

図 3.9　MAC 法の壁面上での境界条件

$$
p' = p + \Delta x \left(\frac{1}{\mathrm{Re}} \frac{\partial^2 u}{\partial x^2} \right) \tag{3.50}
$$

となる．速度の 2 階微分は図の点 W で評価する必要があるが，1 次精度の片側差分で近似すれば

$$
p' = p + \frac{1}{\mathrm{Re}} \frac{u_C - 2u_B (+0)}{\Delta x} \tag{3.51}
$$

となる．中心差分で近似するときは仮想点 A での u の値が必要となるが，この場合は $u_\mathrm{A} = u_\mathrm{B}$ ととる．また，v に関して仮想点での値が必要なときは，$v_\mathrm{D} = -v_\mathrm{E}$ ととる．後者については平均すると壁面上で $v = 0$ となるため妥当である．前者については平均してもゼロにならないがこれは以下の理由によ

る. 図 3.9 に示すような速度（すなわち $u_B > 0$ で $|v_E| \sim |u_B|$）が実現されるためには，E の対面において壁に平行な速度は 0 に近い必要がある．なぜなら，$u_W = 0$ であり，かつ p を含む格子で質量保存（格子に流入した流量だけ格子から流出する）が成り立たなければならないからである．一方，p′ を含む格子で，質量保存が成り立つには，$v_D < 0, u_W = 0$ であるため図のように $u_A(= u_B) > 0$ である必要がある．もし，$u_A = -u_B$ ととれば D の対面において大きな速度で流体が流入する必要があるが，それは壁を挟んで v の平均が 0 であることと矛盾する．

キャビティ問題を非保存形ナビエ–ストークス方程式をもとにして，MAC 法を用いて解くプログラムのフローチャートが図 3.10 に示されている．また，実際のプログラムが MACCV.FOR, MACCV.C という名前でホームページにアップされている．プログラムの説明等は MACCV.TXT という名前で同じくアップされている．結果の表示を流線を用いて行う場合には，計算結果から得られる速度から流れ関数を計算する必要がある．定義から

$$\psi = \int u dy$$

であるので，各 i について

$$\psi_{i,j} = \sum_{k=1}^{j-1} \frac{u_{i,k+1} + u_{i,k}}{2}(y_{k+1} - y_k)$$

を計算すればよい．

3.3.2　SMAC法

MAC 法から発展した方法に **SMAC 法** (simplified MAC method)[10] がある．SMAC 法では現時刻での圧力 p から，ナビエ–ストークス方程式を陽的に時間発展させ，仮の速度 $\bar{\boldsymbol{V}}$ を求める．すなわち，

$$\bar{\boldsymbol{V}} = \boldsymbol{V}^n + \Delta t\{-(\boldsymbol{V}^n \cdot \nabla)\boldsymbol{V}^n - \nabla p^n + (1/\mathrm{Re})\triangle \boldsymbol{V}^n\} \tag{3.52}$$

とする．ここで，右辺括弧内は適当に差分近似しているものとする．$\bar{\boldsymbol{V}}$ はそのままでは連続の式を満足しないため，渦なし（非回転）速度場 $\boldsymbol{V}'$ を用いて

$$\boldsymbol{V} = \bar{\boldsymbol{V}} + \boldsymbol{V}' \tag{3.53}$$

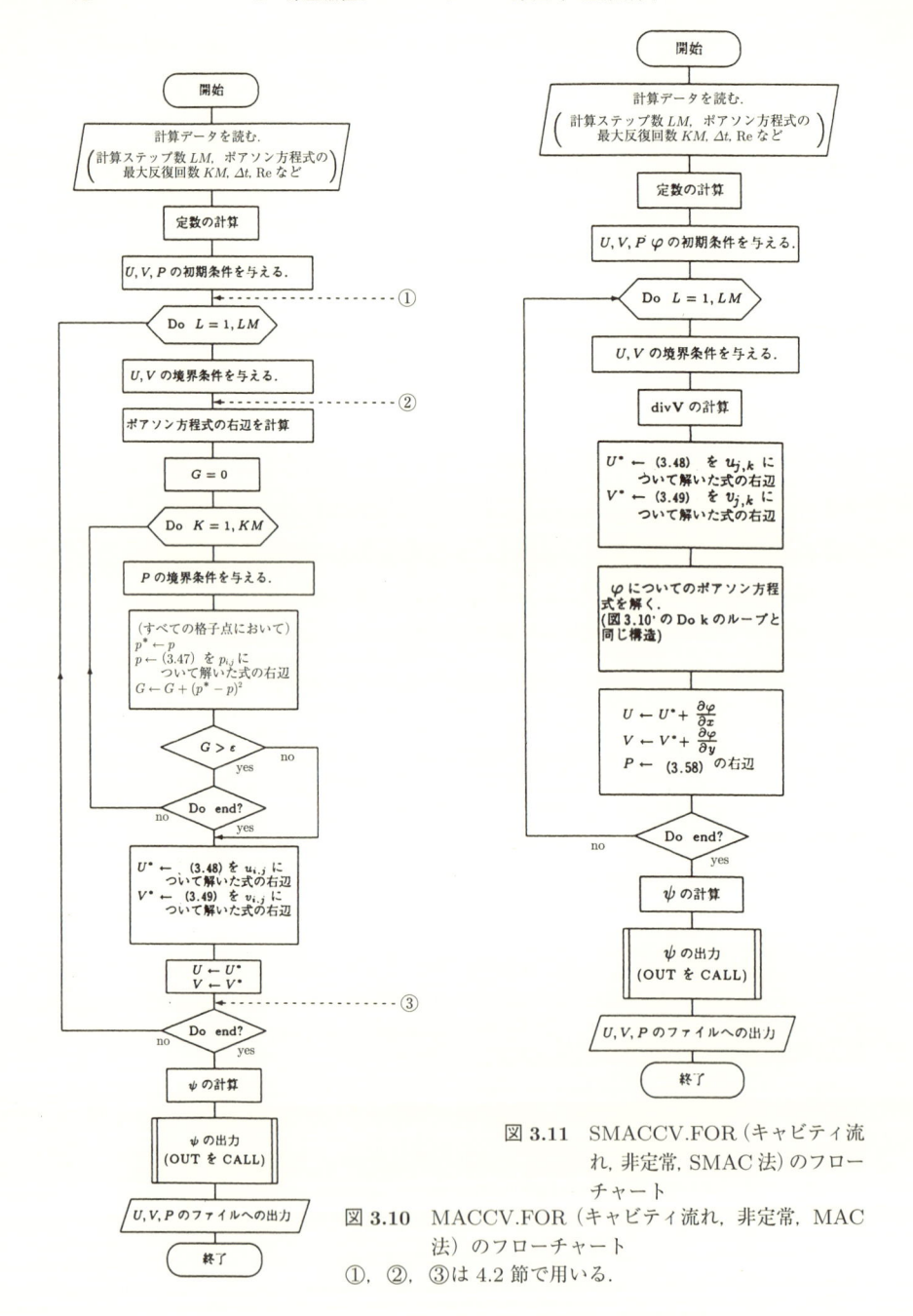

図 3.10 MACCV.FOR（キャビティ流れ，非定常，MAC 法）のフローチャート

図 3.11 SMACCV.FOR（キャビティ流れ，非定常，SMAC 法）のフローチャート

①，②，③は 4.2 節で用いる．

3.3 圧力を求める方法

と書いた上で連続の式を満足するように $\boldsymbol{V}'$ を決めることを考える．$\boldsymbol{V}'$ は渦なしと仮定したため，スカラーポテンシャル φ を用いて

$$\nabla \varphi = \boldsymbol{V}' \tag{3.54}$$

となる．このとき，連続の式 (3.6) から

$$0 = \nabla \cdot \boldsymbol{V} = \nabla \cdot (\bar{\boldsymbol{V}} + \boldsymbol{V}') = \nabla \cdot \bar{\boldsymbol{V}} + \triangle \varphi$$

すなわち

$$\triangle \varphi = -\nabla \cdot \bar{\boldsymbol{V}} \tag{3.55}$$

が得られる．式 (3.55) を解いて φ を求め，式 (3.54) から $\boldsymbol{V}'$ を求めれば，式 (3.53) から $\boldsymbol{V}$ が求まることになる．

次の時間ステップでの圧力 p は次のようにして求まる．

$$p^{n+1} = p^n + \delta p$$

と書いてナビエ–ストークス方程式の差分近似式に代入すると

$$\begin{aligned}\boldsymbol{V}^{n+1} &= \boldsymbol{V}^n + \Delta t\{-(\boldsymbol{V}^n \cdot \nabla)\boldsymbol{V}^n - \nabla p^n - \nabla \delta p + (1/\mathrm{Re})\triangle \boldsymbol{V}^n\} \\ &= \bar{\boldsymbol{V}} - \Delta t \nabla \delta p \end{aligned} \tag{3.56}$$

となる．ただし，式 (3.52) を用いた．上式の発散をとり，$\nabla \cdot \boldsymbol{V}^{n+1} = 0$ に注意すれば

$$\triangle \delta p = \frac{1}{\Delta t} \nabla \cdot \bar{\boldsymbol{V}} \tag{3.57}$$

となるが，式 (3.55) と比較すると

$$\delta p = -\varphi/\Delta t$$

が得られる．したがって，正しい圧力場は

$$p = p^n - \frac{\varphi}{\Delta t} \tag{3.58}$$

となる．まとめると，式 (3.52) から仮の速度場を求め，次に式 (3.55) を解いて φ を求め，さらに式 (3.54) から $\boldsymbol{V}'$ を求める．正しい速度場は式 (3.53) から，圧力場は式 (3.58) から求まる．

SMAC 法を用いてキャビティ問題を解く．

境界条件は $\boldsymbol{V}$ については MAC 法と同一である．φ の境界条件は定義式 (3.54) から決めればよい．いまの場合は図 3.3 において壁面 AD, BC 上で $u=0$ が成り立つから，速度の補正項 u' についても $u'=0$ すなわち

$$\frac{\partial \varphi}{\partial x} = 0$$

となる．同様に AB, CD 上でも $v=0$ であるから

$$\frac{\partial \varphi}{\partial y} = 0$$

となる．すなわち，φ に関してはノイマン条件となる．したがって，全境界でノイマン条件が課される場合は MAC 法における圧力 p と同様に境界上のどこか 1 点での φ の値を固定して計算する必要がある．

SMAC 法を用いてキャビティ問題を解くプログラムのフローチャートは図 3.11 に示されている．また，実際のプログラム，およびその説明は SMACCV.FOR, SMACCV.C および SMACCV.TXT という名前でホームページにアップされている．

3.3.3 プロジェクション法

この方法は SMAC 法と同様にナビエ–ストークス方程式 (3.52) を時間発展させて仮の速度場 $\bar{\boldsymbol{V}}$ を求める．$\bar{\boldsymbol{V}}$ は一般に連続の式を満足しないため，次式で定義される反復を行い，速度と圧力を同時に求める：

$$\begin{cases} \boldsymbol{V}^{(\nu)} = \bar{\boldsymbol{V}} - \Delta t \nabla p \\ p^{(\nu+1)} = p^{(\nu)} - \varepsilon \nabla \cdot \boldsymbol{V}^{(\nu)} \end{cases} \quad (3.59)$$

ただし，ε は緩和係数である．反復 (3.59) が収束したとき，$p^{(\nu+1)} = p^{(\nu)}$ が（誤差の範囲内で）成り立つため，式 (3.59) の第 2 式から，連続の式 $\nabla \cdot \boldsymbol{V} = 0$ が満たされる．

次に，式 (3.59) がどのような場合に収束するかを調べる．式 (3.59) の第 1 式を第 2 式に代入することにより，

$$\frac{p^{(\nu+1)} - p^{(\nu)}}{\varepsilon} = \Delta t \triangle p^{(\nu)} - \nabla \cdot \bar{\boldsymbol{V}} \quad (3.60)$$

が得られる．ε を仮想的な時間ステップとみなせば，式 (3.60) の左辺は $\partial p/\partial t$ の差分近似とみなせるため，式 (3.60) は熱伝導型の方程式となる．したがって，陽のスキーム (3.60) が安定な範囲で ε を決めると，反復 (3.59) は収束する．ここで説明した方法はプロジェクション法（射影法）[11] とよばれている．

3.3.4 フラクショナル・ステップ法

本項では MAC 法の 1 つの変形であるフラクショナル・ステップ法について述べる．MAC 法に比べ余分の配列を必要とするが，圧力のポアソン方程式の右辺の計算が簡単であるとともに考え方もすっきりしている．

非圧縮性ナビエ–ストークス方程式 (3.7) の時間微分項を前進差分で近似すれば時間ステップ n において

$$\frac{V^{n+1} - V}{\Delta t} + (V \cdot \nabla)V = -\nabla p + \frac{1}{\mathrm{Re}} \triangle V \qquad (3.61)$$

となる．ただし上添字のない項はすべて上添字 n が省略されている．次にナビエ–ストークス方程式 (3.7) で圧力項を落とした方程式を同じく前進差分で近似すれば

$$\frac{V^* - V}{\Delta t} + (V \cdot \nabla)V = \frac{1}{\mathrm{Re}} \triangle V \qquad (3.62)$$

となる．ここで，V^* は「仮の速度」とよばれ，圧力項のない方程式を近似しており正しい速度 V^{n+1} にはなっていないため別の記号で表している．ただし，V^n の値から直接に計算できる量である．

式 (3.61) から式 (3.62) を引くと

$$\frac{V^{n+1} - V^*}{\Delta t} = -\nabla p \qquad (3.63)$$

になる．この式の両辺の発散をとると，

$$\frac{\nabla \cdot V^{n+1} - \nabla \cdot V^*}{\Delta t} = -\nabla \cdot \nabla p$$

となるが，連続の式を考慮して変形すると圧力のポアソン方程式

$$\triangle p = \frac{\nabla \cdot V^*}{\Delta t} \qquad (3.64)$$

が得られる．V^* は式 (3.62) から得られるため，これを解いて圧力を求める．

さらに，式 (3.63) から
$$\boldsymbol{V}^{n+1} = \boldsymbol{V}^* - \Delta t \nabla p \tag{3.65}$$
が得られるため，圧力および仮の速度から次の時間ステップでの速度が計算できる．以上をまとめると，次の手順から時間発展的に圧力と速度が求まる．

① 初期速度あるいは n ステップでの速度 $\boldsymbol{V}^n$ から式 (3.62) を用いて仮の速度 $\boldsymbol{V}^*$ を求める．
② 仮の速度から圧力のポアソン方程式 (3.64) の右辺を計算する．
③ ポアソン方程式 (3.64) を解いて圧力を求める．
④ 求まった圧力と仮の速度 $\boldsymbol{V}^*$ から次の時間ステップの速度 $\boldsymbol{V}^{n+1}$ を計算し，時間ステップを進めて①に戻る．

このように仮の速度を記憶する配列が必要になるが，ポアソン方程式の右辺は単純化される．格子は MAC 法と同様にスタガード格子を用いるのがよい．なお，仮の速度の境界条件は実際の速度の境界条件と同じにとる．

2 次元直角座標の場合にはフラクショナル・ステップ法は以下のようになる．

$$u^* = u + \Delta t \left\{ -u \frac{\partial u}{\partial x} - v \frac{\partial u}{\partial y} + \frac{1}{\mathrm{Re}} \left(\frac{\partial^2 u}{\partial x^2} + \frac{\partial^2 u}{\partial y^2} \right) \right\}$$

$$v^* = v + \Delta t \left\{ -u \frac{\partial v}{\partial x} - v \frac{\partial v}{\partial y} + \frac{1}{\mathrm{Re}} \left(\frac{\partial^2 v}{\partial x^2} + \frac{\partial^2 v}{\partial y^2} \right) \right\}$$

$$\frac{\partial^2 p}{\partial x^2} + \frac{\partial^2 p}{\partial y^2} = \frac{1}{\Delta t} \left(\frac{\partial u^*}{\partial x} + \frac{\partial v^*}{\partial y} \right)$$

$$u^{n+1} = u^* - \Delta t \frac{\partial p}{\partial x}$$

$$v^{n+1} = v^* - \Delta t \frac{\partial p}{\partial y}$$

なお，空間微分については MAC 法と同様に差分化する．

4

熱と乱流の取り扱い（室内気流の解析）

　本章では室内気流の解析を例にとり，実用問題に差分解法を適用する．室内気流を例にとった理由は前章で取り扱ったキャビティ問題と同じような幾何形状をした問題でありながら，実用的に重要な問題であるからである．現実の室内気流の解析ではさらに熱の移動や乱流の取り扱いが必要となる．本章では，はじめに室内気流の問題を簡単に説明したあと，不等間隔格子を用いて室内気流の層流計算を行う．次に，熱の問題の一般的な取り扱いを説明し，さらに実際に温度場を考慮に入れた室内気流の計算を行う．乱流についてはモデルを用いない厳密な取り扱いは計算量の点で大変難しく，実用的には種々の仮定を取り入れた乱流モデルによる計算が行われている．本章では乱流の取り扱い方の初歩についても簡単な解説を行う．

4.1　室内気流の層流解析

　キャビティ問題を変形してみよう．すなわち，図 4.1 に示すような長（正）方形の領域内の流れで，図の左上に流体の流入口，右下に流出口がある場合の流れを考える．この問題は窓や空調機のある室内気流の簡単なモデルになっている．この例を使って実用的な問題に対する解析例を示すことにする．なお，本節では流れは 2 次元の層流で熱の効果は考えないことにする．
　キャビティ問題に比べて，ここで取り上げる室内気流の問題では流体の流出入口がある点が異なっている．この場合，流出入口で境界条件を指定する必要があるが，その他に流出入口が狭い場合でもある程度の個数の格子点を流出入口に集める必要がある．ところが等間隔格子を用いて計算すると，全体の格

子数が非常に多くなる。このような場合には**不等間隔格子**を用いて必要部分だけ格子を集めれば効率のよい計算ができる。不等間隔格子の差分近似については 1.1 節で説明したのでそれを利用すればよい。

以上のことに注意して、はじめに流れ関数–渦度法を用いた解析例を、次に MAC 法を用いた解析例を示す。

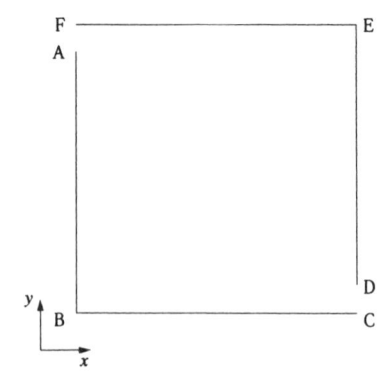

図 4.1 室内気流の計算領域

4.1.1 流れ関数–渦度法（非定常）

式 (1.10), (1.8) において、

$$h_1 = x_i - x_{i-1}, \quad h_2 = x_{i+1} - x_i$$

とおけば

$$\frac{\partial f}{\partial x} = a_1 f_{i-1,j} + b_1 f_{i,j} + c_1 f_{i+1,j}, \quad \frac{\partial^2 f}{\partial x^2} = a_2 f_{i-1,j} + b_2 f_{i,j} + c_2 f_{i+1,j}$$

ただし、

$$a_1 = -\frac{x_{i+1} - x_i}{(x_i - x_{i-1})(x_{i+1} - x_{i-1})}, \quad b_1 = \frac{x_{i+1} - 2x_i + x_{i-1}}{(x_i - x_{i-1})(x_{i+1} - x_i)}$$

$$c_1 = \frac{x_i - x_{i-1}}{(x_{i+1} - x_i)(x_{i+1} - x_{i-1})}, \quad a_2 = \frac{2}{(x_i - x_{i-1})(x_{i+1} - x_{i-1})}$$

$$b_2 = -\frac{2}{(x_{i+1} - x_i)(x_i - x_{i-1})}, \quad c_2 = \frac{2}{(x_{i+1} - x_i)(x_{i+1} - x_{i-1})}$$

となる。同様に

$$\frac{\partial f}{\partial y} = a_3 f_{i,j-1} + b_3 f_{i,j} + c_3 f_{i,j+1}, \quad \frac{\partial^2 f}{\partial y^2} = a_4 f_{i,j-1} + b_4 f_{i,j} + c_4 f_{i,j+1}$$

である。ただし $a_3, b_3, c_3, a_4, b_4, c_4$ は $a_1, b_1, c_1, a_2, b_2, c_2$ において x を y に、i を j に置き換えたもの、すなわち

$$a_3 = -\frac{y_{j+1} - y_j}{(y_j - y_{j-1})(y_{j+1} - y_{j-1})}, \quad b_3 = \frac{y_{j+1} - 2y_j + y_{j-1}}{(y_j - y_{j-1})(y_{j+1} - y_j)}$$

$$c_3 = \frac{y_j - y_{j-1}}{(y_{j+1} - y_j)(y_{j+1} - y_{j-1})}, \quad a_4 = \frac{2}{(y_j - y_{j-1})(y_{j+1} - y_{j-1})}$$

$$b_4 = -\frac{2}{(y_{j+1} - y_j)(y_j - y_{j-1})}, \quad c_4 = \frac{2}{(y_{j+1} - y_j)(y_{j+1} - y_{j-1})}$$

である．

上式を考慮して流れ関数–渦度法の基礎方程式 (3.14), (3.15) を差分近似すると

$$a_2\psi_{i-1,j} + b_2\psi_{i,j} + c_2\psi_{i+1,j} + a_4\psi_{i,j-1} + b_4\psi_{i,j} + c_4\psi_{i,j+1} = -\omega_{i,j} \quad (4.1)$$

$$\begin{aligned}
&\frac{\omega_{i,j}^{n+1} - \omega_{i,j}}{\Delta t} \\
&+ (a_3\psi_{i,j-1} + b_3\psi_{i,j} + c_3\psi_{i,j+1})(a_1\omega_{i-1,j} + b_1\omega_{i,j} + c_1\omega_{i+1,j}) \\
&- (a_1\psi_{i-1,j} + b_1\psi_{i,j} + c_1\psi_{i+1,j})(a_3\omega_{i,j-1} + b_3\omega_{i,j} + c_3\omega_{i,j+1}) \\
&= \frac{1}{\mathrm{Re}}(a_2\omega_{i-1,j} + b_2\omega_{i,j} + c_2\omega_{i+1,j} + a_4\omega_{i,j-1} + b_4\omega_{i,j} + c_4\omega_{i,j+1})
\end{aligned} \quad (4.2)$$

となる．ただし，ψ, ω で上添字のない項は上添字 n が省略されているものとする．式 (4.1) を SOR 法を用いて解くために，式 (4.1) を $\psi_{i,j}$ について解いて

$$\psi_{i,j}^* = -\frac{1}{b_2 + b_4}(a_2\psi_{i-1,j}^{(\nu+1)} + c_2\psi_{i+1,j}^{(\nu)} + a_4\psi_{i,j-1}^{(\nu+1)} + c_4\psi_{i,j+1}^{(\nu)} + \omega_{i,j}) \quad (4.3)$$

と書き換えた上で

$$\psi_{i,j}^{(\nu+1)} = (1 - \alpha)\psi_{i,j}^{(\nu)} + \alpha\psi_{i,j}^* \quad (4.4)$$

とする．ただし，ν は反復回数，a は加速係数である．式 (4.2) に関しては，$\omega_{i,j}^{n+1}$ について解いた式を，そのままプログラムに記述すればよい．

境界条件については以下のとおりである．

流れ関数は壁面上で一定値をとる．一方，流れ関数の 2 点間の差はその 2 点間を単位時間に通過する流量となる．そこで，流入口 AF を通って単位時間に流れ込む流量を q とすると，壁面 DEF と ABC の流れ関数の差が q となる．たとえば，ABC 上で $\psi = 0$ とすると，DEF 上では $\psi = q$ となる．次に AF 上での ψ の値は，図 4.1 のような座標系をとり，y_A を点 A での y の座標値とするとき

$$\psi = \int_{y_A}^{y} u dy$$

となる．したがって，AF に沿って x 方向の速度 u が指定されれば流れ関数の値が計算できる．いま，$u=1$ と仮定すれば上式から

$$\psi = y - y_A \quad (\text{AF 上}) \tag{4.5}$$

となる．特に点 F での y 座標が y_F であれば

$$q = y_F - y_A$$

となる．

　CD 上での境界条件は**流出条件**とよばれる．もし，CD 上で u の値が指定されれば，AF の場合と同様に計算できるが，通常は指定されない．そのような場合に合理的に境界条件を課すのは困難であるが，ここでは CD 上で y 方向速度 v を 0 と仮定する．この条件を流れ関数で表すと

$$\frac{\partial \psi}{\partial x} = 0$$

となるため，この式を 1 次精度の差分で近似して

$$\psi_P = \psi_Q \quad (\text{CD 上}) \tag{4.6}$$

という条件を課す．ここで P は CD 上の 1 点，Q は P から格子に沿って 1 つ内側の格子点である．

　壁面上の渦度の値はキャビティ問題と同様にして求めることができる．すなわち，式 (3.18) から

$$\omega_P = -2\psi_Q / (x_Q - x_P)^2 \quad (\text{AB, CD 上})$$
$$\omega_P = -2\psi_Q / (y_Q - y_P)^2 \quad (\text{BC, EF 上}) \tag{4.7}$$

となる．次に流入口 AF 上では渦なしの一様流が流入してくると仮定すれば

$$\omega = 0 \tag{4.8}$$

である．流出条件としては ψ と同様，速度が不明な場合には明確な条件は与えられない．そこで，たとえば

$$\omega_P = \omega_Q \tag{4.9}$$

を課す．ただし，この条件は物理的に明白な根拠があるわけではない．

流れ関数–渦度法を用いて層流の室内気流を解析するプログラムおよびその説明などは，それぞれ PORM.FOR, PORM.C, PORM.TXT という名前でホームページにアップされている．プログラムの構成はキャビティ流れ POCV.FOR と同じであるため，ここではフローチャートは省略している．なお，x, y 方向の格子は壁面近くで細かくなるように，x に対して

$$Z(x) = \frac{1}{2}\left(1 + \frac{e^a+1}{e^a-1}\frac{e^{a(2x-1)}-1}{e^{a(2x-1)}+1}\right) \tag{4.10}$$

$$a = \log\frac{1+b}{1-b} \quad (0 < x < 1)$$

という関数を用いて格子間隔の調整を行っている．y 方向に対しても同様である．ここで，パラメータ b は $0 < b < 1$ を満たす数であり，1 に近いほど壁面に格子が集中するが，あまり格子を集中させすぎると式 (4.2) の安定性が悪くなるため，式 (4.2) を陰解法で解く必要がある．

4.1.2　Ｍ Ａ Ｃ 法

次に MAC 法を用いて同じ問題を解いてみよう．不等間隔格子の場合もスタガード格子を用いることができるがここでは簡単のため通常格子を用いることにする．このとき，基礎方程式は

$$\begin{aligned}
& a_2 p_{i-1,j} + b_2 p_{i,j} + c_2 p_{i+1,j} + a_4 p_{i,j-1} + b_4 p_{i,j} + c_4 p_{i,j+1} \\
&= \frac{1}{\Delta t}(a_1 u_{i-1,j} + b_1 u_{i,j} + c_1 u_{i+1,j} + a_3 v_{i,j-1} + b_3 v_{i,j} + c_3 v_{i,j+1}) \\
&\quad - (a_1 u_{i-1,j} + b_1 u_{i,j} + c_1 u_{i+1,j})^2 - (a_3 v_{i,j-1} + b_3 v_{i,j} + c_3 v_{i,j+1})^2 \\
&\quad - 2(a_3 u_{i,j-1} + b_3 u_{i,j} + c_3 u_{i,j+1})(a_1 v_{i-1,j} + b_1 v_{i,j} + c_1 v_{i+1,j}) \tag{4.11}
\end{aligned}$$

$$\begin{aligned}
& \frac{u_{i,j}^{n+1} - u_{i,j}}{\Delta t} + u_{i,j}(a_1 u_{i-1,j} + b_1 u_{i,j} + c_1 u_{i+1,j}) \\
&\quad + v_{i,j}(a_3 u_{i,j-1} + b_3 u_{i,j} + c_3 u_{i,j+1}) \\
&= -(a_1 p_{i-1,j} + b_1 p_{i,j} + c_1 p_{i+1,j}) \\
&\quad + \frac{1}{\text{Re}}(a_2 u_{i-1,j} + b_2 u_{i,j} + c_2 u_{i+1,j} + a_4 u_{i,j-1} + b_4 u_{i,j} + c_4 u_{i,j+1})
\end{aligned}$$
$$\tag{4.12}$$

$$\frac{v_{i,j}^{n+1} - v_{i,j}}{\Delta t} + u_{i,j}(a_1 v_{i-1,j} + b_1 v_{i,j} + c_1 v_{i+1,j})$$
$$+ v_{i,j}(a_3 v_{i,j-1} + b_3 v_{i,j} + c_3 v_{i,j+1})$$
$$= -(a_3 p_{i,j-1} + b_3 p_{i,j} + c_3 p_{i,j+1})$$
$$+ \frac{1}{\text{Re}}(a_2 v_{i-1,j} + b_2 v_{i,j} + c_2 v_{i+1,j} + a_4 v_{i,j-1} + b_4 v_{i,j} + c_4 v_{i,j+1}) \tag{4.13}$$

となる．圧力のポアソン方程式 (4.11) は流れ関数–渦度法のポアソン方程式と同様に，式 (4.11) を $p_{i,j}$ について解いた式から反復法が構成でき，それを用いて解くことができる．u,v を時間発展させるためには，式 (4.12), (4.13) を $u_{i,j}^{n+1}, v_{i,j}^{n+1}$ について解き，それをそのまま記述すればよい．

境界条件は以下のとおりである．

速度の境界条件については壁面上で粘着条件

$$\boldsymbol{V} = 0 \tag{4.14}$$

を課す．流入口では $\boldsymbol{v}$ を指定する．一様流の場合は

$$u = 1, \quad v = 0 \tag{4.15}$$

である．流出口では流れ関数–渦度法と同様に，v が既知である場合を除いて合理的に指定するのは困難である．そこで内部の点から

$$u_\text{P} = u_\text{Q}, \quad v_\text{P} = v_\text{Q} \tag{4.16}$$

のように予測する．

圧力の境界条件はキャビティ問題と同様に壁面で

$$\nabla p = \frac{1}{\text{Re}} \triangle \boldsymbol{V} \tag{4.17}$$

を課す．具体的には BC, EF 上で

$$\frac{\partial p}{\partial y} = \frac{1}{\text{Re}} \frac{\partial^2 v}{\partial y^2} \tag{4.18}$$

となり，この式を差分近似する．仮想点での速度の値を使うときには，図 3.9 のように壁と平行な成分は逆向き，垂直な成分は同じ向きにとる．同様に AB,

DE 上では

$$\frac{\partial p}{\partial x} = \frac{1}{\text{Re}}\frac{\partial^2 u}{\partial x^2} \tag{4.19}$$

となる.

次に流入口の圧力については $u=1, v=0$ をナビエ–ストークス方程式に代入すると

$$\frac{\partial u}{\partial x} = -\frac{\partial p}{\partial x} + \frac{1}{\text{Re}}\frac{\partial^2 u}{\partial x^2}$$

となる. そこで, $u_x = u_{xx} = 0$ を仮定して

$$\frac{\partial p}{\partial x} = 0 \tag{4.20}$$

を用いる. 流出口の圧力は大気に接しているとして

$$p = 0 \tag{4.21}$$

を課す.

室内気流を MAC 法を用いて解くプログラムおよびその説明などは, MACRM.FOR, MACRM.C, MACRM.TXT という名前でホームページにアップされている. このプログラムの構成はキャビティ問題のプログラム MACCV.FOR と同じであるため, フローチャートは省略している. なお, Re = 200, $\Delta t = 0.0025$ で 2000 ステップ経過した場合の速度ベクトル図を図 4.2(a) に示す. 図 4.2(b) は計算に用いた格子である.

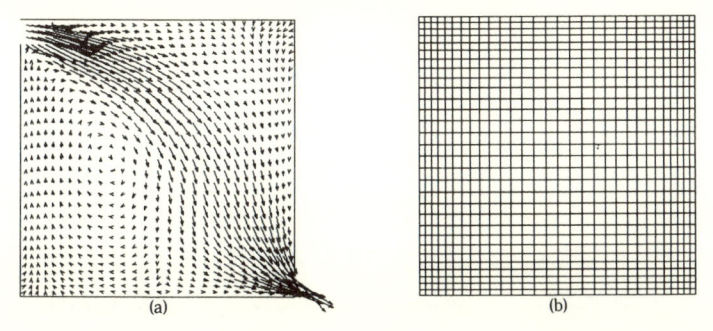

図 4.2 室内気流の計算結果 1 ((a) 速度ベクトル, (b) 格子 Re = 200)

4.2 熱の取り扱い

現実の流れでは流体の運動にともない熱も輸送される．本節では流体の問題において熱を考慮に入れる必要がある場合の取り扱い方について説明する．

流体内の温度が空間的時間的に変化するとそれにともない流体の密度も変化する．密度変化が大きくないうちは流体はあまり影響を受けないが，密度変化が大きくなるとその影響が無視できなくなる．そこで本節では

① 温度変化が流体の運動に変化を与えず，熱が流体によって一方的に輸送される問題（**強制対流問題**）
② 温度変化による密度変化が浮力を通してのみ流体の運動に影響を与えると仮定（ブジネスク近似）した問題（**自然対流問題**）

について議論する．

4.2.1 強制対流問題

熱を取り扱う場合，基礎方程式にエネルギー保存則を表す方程式（エネルギー方程式）を加える必要がある．流速があまり大きくなく運動エネルギーが熱による内部エネルギーに比べ十分に小さい場合を考え，さらに粘性による散逸も十分に小さいと仮定する．このときエネルギー方程式は，k を熱伝導率として

$$\frac{\partial T}{\partial t} + (\boldsymbol{V} \cdot \nabla)T = k\triangle T + Q \tag{4.22}$$

となる．ここで Q は化学反応などによる単位体積あたりの発熱量を表す．強制対流問題では，式 (4.22) に現れる温度 T は速度 $\boldsymbol{V}$，圧力 p に影響を与えない．すなわち，式 (4.22) は $\boldsymbol{V}$ を与えて T を求める方程式になっており，非圧縮性流体の基礎方程式 (3.6), (3.7) をいままでに説明した方法で解いて，$\boldsymbol{V}$ が各時間で求まると，それを用いて式 (4.22) を解くことができる．式 (4.22) は 2.6 節で 1 次元の場合を議論した移流拡散方程式になっており，差分法を用いて解く場合，特に困難な点はない．なお，式 (4.22) で $\boldsymbol{V} = 0$（流れがない場合）とおくと熱伝導方程式になる．

4.2.2 自然対流問題

自然対流問題では運動方程式 (3.7) は浮力（重力）による外力が加わる．すなわち，

$$\rho \left\{ \frac{\partial \boldsymbol{V}}{\partial t} + (\boldsymbol{V} \cdot \nabla) \boldsymbol{V} \right\} = -\nabla p + \mu \triangle \boldsymbol{V} + \rho \boldsymbol{g} \qquad (4.23)$$

となる．以下，2次元問題を考え，重力の方向を y 方向下方にとることにする．このとき，式 (4.23) は

$$\rho \left(\frac{\partial u}{\partial t} + u \frac{\partial u}{\partial x} + v \frac{\partial u}{\partial y} \right) = -\frac{\partial p}{\partial x} + \mu \left(\frac{\partial^2 u}{\partial x^2} + \frac{\partial^2 u}{\partial y^2} \right) \qquad (4.24)$$

$$\rho \left(\frac{\partial v}{\partial t} + u \frac{\partial v}{\partial x} + v \frac{\partial v}{\partial y} \right) = -\frac{\partial p}{\partial y} + \mu \left(\frac{\partial^2 v}{\partial x^2} + \frac{\partial^2 v}{\partial y^2} \right) - \rho g \qquad (4.25)$$

となる．圧力 p を

$$p = p' + \int_y^\alpha \rho_0 g dy \qquad (4.26)$$

とおく．ただし，p' は圧力から重力を差し引いた部分であり，また ρ_0 は基準温度における密度，α は定数で基準座標を表す．式 (4.26) を式 (4.24), (4.25) に代入して p' をあらためて p と書き直すと，式 (4.24) はそのままで，式 (4.25) は

$$\rho \left(\frac{\partial v}{\partial t} + u \frac{\partial v}{\partial x} + v \frac{\partial v}{\partial y} \right) = -\frac{\partial p}{\partial y} + \mu \left(\frac{\partial^2 v}{\partial x^2} + \frac{\partial^2 v}{\partial y^2} \right) + (\rho_0 - \rho) g \qquad (4.27)$$

となる．β を体膨張係数とすると

$$(\rho_0 - \rho) g = \rho_0 g \beta (T - T_0) \qquad (4.28)$$

と書けるため，式 (4.28) を式 (4.27) に代入して

$$\rho \left(\frac{\partial v}{\partial t} + u \frac{\partial v}{\partial x} + v \frac{\partial v}{\partial y} \right) = -\frac{\partial p}{\partial y} + \mu \left(\frac{\partial^2 v}{\partial x^2} + \frac{\partial^2 v}{\partial y^2} \right) + \rho g \beta (T - T_0) \qquad (4.29)$$

が得られる．式 (4.29) の最終項を通して，熱が流体の運動に影響を与えることがわかる．

基礎方程式を無次元形で表現するため，T, Q に対して

$$T - T_0 = \tilde{T} \Delta T, \quad Q = \rho C (T - T_0) \tilde{Q} \qquad (4.30)$$

とおいて無次元変数 $\tilde{T}, \tilde{Q}$ を導入する．ここで ΔT は代表的な温度，C は比熱

である．さらに，$\boldsymbol{V}, p$ などに対しては式 (3.3) と同様の無次元化を行うと次の方程式が得られる（ただし，式 (3.7) と同様，無次元を表す記号 ~ はすべて省略している）：

$$\frac{\partial u}{\partial x} + \frac{\partial v}{\partial y} = 0 \tag{4.31}$$

$$\frac{\partial u}{\partial t} + u\frac{\partial u}{\partial x} + v\frac{\partial u}{\partial y} = -\frac{\partial p}{\partial x} + \frac{1}{\mathrm{Re}}\left(\frac{\partial^2 u}{\partial x^2} + \frac{\partial^2 u}{\partial y^2}\right) \tag{4.32}$$

$$\frac{\partial v}{\partial t} + u\frac{\partial v}{\partial x} + v\frac{\partial v}{\partial y} = -\frac{\partial p}{\partial y} + \frac{1}{\mathrm{Re}}\left(\frac{\partial^2 v}{\partial x^2} + \frac{\partial^2 v}{\partial y^2}\right) + \frac{\mathrm{Gr}}{\mathrm{Re}^2}T \tag{4.33}$$

$$\frac{\partial T}{\partial t} + u\frac{\partial T}{\partial x} + v\frac{\partial T}{\partial y} = \frac{1}{\mathrm{RePr}}\left(\frac{\partial^2 T}{\partial x^2} + \frac{\partial^2 T}{\partial y^2}\right) + Q \tag{4.34}$$

ただし，Gr, Pr はそれぞれグラスホフ数，プラントル数とよばれる無次元数で次式で定義される．

$$\mathrm{Gr} = g\beta\Delta T L^3 \rho^2 / \mu^2 \tag{4.35}$$

$$\mathrm{Pr} = C\mu/k \tag{4.36}$$

なお，プラントル数は流体の物性値のみによって定まる定数である．

式 (4.31)～(4.34) を解く方法には，流れ関数–渦度法，MAC 法，フラクショナル・ステップ法などいままで述べてきた方法があり，それらがそのまま使える．ただし，式 (4.33) の右辺最終項のため，式は多少複雑になる．式 (4.34) は強制対流と同様，移流拡散方程式を式 (4.32), (4.33) と同じ時間ステップで解けばよい．壁面における境界条件はふつう

$$T = T_{\mathrm{wall}} \quad (温度一定) \tag{4.37}$$

または

$$-k(\partial T/\partial n)|_{\mathrm{wall}} = h_{\mathrm{wall}} \quad (熱流束一定) \tag{4.38}$$

を課す．ただし，T_{wall} は壁面の温度，h_{wall} は壁面の熱流束であり，$\partial/\partial n$ は法線微分を表す．T_{wall} が一定の場合は**等温壁**を表し，$h_{\mathrm{wall}} = 0$ の場合は**断熱壁**を表す．

熱の取り扱いの具体例として，前節で説明した室内気流の問題を，温度変化を考慮して取り扱ってみる．温度の境界条件として下面 BC では一定温度を与

え，他の壁面は断熱と仮定する．自然対流問題としてブジネスク近似を用いた式 (4.31)～(4.34) を基礎方程式系とするが，発熱は考えないので $Q=0$ である．

はじめに式 (4.31)～(4.34) に流れ関数–渦度法を適用すると

$$\frac{\partial^2 \psi}{\partial x^2} + \frac{\partial^2 \psi}{\partial y^2} = -\omega \tag{4.39}$$

$$\frac{\partial \omega}{\partial t} + \frac{\partial \psi}{\partial y}\frac{\partial \omega}{\partial x} - \frac{\partial \psi}{\partial x}\frac{\partial \omega}{\partial y} = \frac{1}{\mathrm{Re}}\left(\frac{\partial^2 \omega}{\partial x^2} + \frac{\partial^2 \omega}{\partial y^2}\right) + \frac{\mathrm{Gr}}{\mathrm{Re}^2}\frac{\partial T}{\partial x} \tag{4.40}$$

$$\frac{\partial T}{\partial t} + \frac{\partial \psi}{\partial y}\frac{\partial T}{\partial x} - \frac{\partial \psi}{\partial x}\frac{\partial T}{\partial y} = \frac{1}{\mathrm{RePr}}\left(\frac{\partial^2 T}{\partial x^2} + \frac{\partial^2 T}{\partial y^2}\right) \tag{4.41}$$

となる．したがって，4.1 節での取り扱いとの差は渦度輸送方程式に対して式 (4.40) の最終項が付け加わることと，温度に対する方程式 (4.41) が新たに加わることである．式 (4.41) は渦度輸送方程式と同様の手続きで解くことができる．

境界条件は渦度と流れ関数に関しては式 (4.5)～(4.10) であり，温度に関しては

$$T = T_{\mathrm{wall}} \quad (\mathrm{BC}\ 上) \tag{4.42}$$

$$\partial T/\partial x = 0 \quad (\mathrm{AB, DE}\ 上), \quad \partial T/\partial y = 0 \quad (\mathrm{EF}\ 上) \tag{4.43}$$

である．また，流入口では一定温度（T_0）の流体が流入し，また流出口では温度勾配が 0 とする．すなわち

$$T = T_0 \quad (\mathrm{AF}\ 上), \quad \partial T/\partial x = 0 \quad (\mathrm{CD}\ 上) \tag{4.44}$$

を課す．微分に関する条件は 1 次精度の近似を使う場合，P を境界上の点，Q を格子に沿って 1 つ内側の点とするとき

$$T_{\mathrm{P}} = T_{\mathrm{Q}} \tag{4.45}$$

となる．

ホームページにアップされている PORMT.FOR と PORMT.TXT は温度場を考慮に入れた室内気流の流れを流れ関数–渦度法を用いて解析するプログラムとその説明である．プログラムの構成は熱に関する計算が新たに加わっただけであり，POCV.FOR, PORM.FOR とほぼ同じである．すなわち，この場合のフローチャートは図 3.7 において，①の部分に T の初期条件，②の部分に T

の境界条件を付け加え,さらに③の部分に式 (4.41) に従って T を計算する部分を付け加えればよい.

次に MAC 法を用いて同じ問題を解いてみる.MAC 法と同じ手続きで圧力に関するポアソン方程式を導くと

$$\triangle p = \frac{1}{\Delta t}\left(\frac{\partial u}{\partial x}+\frac{\partial v}{\partial y}\right)-\left\{\left(\frac{\partial u}{\partial x}\right)^2+2\frac{\partial u}{\partial y}\frac{\partial v}{\partial x}+\left(\frac{\partial v}{\partial y}\right)^2\right\}+\frac{\text{Gr}}{\text{Re}^2}\frac{\partial T}{\partial y} \quad (4.46)$$

が得られる.したがって,上式を用いて圧力を決定した後に式 (4.32), (4.33) を用いて速度を,式 (4.34) を用いて温度を時間発展させればよい.流れ関数–渦度法のところで説明したものと同じ境界条件で解くことにすれば,温度に関する境界条件は変化せず,また圧力に関する条件は 4.1 節で用いたものがそのまま利用できる.

ここで説明した温度場を考慮に入れた室内気流を,MAC 法を用いて解析するプログラムおよびその説明は,MACRMT.FOR, MACRMT.C, MACRMT.TXT という名前でホームページにアップされている.プログラムの構成は MACRM.FOR と同じであるが,ポアソン方程式の右辺と v に関する運動方程式に温度 T に関する項が付け加わり,さらに温度に関する方程式も新たに付け加わっている.すなわち,フローチャートとしては,図 3.10 において①の部分に T の初期条件,②の部分に T の境界条件,③の部分に式 (4.34) に従って T を計算する部分を付け加えればよい.

このプログラムを用いて行った計算結果の例を,図 4.3, 4.4 に示す.これは Re = 200, Pr = 0.71 であり,また流入口での温度を 0.5,上壁面での温度を 0,下壁面での温度を 1 に保ち,左右の壁面が断熱壁とした場合の結果である.なお,計算結果の表示には専用の等高線ルーチンを用いており,定常状態での速度ベクトルおよび等温線が示されている.図 4.3 は Gr = 0 すなわち強制対流の等温線図であり(速度ベクトル図は図 4.2(a) とおなじ),図 4.4(a), (b) は

図 4.3 室内気流の計算結果 2 (強制対流の定常状態での等温線,Re = 200)

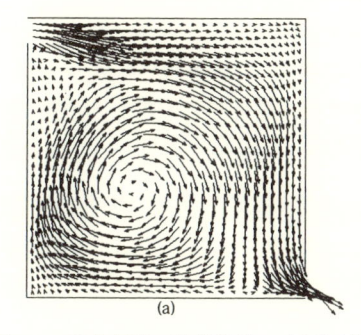

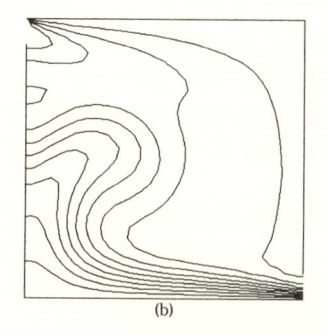

図 4.4 室内気流の計算結果 3（自然対流の定常状態での流線，等温線．Re = 200, $Gr = 10^5$）

自然対流（$Gr = 10^5$）の速度ベクトルと等温線図である．

4.3　乱流の取り扱い

　レイノルズ数が大きくなると，流れは空間的にも時間的にも不規則ないわゆる乱流になる．乱流は特殊な現象ではなく，われわれが日常生活で常に経験する流れであり，室内気流も乱流になっているのがふつうである．乱流であっても流れはナビエ–ストークス方程式に従うと考えられるため，数値的にナビエ–ストークス方程式を解くことによって乱流が解析できるはずである．しかし，乱流は大小さまざまな渦が入り混じった流れであり，乱流の信頼できる計算を行うためには，最小スケールの渦まで解像できるような細かい格子を用いる必要がある．さらに乱流は必然的に 3 次元運動であるため，計算に必要な格子数は膨大となり[*1]，レイノルズ数がある程度小さくない限り，現在のスーパーコンピュータを用いても計算は困難である．

　一方，工学的に重要な量は小さなスケールの乱雑な運動ではなく，乱流によって生成される大きなスケールの運動やその運動による物理量の輸送（物体に働く力や熱輸送など）である．そこで，乱流を限られた数の格子で計算するために，ミクロな変動量をマクロな量と関連付ける努力がなされている（乱流モデ

[*1] 流れのレイノルズ数を Re としたとき必要な格子数は $(Re)^{9/4}$ と見積もられている．したがって，レイノルズ数が 1 万の計算に必要な格子数は 10 億である．

ル).このようにすることにより,マクロな量の計算だけで乱流が解析できることになる.しかし,後述のように,もともと方程式の非線形性によって原理的に閉じない方程式系を,物理的な考察から閉じさせようとするため,適切なモデルが存在する保証はなく,またモデルの性質上,流れの種類に依存する多くのパラメータを含んでいる.したがって,乱流モデルを用いる場合にはモデル化の前提条件を満たす流れに限るべきである[*2].本節では数多く存在する乱流モデルの中で工学的に多用される代数モデルおよび k–ε モデルについて簡単に紹介する.

4.3.1 レイノルズ方程式と渦粘性

乱流の速度と圧力を(平均量)+(変動量)で表してみる.平均には時間平均,空間平均,集合平均があるが,ここでは取り扱いやすい時間平均をとることにする.T をマクロな運動に対しては十分に短く,ミクロで乱雑な運動に対しては十分に長い時間スケールとする.このとき時間平均は

$$\bar{\boldsymbol{V}} = \frac{1}{T}\int_t^{t+T} \boldsymbol{V}\,dt, \quad \bar{p} = \frac{1}{T}\int_t^{t+T} p\,dt \tag{4.47}$$

となる.いま

$$\boldsymbol{V} = \bar{\boldsymbol{V}} + \boldsymbol{V}', \quad p = \bar{p} + p' \tag{4.48}$$

とおき,式 (3.1), (3.2) に代入して,もう一度平均をとると

$$\bar{\boldsymbol{V}}' = 0, \quad \bar{p}' = 0, \quad \bar{\bar{\boldsymbol{V}}} = \bar{\boldsymbol{V}}, \quad \bar{\bar{p}} = \bar{p} \tag{4.49}$$

に注意して

$$\frac{\partial \overline{u_i}}{\partial x_i} = 0 \tag{4.50}$$

$$\frac{\partial \overline{u_i}}{\partial t} + \bar{u}_j \frac{\partial \overline{u_i}}{\partial x_j} = -\frac{1}{\rho}\frac{\partial \bar{p}}{\partial x_i} + \frac{\mu}{\rho}\frac{\partial^2 \overline{u_i}}{\partial x_j^2} - \frac{\partial}{\partial x_j}\overline{(u_i' u_j')} \tag{4.51}$$

が得られる.ただし,$\boldsymbol{V} = (u_1, u_2, u_3)$ であり,同じ添字が 2 度現れる場合にはその添字に対し,1, 2, 3 の和をとるものとしている.式 (4.50), (4.51) はレ

[*2] 乱流モデルは数値的に見た場合,ほとんどが粘性率を大きくしている.したがって,乱流モデルを用いると計算は安定化され何らかの結果が得られるが,流れに大きな影響を及ぼす物理的な粘性を変化させているため,適用には注意が必要である.

イノルズ方程式とよばれ，乱流のモデル計算の基礎方程式系である．式 (4.50), (4.51) は式 (4.51) の右辺最終項を除くと，式 (3.1), (3.2) と同じ形をしている．式 (4.51) は右辺最終項のため，もとの方程式より複雑になっているが，この項を除けば平均量のみで表現された方程式であり，あまり細かくない格子でも乱流が計算できることを意味している．

平均化の操作により，新たに加わった式 (4.51) の最終項は，対称性 $\overline{u'_i u'_j} = \overline{u'_j u'_i}$ を考慮すると 6 種類ある．これら 6 つの量を平均量と何らかの形で結びつければ，方程式は閉じることになる[*3]．

物理的に考えれば，乱流は大小さまざまな渦が入り混じった流れであり，このような渦の混合によりマクロ的には運動量の交換が行われ，流体粒子間の速度差がならされる．いいかえれば，乱流による混合は粘性と似た働きをすると考えられる[*4]．そこで，物理粘性と類似の関係

$$-\overline{u'_i u'_j} = \frac{\mu_t}{\rho}\left(\frac{\partial \overline{u_j}}{\partial x_i} + \frac{\partial u_i}{\partial x_j} - \frac{2}{3}k\delta_{ij}\right) \quad (4.52)$$

を仮定する[*5]．ただし，k は乱流エネルギーを表し，次式で定義される．

$$k = \frac{1}{2}(\overline{u'^2_1} + \overline{u'^2_2} + \overline{u'^2_3}) \quad (4.53)$$

このとき μ_t を何らかの形で決定すれば，以下の方程式を解くことにより，乱流の平均量が求まることになる．

$$\frac{\partial \overline{u_i}}{\partial x_i} = 0 \quad (4.54)$$

$$\frac{\partial \overline{u_i}}{\partial t} + \bar{u}_j \frac{\partial \overline{u_i}}{\partial x_j} = -\frac{1}{\rho}\frac{\partial \bar{p}}{\partial x_i} + \frac{1}{\rho}\frac{\partial}{\partial x_j}(\mu + \mu_t)\frac{\partial \overline{u_i}}{\partial x_j} \quad (4.55)$$

以下に μ_t の求め方を 2 種類記す．

[*3] もとのナビエ–ストークス方程式を用いてこれら 2 次の変動量に関する方程式を導くことはできるが，方程式の非線形性のため新たに 3 次の変動量が出てくる．このように，高次の変動量に対する方程式にはさらに高次の変動量が現れ，方程式はいつまで経っても閉じない．

[*4] 円柱の後流などを観察すると，乱流部分と層流部分はかなり明瞭な境界をもっているため，乱流粘性と物理粘性とはかなり性質が異なっていることも事実である．

[*5] **ブジネスクの渦粘性近似**という．式 (4.52) の右辺最後の項は左辺で $i = j$ としたとき，式 (4.53) と矛盾しないようにするという理由で必要である．この近似では 6 つの未知量が 1 つの未知量 μ_t で置き換えられていることに注意．

4.3.2 混合距離モデル

図 4.5 に示すように，壁面（x 方向）に沿ったせん断流を考え，乱流の渦運動により点 P にある流体粒子が点 Q に移動したとする．PQ の距離を l（渦の直径）としたとき，この運動によって

$$u' = l\frac{\partial u}{\partial y} \qquad (4.56)$$

だけの速度変動が点 Q にもたらされる．乱流が等方的であるとして，$u' \sim v'$ が仮定できれば，

$$-u'v' \sim l^2 \left(\frac{\partial u}{\partial y}\right)^2 \qquad (4.57)$$

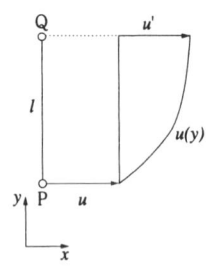

図 4.5 混合距離モデル

と考えられるため，次式が得られる．

$$\frac{\mu_t}{\rho} = \nu_t = l^2 \left|\frac{\partial u}{\partial y}\right| \qquad (4.58)$$

これを**混合距離モデル**という．渦の大きさを表す l は壁に近いほど小さくなると考えられるため，最も簡単には壁からの距離 y に比例するとして

$$l = \kappa y \qquad (4.59)$$

と仮定する．比例定数 κ は**カルマン定数**とよばれる．

壁近傍ではせん断応力（分子応力＋乱流応力）が表面摩擦 τ_w と等しくなる層があり，**内層**とよばれる．すなわち，内層では

$$\tau_w = (\mu + \mu_t)\frac{\partial u}{\partial y} \qquad (4.60)$$

が成り立つ．内層のうち壁面のごく近傍では分子応力が卓越する層があり**粘性底層**とよばれる．すなわち，粘性底層では

$$\tau_w = \mu\frac{\partial u}{\partial y} \qquad (4.61)$$

が成り立つ．いま

$$u_\tau = \sqrt{\frac{\tau_w}{\rho}} \qquad (4.62)$$

で定義される摩擦速度を導入して式 (4.61) を積分すると

$$\frac{u}{u_\tau} = y^+ \left(\equiv \frac{yu_\tau}{\nu}\right) \qquad (4.63)$$

が得られる．ただし，ν は動粘性率 ($=\mu/\rho$) である．

内層で壁から離れると μ_t が卓越するようになるが，この部分は**慣性底層**とよばれる．式 (4.58), (4.59) を仮定すると慣性底層では

$$u_\tau^2 \left(= \frac{\tau_w}{\rho} = \frac{\mu_t}{\rho}\frac{\partial u}{\partial y}\right) = \kappa^2 y^2 \left(\frac{\partial u}{\partial y}\right)^2 \tag{4.64}$$

が成り立つ．したがって，式 (4.63) で定義された y^+ を用いると式 (4.64) は

$$\left(\frac{\partial u}{\partial y^+}\right)^2 = \frac{u_\tau^2}{\kappa^2 (y^+)^2}$$

となるので，上式を積分すると

$$\frac{u}{u_\tau} = \frac{1}{\kappa}\left(\log y^+ + C\right) \tag{4.65}$$

が得られる．式 (4.65) は**対数法則**とよばれる．なお，粘性底層と慣性底層の中間部は移行層とよばれる．せん断流においては，式 (4.65) が壁近傍で成り立つことが実験的にも確かめられており，この意味で式 (4.58), (4.59) は妥当な仮定といえる (κ, C はそれぞれおよそ 0.4, 5)．ただし，粘性底層や移行層では式 (4.65) は成り立たないため，式 (4.58) をそのまま用いるためには l を修正する必要がある．よく使われる式として，**Van Driest**[12] の式

$$l = \kappa y \left(1 - \exp\frac{y^+}{a}\right) \tag{4.66}$$

がある (a は定数で通常 26 にとる)．

4.3.3 k-ε モデル

代数モデルは乱流粘性 μ_t を平均量から求めるものであり，あまり複雑な乱流には適用できない．そこで $\nu_t(=\mu_t/\rho)$ を乱流量から求めることを考える．動粘性は速度×長さの次元をもっているため，速度として乱流エネルギー k の平方根 $\sqrt{k}$，長さとして特性長 l (渦の大きさなど) をとると，

$$\nu_t \sim \sqrt{k}\, l \tag{4.67}$$

となる．k に対する方程式はナビエ–ストークス方程式から導ける．すなわち，ナビエ–ストークス方程式から平均量に関する方程式を差し引き，u_1', u_2', u_3' に

関する方程式を求め，それを用いて k に対する方程式をつくると

$$\frac{\partial k}{\partial t} + u_j \frac{\partial k}{\partial x_j} = -\frac{\partial A}{\partial x_i} - \overline{u'_i u'_j} \frac{\partial u_i}{\partial x_j} + \nu \frac{\partial^2 k}{\partial x_i \partial x_i} - \varepsilon \qquad (4.68)$$

となる．ここで，ε は乱流エネルギーから熱エネルギーへの変換を表す乱流散逸で

$$\varepsilon = \nu \overline{\frac{\partial u'_j}{\partial x_i} \frac{\partial u'_i}{\partial x_j}} \qquad (4.69)$$

で定義される．また，A は乱流拡散を表し，3 次の相関項を含むため

$$A = \overline{u'_i \left(\frac{u'_i u'_j}{2} + \frac{p}{\rho} \right)} = -\frac{\nu_t}{\sigma_k} \frac{\partial k}{\partial x_i} \qquad (4.70)$$

とモデル化する（σ_k はモデル化の定数）．式 (4.70) を式 (4.68) に代入して，式 (4.52) を使うと k に対する方程式

$$\frac{\partial k}{\partial t} + u_i \frac{\partial k}{\partial x_i} = \frac{\partial}{\partial x_i} \left(\frac{\nu_t}{\sigma_k} \frac{\partial k}{\partial x_i} \right) + \nu_t \left(\frac{\partial u_i}{\partial x_j} + \frac{\partial u_j}{\partial x_i} \right) \frac{\partial u_i}{\partial x_j} - \varepsilon \qquad (4.71)$$

が得られる．

l に対する方程式を導くのは困難であるため，式 (4.71) に出てくる ε に関する方程式を導く．これは，式 (4.68), (4.71) を導いたのと同様に，ナビエ–ストークス方程式から ε に関する厳密な方程式を導いた後，方程式を閉じさせるためにモデル化を行うことにより得られる．結果のみを記すと次のようになる．

$$\frac{\partial \varepsilon}{\partial t} + u_i \frac{\partial \varepsilon}{\partial x_i} = \frac{\partial}{\partial x_j} \left(\frac{\nu_t}{\sigma_\varepsilon} \frac{\partial \varepsilon}{\partial x_i} \right) + C_1 \frac{\varepsilon}{k} \left(\frac{\partial u_i}{\partial x_j} + \frac{\partial u_j}{\partial x_i} \right) \frac{\partial u_i}{\partial x_j} - C_2 \frac{\varepsilon^2}{k} \qquad (4.72)$$

ここで $\sigma_\varepsilon, C_1, C_2$ はモデル化によって加わった定数である．

さて，式 (4.69) から ε の次元は

$$\varepsilon \sim k^{3/2}/l \quad (l \sim k^{3/2}/\varepsilon) \qquad (4.73)$$

となるため，式 (4.67), (4.73) から

$$\nu_t = C_\mu \frac{k^2}{\varepsilon} \qquad (4.74)$$

が得られる．ここで，C_μ は無次元の定数である．したがって，式 (4.71), (4.72) を解いて k, ε を求めれば，式 (4.74) から乱流（動）粘性 ν_t が求まる．ここで述べた方法は **k–ε 2 方程式モデル**とよばれ，$\sigma_k, \sigma_\varepsilon, C_1, C_2, C_\mu$ の 5 つの定数

を含む．これらの定数は代表的な流れに対し，計算結果が実験結果に合うように決められる．具体的には

$$C_\mu = 0.09, \quad \sigma_k = 1.0, \quad \sigma_\varepsilon = 1.3, \quad C_1 = 1.55, \quad C_2 = 2 \qquad (4.75)$$

が用いられることが多い[13]．

数値的に見た場合，式 (4.71), (4.72) は k, ε に対してソース項をもった移流拡散方程式とみなすことができる．そこで，k, ε に適当な初期・境界条件を与えることにより，時間発展的に解を求めることができる．なお，これらの方程式は流れに対する方程式 (4.55) と式 (4.74) を通して関連しているため，式 (4.55) と同時に解く必要がある．

乱流の計算において，壁面上の乱流量の境界条件がしばしば問題になる．壁面近くでは一般に大きな速度勾配が存在するため，格子点を多く集める必要がある．ところが，粘性底層まで格子を分布させると格子点は非常に多くなってしまう．そこで，工学的な計算においては壁面上で対数法則が成り立つとして第 1 番目の格子を対数領域にとることが多い．すなわち，第 1 番目の格子点での速度は固定壁の場合とは異なり 0 とはせずに，対数法則 (4.65) から決める．k と ε の境界条件は以下のようにする．対数領域では式 (4.71) において主要項を取り出すと

$$\nu_t \left(\frac{\partial u}{\partial y}\right)^2 = \varepsilon \qquad (4.76)$$

となる．また，式 (4.64) から

$$\nu_t \frac{\partial u}{\partial y} = u_\tau^2, \quad \frac{\partial u}{\partial y} = \frac{u_\tau}{\kappa y} \qquad (4.77)$$

であるため，

$$\varepsilon = \left(\nu_t \frac{\partial u}{\partial y}\right) \frac{\partial u}{\partial y} = u_\tau^2 \frac{u_\tau}{\kappa y} = \frac{u_\tau^3}{\kappa y} \qquad (4.78)$$

となる．さらに式 (4.74), (4.76), (4.77) から

$$k^2 = \frac{\nu_t \varepsilon}{C_\mu} = \frac{\nu_t}{C_\mu} \nu_t \left(\frac{\partial u}{\partial y}\right)^2 = \frac{1}{C_\mu} \left(\nu_t \frac{\partial u}{\partial y}\right)^2 = \frac{u_\tau^4}{C_\mu}$$

すなわち

$$k = \frac{u_\tau^2}{\sqrt{C_\mu}} \qquad (4.79)$$

が得られる．式 (4.78), (4.79) が ε, k の境界条件になる．

5

座標変換と格子生成

　複雑な形状をもった領域における流れを取り扱う場合，長方形格子を用いると曲線境界が階段形状に近似されるため，境界条件を正確に課すことは困難である．一方，壁に沿った格子を用いれば正確な境界条件を課すことができる．たとえば，物体まわりの流れを計算する場合，境界に沿った格子があれば境界層内に格子を集めることは容易であり，精度のよい計算ができる．この意味で，円柱まわりの流れの計算に対して極座標を用いるのは合理的である．それでは，円柱ではなく一般的な曲線形状に対してはどのようにすればよいのであろうか．実は極座標に対応するような変換を解析的に求めるのは困難であるが，数値的に求めることは可能である．これは複雑な形状の領域内で適当な格子を生成することであり，格子生成法とよばれている．本章ではまず変数変換により基礎方程式を書き換える方法を示す．次に2種類の格子生成法，すなわち代数的な方法および偏微分方程式の解を利用する方法を解説する．

5.1　曲がった境界の取り扱い方

　ラプラス方程式のディリクレ問題を，図 5.1 に示すような同心円で囲まれた環状領域で解くことを考える．

$$\begin{cases} u_{xx} + u_{yy} = 0 \\ u = a \quad (\text{円周 } x^2 + y^2 = r_1^2 \text{ 上}) \\ u = b \quad (\text{円周 } x^2 + y^2 = r_2^2 \text{ 上}) \end{cases} \quad (5.1)$$

このとき長方形格子で領域を分割すると境界が曲がっているため，図 5.2 に示

5.1 曲がった境界の取り扱い方

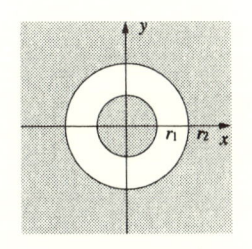

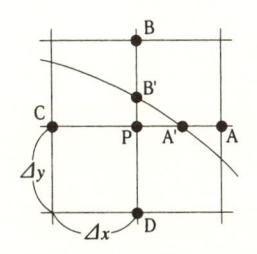

図 5.1 同心円領域 **図 5.2** 曲がった境界と長方形格子

すように一般に格子線と境界は一致しない．そこで，式 (2.13) によってラプラス方程式を近似した場合，たとえば図の点 P での近似において，領域外の点 A, B での値が必要になる．この場合，点 A, B の値を何らかの方法で外挿するという方法も考えられるが，1.1 節で説明したように，差分式は等間隔の格子を用いなくても表現できるため，境界上の点 A′, B′ を用いて近似してもよい．結果のみを記すと，P′A の長さを $\alpha \Delta x\,(0 < \alpha < 1)$，P′B の長さを $\beta \Delta y\,(0 < \beta < 1)$ とするとラプラス方程式は

$$\frac{2}{(\Delta x)^2}\left\{\frac{u_{A'}}{\alpha(1+\alpha)} + \frac{u_C}{1+\alpha} - \frac{u_P}{\alpha}\right\} + \frac{2}{(\Delta y)^2}\left\{\frac{u_{B'}}{\beta(1+\beta)} + \frac{u_D}{1+\beta} - \frac{u_P}{\beta}\right\}$$
$$= 0 \tag{5.2}$$

と近似できる．

別の方法として座標変換を用いることも考えられる．式 (5.1) の場合，同心円領域なので極座標変換

$$\begin{cases} x = r\cos\theta \\ y = r\sin\theta \end{cases} \quad (r > 0, 0 \leq \theta < 2\pi) \tag{5.3}$$

を用いるのが便利である．このとき，式 (5.1) は

$$\begin{cases} u_{rr} + \dfrac{1}{r}u_r + \dfrac{1}{r^2}u_{\theta\theta} = 0 \quad (r_1 < r < r_2, 0 \leq \theta < \pi) \\ u = a \quad (r = r_1 \text{ 上}) \\ u = b \quad (r = r_2 \text{ 上}) \end{cases} \tag{5.4}$$

と変換される．式 (5.4) は式 (5.1) に比べて少し複雑になっているが，解くべき領域は図 5.3 のように長方形領域となり，容易に差分格子に分割できる．な

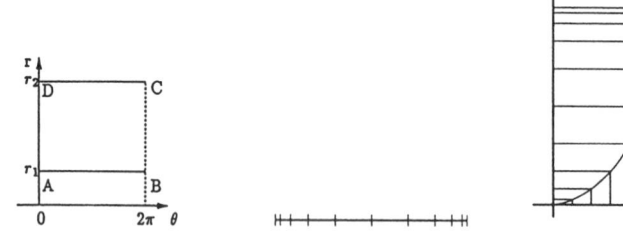

図 5.3 変換面（極座標）　図 5.4 不等間隔格子の例　図 5.5 1 次元変換関数の例

お，2 重連結領域が変換 (5.3) により単連結領域に写像されるため，図 5.3 において AD, BC 上に新たに境界条件が課されることになる．ところが，AD および BC 上の点はもともと θ が 2π ずれた点であり，同じ点を表すため，そこでの条件は自明（**周期境界条件**）である．

2 次元問題の場合，時間依存性のない座標変換の一般式は式 (2.2) で与えられる．領域が複雑な形状の場合，それを長方形領域など差分法で取り扱いやすい領域に写像する関数をどのようにして見つけるのかが問題となる．しかし，数値計算を行うためには，数値的な変換関係が見つかれば十分であるため，この問題は本質的に困難なものではない．このことについては次節以下に詳しく説明する．

5.2　1 次元座標変換

ある物理現象が領域の特定部分で急激な変化を示すとき，その部分の格子を細かくとる必要がある．たとえば，境界付近で微分方程式の解が急激に変化する場合，図 5.4 に示すように境界付近で細かくなるような格子を用いる．このような格子を用いて差分方程式を構成する場合，1.1 節に示した不等間隔格子に対する差分を用いて近似してもよいが，別の考え方として図 5.5 に示すような関数を用いて 1 次元の変数変換を行い，変換された領域において等間隔格子を用いて差分近似すると考えてもよい．変換関数は 1 次元の場合，

$$\xi = \xi(x) \tag{5.5}$$

で与えられるが，変換された領域において差分近似を行うことを考えると

$$x = x(\xi) \tag{5.6}$$

の形になっている方が計算に都合がよい．このとき，微分係数は変換された領域（実際に計算を行う面なので計算面という）において

$$\frac{\partial f}{\partial x} = \frac{d\xi}{dx}\frac{\partial f}{\partial \xi} = \frac{1}{\frac{dx}{d\xi}}\frac{\partial f}{\partial \xi} \tag{5.7}$$

$$\frac{\partial^2 f}{\partial x^2} = \frac{1}{\left(\frac{dx}{d\xi}\right)^2}\frac{\partial^2 f}{\partial \xi^2} - \frac{\frac{d^2 x}{d\xi^2}}{\left(\frac{dx}{d\xi}\right)^3}\frac{\partial f}{\partial \xi} \tag{5.8}$$

のように変換される．解くべき方程式を式 (5.7), (5.8) を用いて変換すると，微分はすべて ξ に関するものとなる．すなわち，変換された領域を差分格子に分割するとき，各格子点における $dx/d\xi, d^2x/d\xi^2$ などが計算できれば，変換された領域において方程式が解けることになる．数値計算を行うことを考えると，式 (5.7), (5.8) に出てくる係数は最終的には数値的に与えることに注意する．したがって，変換関係 (5.6) が式の形に与えられていなくても数値的に与えられていれば，すなわち各格子点における ξ に対応する x の数値が与えられていれば，x の ξ に関する微分係数は数値的に求めることができる．たとえば

$$\begin{cases} \dfrac{dx}{d\xi} = \dfrac{x_{i+1} - x_{i-1}}{2\Delta\xi} \\ \dfrac{d^2 x}{d\xi^2} = \dfrac{x_{i+1} - 2x_i + x_{i-1}}{(\Delta\xi)^2} \end{cases} \tag{5.9}$$

などを用いて各係数を計算すればよい．1次元座標変換は後述の 2, 3 次元座標変換に比べて汎用性は少ないが，他の座標変換と組み合わせて使うことにより汎用性が増す．たとえば，図 5.1 のような円環領域で，2次元極座標の動径方向に図 5.5 に示すような変換を用いれば，両境界で間隔が細かくなるような格子をつくることができる．

5.3　2次元座標変換

2次元座標変換は一般に

$$\begin{cases} \xi = \xi(x, y) \\ \eta = \eta(x, y) \end{cases} \tag{5.10}$$

で与えられる．1次元座標変換で述べたように，変換された領域（2次元なので計算面またはξ–η面とよぶことにする）で計算を行うことを考えると，変換は

$$\begin{cases} x = x(\xi, \eta) \\ y = y(\xi, \eta) \end{cases} \tag{5.11}$$

の形で与えられるのが望ましい．前と同様に式 (5.11) は式の形で与えられていなくても，計算面における格子点に対応する x, y の値が数値的に与えられればよいことに注意する．すなわち，離散的な点において数値的な対応があれば，変換された方程式の係数が，たとえば

$$\frac{\partial x}{\partial \xi} = \frac{x_{i+1,j} - x_{i-1,j}}{2\Delta \xi} \tag{5.12}$$

などを用いて数値的に計算できる．

具体的に式 (5.11) を用いて**物理面**（x–y面，すなわちもとの方程式が与えられた領域のこと）の微分係数を計算面の微分係数で表してみよう．

$$\begin{cases} f_x = \xi_x f_\xi + \eta_x f_\eta \\ f_y = \xi_y f_\xi + \eta_y f_\eta \end{cases} \tag{5.13}$$

が成り立つが，$\xi_x, \eta_x, \xi_y, \eta_y$ は物理面での微分係数であるのでこのままの形では計算面において計算できない．一方，

$$\begin{bmatrix} d\xi \\ d\eta \end{bmatrix} = \begin{bmatrix} \xi_x & \xi_y \\ \eta_x & \eta_y \end{bmatrix} \begin{bmatrix} dx \\ dy \end{bmatrix} \tag{5.14}$$

$$\begin{bmatrix} dx \\ dy \end{bmatrix} = \begin{bmatrix} x_\xi & x_\eta \\ y_\xi & y_\eta \end{bmatrix} \begin{bmatrix} d\xi \\ d\eta \end{bmatrix} \tag{5.15}$$

が成り立つので，式 (5.14), (5.15) を比較して

$$\begin{bmatrix} \xi_x & \xi_y \\ \eta_x & \eta_y \end{bmatrix} = \begin{bmatrix} x_\xi & x_\eta \\ y_\xi & y_\eta \end{bmatrix}^{-1} = \frac{1}{J} \begin{bmatrix} y_\eta & -x_\eta \\ -y_\xi & x_\xi \end{bmatrix} \tag{5.16}$$

$$J = x_\xi y_\eta - x_\eta y_\xi \tag{5.17}$$

となる．各成分を等置して

$$\xi_x = \frac{y_\eta}{J}, \ \xi_y = -\frac{x_\eta}{J}, \ \eta_x = -\frac{y_\xi}{J}, \ \eta_y = \frac{x_\xi}{J} \tag{5.18}$$

が成り立つので，式 (5.13) は

$$\begin{cases} f_x = (y_\eta f_\xi - y_\xi f_\eta)/J \\ f_y = (-x_\eta f_\xi + x_\xi f_\eta)/J \end{cases} \tag{5.19}$$

となる．これが 1 階微分の変換関係である．なお，式 (5.17) の J は変換のヤコビアンとよばれる．式 (5.19) の右辺はすべて計算面（ξ–η 面）の微分係数で表現されているため，式 (5.11) が各格子点で離散的に数値で与えられていれば，差分法を用いて近似的に計算できる．式 (5.11) の関数を (ξ, η) の格子点において組織的に与えるためには，次章で説明する種々の格子生成法を利用すればよい．しかし，より直接的には物理面の格子点の (x, y) 座標を何らかの形で読み取ればよい．

たとえば，図 5.6 に示す領域を 4×3 の格子に分割することを考える．それには図 5.7(a) に示すようにフリーハンドで領域に 5×4 本の格子線を書き込み，格子点に番号を付ける．このとき，図 5.7(b) に示すように長方形領域にも 4×3 の等間隔の格子（5×4 本の格子線）を用意して同じように格子番号を付けておく．図 5.7(a) は物理面，図 5.7(b) は計算面の格子に対応する．式 (5.11) を数値的に与えるということは，図 5.7(b) の格子点に対応する図 5.7(a) の格子点の x, y 座標を求めるということであり，それにはたとえば図 5.7(a) を方眼紙などに書き込んで各格子点の x, y 座標を読み取ればよい（なお，実際には後に示すように別の方法を用いる）．

図 5.6　一般的な形状の領域

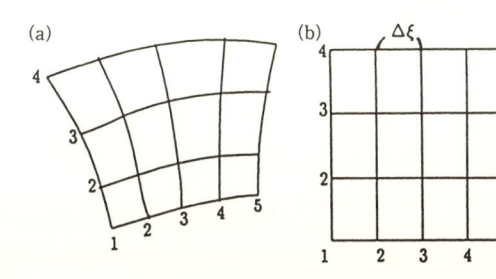

図 5.7　(a) 物理面での曲線格子，
(b) 計算面での長方形格子

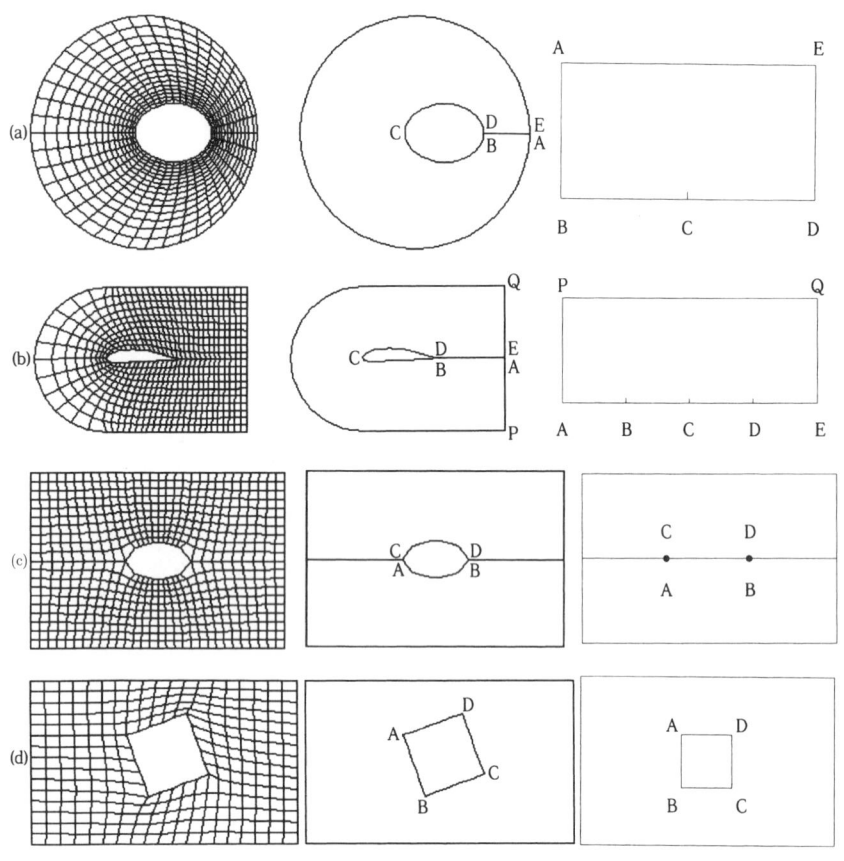

図 5.8 2重連結領域での典型的な格子
(a) O 型格子，(b) C 型格子，(c) H 型格子，(d) L 型格子

物理面の格子と計算面の格子をどのように対応させるかによっていくつかの異なったタイプの格子系ができる．図 5.8(a)〜(d) に，2重連結領域での典型的な格子のタイプを示す．アルファベットとの類推から，それぞれ順に **O 型**，**C 型**，**H 型**，**L 型**格子とよばれている．

以下に 2 次元座標変換でよく用いられる関係式をまとめておく．まず，式 (5.19) からただちに，

$$\nabla f = \{(y_\eta f_\xi - y_\xi f_\eta)\boldsymbol{i} + (-x_\eta f_\xi + x_\xi f_\eta)\boldsymbol{j}\}/J \tag{5.20}$$

5.3 2次元座標変換

$$\nabla \cdot \boldsymbol{F} = \{y_\eta (F_1)_\xi - y_\xi (F_1)_\eta + x_\xi (F_2)_\eta - x_\eta (F_2)_\xi\}/J \tag{5.21}$$

$$\nabla \times \boldsymbol{F} = \boldsymbol{k}\{y_\eta (F_2)_\xi - y_\xi (F_2)_\eta - x_\xi (F_1)_\eta + x_\eta (F_1)_\xi\}/J \tag{5.22}$$

が得られる.ただし,$\boldsymbol{F} = (F_1, F_2)$ であり,$\boldsymbol{i}, \boldsymbol{j}(, \boldsymbol{k})$ は $x, y(, z)$ 方向の単位ベクトルである.$\xi = $ 一定および $\eta = $ 一定の曲線に対する単位法線ベクトルを $\boldsymbol{n}^{(\xi)}, \boldsymbol{n}^{(\eta)}$ とすると

$$\boldsymbol{n}^{(\xi)} = \nabla \xi / |\nabla \xi|$$

$$\boldsymbol{n}^{(\eta)} = \nabla \eta / |\nabla \eta|$$

が成り立つので,式 (5.20) の f に ξ または η を代入して

$$\boldsymbol{n}^{(\xi)} = (y_\eta \boldsymbol{i} - x_\eta \boldsymbol{j})/\sqrt{\alpha} \tag{5.23}$$

$$\boldsymbol{n}^{(\eta)} = (-y_\xi \boldsymbol{i} + x_\xi \boldsymbol{j})/\sqrt{\gamma} \tag{5.24}$$

$$\alpha = x_\eta^2 + y_\eta^2, \quad \gamma = x_\xi^2 + y_\xi^2 \tag{5.25}$$

が得られる.同様に $\xi = $ 一定および $\eta = $ 一定の曲線に対する単位接線ベクトル $\boldsymbol{t}^{(\xi)}, \boldsymbol{t}^{(\eta)}$ は

$$\boldsymbol{t}^{(\xi)} = \boldsymbol{n}^{(\xi)} \times \boldsymbol{k} = -(x_\eta \boldsymbol{i} + y_\eta \boldsymbol{j})/\sqrt{\alpha} \tag{5.26}$$

$$\boldsymbol{t}^{(\eta)} = \boldsymbol{n}^{(\eta)} \times \boldsymbol{k} = (x_\xi \boldsymbol{i} + y_\xi \boldsymbol{j})/\sqrt{\gamma} \tag{5.27}$$

となる.式 (5.23)〜(5.27) から $\boldsymbol{i}, \boldsymbol{j}$ を $\boldsymbol{n}^{(\xi)}, \boldsymbol{n}^{(\eta)}$ または $\boldsymbol{t}^{(\xi)}, \boldsymbol{t}^{(\eta)}$ で表現することもできる.あるベクトル $\boldsymbol{F}$ の $\xi = $ 一定,または $\eta = $ 一定の曲線に対する接線成分,法線成分は

$$\boldsymbol{F}_{\boldsymbol{t}^{(\xi)}} = \boldsymbol{t}^{(\xi)} \cdot \boldsymbol{F} = -(x_\eta F_1 + y_\eta F_2)/\sqrt{\alpha} \tag{5.28}$$

$$\boldsymbol{F}_{\boldsymbol{n}^{(\xi)}} = \boldsymbol{n}^{(\xi)} \cdot \boldsymbol{F} = (y_\eta F_1 - x_\eta F_2)/\sqrt{\alpha} \tag{5.29}$$

$$\boldsymbol{F}_{\boldsymbol{t}^{(\eta)}} = \boldsymbol{t}^{(\eta)} \cdot \boldsymbol{F} = (x_\xi F_1 + y_\xi F_2)/\sqrt{\gamma} \tag{5.30}$$

$$\boldsymbol{F}_{\boldsymbol{n}^{(\eta)}} = \boldsymbol{n}^{(\eta)} \cdot \boldsymbol{F} = (-y_\xi F_1 + x_\xi F_2)/\sqrt{\gamma} \tag{5.31}$$

であり,さらに各方向の方向微分は

$$\partial f / \partial \boldsymbol{t}^{(\xi)} = \boldsymbol{t}^{(\xi)} \cdot \nabla f = -f_\eta / \sqrt{\alpha} \tag{5.32}$$

$$\partial f/\partial \boldsymbol{n}^{(\xi)} = \boldsymbol{n}^{(\xi)} \cdot \nabla f = (\alpha f_\xi - \beta f_\eta)/(J\sqrt{\alpha}) \tag{5.33}$$

$$\partial f/\partial \boldsymbol{t}^{(\eta)} = \boldsymbol{t}^{(\eta)} \cdot \nabla f = f_\xi/\sqrt{\gamma} \tag{5.34}$$

$$\partial f/\partial \boldsymbol{n}^{(\eta)} = \boldsymbol{n}^{(\eta)} \cdot \nabla f = (\gamma f_\eta - \beta f_\xi)/(J\sqrt{\gamma}) \tag{5.35}$$

$$\text{ただし, } \beta = x_\xi x_\eta + y_\xi y_\eta \tag{5.36}$$

となる.

次に2階微分の変換関係を求めておこう.

$$\xi_{xx} = \frac{\partial \xi}{\partial x}\frac{\partial \xi_x}{\partial \xi} + \frac{\partial \eta}{\partial x}\frac{\partial \xi_x}{\partial \eta} = \frac{y_\eta}{J}\frac{\partial}{\partial \xi}\left(\frac{y_\eta}{J}\right) - \frac{y_\xi}{J}\frac{\partial}{\partial \eta}\left(\frac{y_\eta}{J}\right)$$
$$= \{(y_\eta^2 y_{\xi\xi} - 2y_\xi y_\eta y_{\xi\eta} + y_\xi^2 y_{\eta\eta})x_\eta - (y_\eta^2 x_{\xi\xi} - 2y_\xi y_\eta x_{\xi\eta} + y_\xi^2 x_{\eta\eta})y_\eta\}/J^3$$
$$\xi_{xy} = (x_\xi y_{\eta\eta} - x_\eta y_{\xi\eta})/J^2 + (x_\eta y_\eta J_\xi - x_\xi y_\eta J_\eta)/J^3 \tag{5.37}$$
$$\xi_{yy} = \{(x_\eta^2 y_{\xi\xi} - 2x_\xi x_\eta y_{\xi\eta} + x_\xi^2 y_{\eta\eta})x_\eta - (x_\eta^2 x_{\xi\xi} - 2x_\xi x_\eta x_{\xi\eta} + x_\xi^2 x_{\eta\eta})y_\eta\}/J^3$$
$$\eta_{xx} = \{(y_\eta^2 x_{\xi\xi} - 2y_\xi y_\eta x_{\xi\eta} + y_\xi^2 x_{\eta\eta})y_\xi - (y_\eta^2 y_{\xi\xi} - 2y_\xi y_\eta y_{\xi\eta} + y_\xi^2 y_{\eta\eta})x_\xi\}/J^3$$
$$\eta_{xy} = (x_\xi y_{\xi\xi} - x_\xi y_{\xi\eta})/J^2 + (x_\xi y_\xi J_\eta - x_\eta y_\xi J_\xi)/J^3$$
$$\eta_{yy} = \{(x_\eta^2 x_{\xi\xi} - 2x_\xi x_\eta x_{\xi\eta} + x_\xi^2 x_{\eta\eta})y_\xi - (x_\eta^2 y_{\xi\xi} - 2x_\xi x_\eta y_{\xi\eta} + x_\xi^2 y_{\eta\eta})x_\xi\}/J^3$$

であるので, 式(3.3)より

$$f_{xx} = \xi_x^2 f_{\xi\xi} + 2\xi_x \eta_x f_{\xi\eta} + \eta_x^2 f_{\eta\eta} + \xi_{xx} f_\xi + \eta_{xx} f_\eta$$
$$= (y_\eta^2 f_{\xi\xi} - 2y_\xi y_\eta f_{\xi\eta} + y_\xi^2 f_{\eta\eta})/J^2$$
$$\quad + \{(y_\eta^2 y_{\xi\xi} - 2y_\xi y_\eta y_{\xi\eta} + y_\xi^2 y_{\eta\eta})(x_\eta f_\xi - x_\xi f_\eta)$$
$$\quad + (y_\eta^2 x_{\xi\xi} - 2y_\xi y_\eta x_{\xi\eta} + y_\xi^2 x_{\eta\eta})(y_\xi f_\eta - y_\eta f_\xi)\}/J^3 \tag{5.38}$$

同様に

$$f_{xy} = \{(x_\xi y_\eta + x_\eta y_\xi)f_{\xi\eta} - x_\xi y_\xi f_{\eta\eta} - x_\eta y_\eta f_{\xi\xi}\}/J^3$$
$$\quad + \{(x_\xi y_{\eta\eta} - x_\eta y_{\xi\eta})/J^2 + (x_\eta y_\eta J_\xi - x_\xi y_\eta J_\eta)/J^3\}f_\xi$$
$$\quad + \{(x_\eta y_{\xi\xi} - x_\xi y_{\xi\eta})/J^2 + (x_\xi y_\xi J_\eta - x_\eta y_\xi J_\xi)/J^3\}f_\eta \tag{5.39}$$
$$f_{yy} = (x_\eta^2 f_{\xi\xi} - 2x_\xi x_\eta f_{\xi\eta} + x_\xi^2 f_{\eta\eta})/J^2$$
$$\quad + \{(x_\eta^2 y_{\xi\xi} - 2x_\xi x_\eta y_{\xi\eta} + x_\xi^2 y_{\eta\eta})(x_\eta f_\xi - x_\xi f_\eta)$$

$$+ (x_\eta^2 x_{\xi\xi} - 2x_\xi x_\eta x_{\xi\eta} + x_\xi^2 x_{\eta\eta})(y_\xi f_\eta - y_\eta f_\xi)\}/J^3 \qquad (5.40)$$

が得られる．

さらに，式 (5.38),(5.39) を加えると

$$\begin{aligned}\triangle f =\ & (\alpha f_{\xi\xi} - 2\beta f_{\xi\eta} + \gamma f_{\eta\eta})/J^2 \\ & + \{(\alpha x_{\xi\xi} - 2\beta x_{\xi\eta} + \gamma x_{\eta\eta})(y_\xi f_\eta - y_\eta f_\xi) \\ & + (\alpha y_{\xi\xi} - 2\beta y_{\xi\eta} + \gamma y_{\eta\eta})(x_\eta f_\xi - x_\xi f_\eta)\}/J^3 \qquad (5.41)\end{aligned}$$

となる．ここで α, β, γ, J は式 (5.25), (5.36), (5.17) で定義した量である．2.1 節で説明したように，2 階偏微分方程式は変換 (5.10) により同じ型の偏微分方程式に変換される．変換係数は式 (2.5) に式 (5.18), (5.37) を代入することにより求めることができる．式の形の上では非常に複雑な形をしているが，数値的な変換 (5.11) が与えられれば，これらの係数は 1 度計算すればよく，方程式を数値的に解く際に本質的な困難にはならない．

5.4　3次元座標変換

本節では 3 次元座標変換

$$\begin{cases} \xi = \xi(x, y, z) \\ \eta = \eta(x, y, z) \\ \zeta = \zeta(x, y, z) \end{cases} \qquad (5.42)$$

または

$$\begin{cases} x = x(\xi, \eta, \zeta) \\ y = y(\xi, \eta, \zeta) \\ z = z(\xi, \eta, \zeta) \end{cases} \qquad (5.43)$$

を考えよう．数値計算を行う場合，式 (5.43) の形で変換が与えられている必要がある．

式 (5.13) に対応して

$$\begin{cases} f_x = \xi_x f_\xi + \eta_x f_\eta + \zeta_x f_\zeta \\ f_y = \xi_y f_\xi + \eta_y f_\eta + \zeta_y f_\zeta \\ f_z = \xi_z f_\xi + \eta_z f_\eta + \zeta_z f_\zeta \end{cases} \tag{5.44}$$

が成り立つ．また，式 (5.14),(5.15) に対応して

$$\begin{bmatrix} d\xi \\ d\eta \\ d\zeta \end{bmatrix} = \begin{bmatrix} \xi_x & \xi_y & \xi_z \\ \eta_x & \eta_y & \eta_z \\ \zeta_x & \zeta_y & \zeta_z \end{bmatrix} \begin{bmatrix} dx \\ dy \\ dz \end{bmatrix} \tag{5.45}$$

$$\begin{bmatrix} dx \\ dy \\ dz \end{bmatrix} = \begin{bmatrix} x_\xi & x_\eta & x_\zeta \\ y_\xi & y_\eta & y_\zeta \\ z_\xi & z_\eta & z_\zeta \end{bmatrix} \begin{bmatrix} d\xi \\ d\eta \\ d\zeta \end{bmatrix} \tag{5.46}$$

より

$$\begin{bmatrix} \xi_x & \xi_y & \xi_z \\ \eta_x & \eta_y & \eta_z \\ \zeta_x & \zeta_y & \zeta_z \end{bmatrix} = \begin{bmatrix} x_\xi & x_\eta & x_\zeta \\ y_\xi & y_\eta & y_\zeta \\ z_\xi & z_\eta & z_\zeta \end{bmatrix}^{-1} \tag{5.47}$$

が成り立つので

$$\begin{cases} \xi_x = (y_\eta z_\zeta - y_\zeta z_\eta)/J \\ \eta_x = (y_\zeta z_\xi - y_\xi z_\zeta)/J \\ \zeta_x = (y_\xi z_\eta - y_\eta z_\xi)/J \end{cases} \tag{5.48}$$

$$\begin{cases} \xi_y = (x_\zeta z_\eta - x_\eta z_\zeta)/J \\ \eta_y = (x_\xi z_\zeta - x_\zeta z_\xi)/J \\ \zeta_y = (x_\eta z_\xi - x_\xi z_\eta)/J \end{cases} \tag{5.49}$$

$$\begin{cases} \xi_z = (x_\eta y_\zeta - x_\zeta y_\eta)/J \\ \eta_z = (x_\zeta y_\xi - x_\xi y_\zeta)/J \\ \zeta_z = (x_\xi y_\eta - x_\eta y_\xi)/J \end{cases} \tag{5.50}$$

ただし，

5.4 3次元座標変換

$$J = \begin{vmatrix} x_\xi & x_\eta & x_\zeta \\ y_\xi & y_\eta & y_\zeta \\ z_\xi & z_\eta & z_\zeta \end{vmatrix} = x_\xi y_\eta z_\zeta + x_\eta y_\zeta z_\xi + x_\zeta y_\xi z_\eta - x_\xi y_\zeta z_\eta - x_\eta y_\xi z_\zeta - x_\zeta y_\eta z_\xi \tag{5.51}$$

が得られる．したがって，1階微分の変換関係は

$$\begin{aligned} f_x &= \frac{(y_\eta z_\zeta - y_\zeta z_\eta)f_\xi + (y_\zeta z_\xi - y_\xi z_\zeta)f_\eta + (y_\xi z_\eta - y_\eta z_\xi)f_\zeta}{J} \\ f_y &= \frac{(x_\zeta z_\eta - x_\eta z_\zeta)f_\xi + (x_\xi z_\zeta - x_\zeta z_\xi)f_\eta + (x_\eta z_\xi - x_\xi z_\eta)f_\zeta}{J} \\ f_z &= \frac{(x_\eta y_\zeta - x_\zeta y_\eta)f_\xi + (x_\zeta y_\xi - x_\xi y_\zeta)f_\eta + (x_\xi y_\eta - x_\eta y_\xi)f_\zeta}{J} \end{aligned} \tag{5.52}$$

であり，さらに式 (5.20)〜(5.22) に対応して

$$\begin{aligned} \nabla f = (\xi_x f_\xi + \eta_x f_\eta + \zeta_x f_\zeta)\boldsymbol{i} &+ (\xi_y f_\xi + \eta_y f_\eta + \zeta_y f_\zeta)\boldsymbol{j} \\ &+ (\xi_z f_\xi + \eta_z f_\eta + \zeta_z f_\zeta)\boldsymbol{k} \end{aligned} \tag{5.53}$$

$$\begin{aligned} \nabla \cdot \boldsymbol{F} = \{\xi_x (F_1)_\xi + \eta_x (F_1)_\eta + \zeta_x (F_1)_\zeta\} &+ \{\xi_y (F_2)_\xi + \eta_y (F_2)_\eta + \zeta_y (F_2)_\zeta\} \\ &+ \{\xi_z (F_3)_\xi + \eta_z (F_3)_\eta + \zeta_z (F_3)_\zeta\} \end{aligned} \tag{5.54}$$

$$\begin{aligned} \nabla \times \boldsymbol{F} = \{&(\xi_y (F_3)_\xi + \eta_y (F_3)_\eta + \zeta_y (F_3)_\zeta - \xi_z (F_2)_\xi - \eta_z (F_2)_\eta - \zeta_z (F_2)_\zeta\}\boldsymbol{i} \\ +\{&\xi_z (F_1)_\xi + \eta_z (F_1)_\eta + \zeta_z (F_1)_\zeta - \xi_x (F_3)_\xi - \eta_x (F_3)_\eta - \zeta_x (F_3)_\zeta\}\boldsymbol{j} \\ +\{&\xi_x (F_2)_\xi + \eta_x (F_2)_\eta + \zeta_x (F_2)_\zeta - \xi_y (F_1)_\xi - \eta_y (F_1)_\eta - \zeta_y (F_1)_\zeta\}\boldsymbol{k} \end{aligned} \tag{5.55}$$

が得られる．ただし，$\boldsymbol{i}, \boldsymbol{j}, \boldsymbol{k}$ は物理面での (x, y, z) 方向の単位ベクトル，$\boldsymbol{F}$ の (x, y, z) 成分を (F_1, F_2, F_3) とした．なお，式中 $\xi_x, \xi_y, \xi_z, \eta_x, \eta_y, \eta_z, \zeta_x, \zeta_y, \zeta_z$ は適宜，式 (5.48)〜(5.50) で置き換えて使うか，または実際のプログラムで式が長くなるのを避けるために，ξ_x などを式 (5.48) などで1度だけ計算しておき，得られた格子点上の数値を記憶しておいて使うことになる．

上述の関係式を用いて種々の有用な関係式を導くことができる．たとえば，$\xi = $ 一定，$\eta = $ 一定，$\zeta = $ 一定の曲面に対する単位法線ベクトルは

$$\boldsymbol{n}^{(\xi)} = \frac{\nabla \xi}{|\nabla \xi|} = \frac{\xi_x \boldsymbol{i} + \xi_y \boldsymbol{j} + \xi_z \boldsymbol{k}}{\sqrt{\xi_x^2 + \xi_y^2 + \xi_z^2}} \tag{5.56}$$

$$\boldsymbol{n}^{(\eta)} = \frac{\nabla \eta}{|\nabla \eta|} = \frac{\eta_x \boldsymbol{i} + \eta_y \boldsymbol{j} + \eta_z \boldsymbol{k}}{\sqrt{\eta_x^2 + \eta_y^2 + \eta_z^2}} \tag{5.57}$$

$$\boldsymbol{n}^{(\zeta)} = \frac{\nabla \zeta}{|\nabla \zeta|} = \frac{\zeta_x \boldsymbol{i} + \zeta_y \boldsymbol{j} + \zeta_z \boldsymbol{k}}{\sqrt{\zeta_x^2 + \zeta_y^2 + \zeta_z^2}} \tag{5.58}$$

であり,また各法線方向微分は

$$\begin{aligned}\frac{\partial f}{\partial \boldsymbol{n}^{(\xi)}} &= \boldsymbol{n}^{(\xi)} \cdot \nabla f = \frac{\xi_x (\xi_x f_\xi + \eta_x f_\eta + \zeta_x f_\zeta)}{\sqrt{\xi_x^2 + \xi_y^2 + \xi_z^2}} \\ &\quad + \frac{\xi_y (\xi_y f_\xi + \eta_y f_\eta + \zeta_y f_\zeta)}{\sqrt{\xi_x^2 + \xi_y^2 + \xi_z^2}} + \frac{\xi_z (\xi_z f_\xi + \eta_z f_\eta + \zeta_z f_\zeta)}{\sqrt{\xi_x^2 + \xi_y^2 + \xi_z^2}}\end{aligned} \tag{5.59}$$

$$\begin{aligned}\frac{\partial f}{\partial \boldsymbol{n}^{(\eta)}} &= \boldsymbol{n}^{(\eta)} \cdot \nabla f = \frac{\eta_x (\xi_x f_\xi + \eta_x f_\eta + \zeta_x f_\zeta)}{\sqrt{\eta_x^2 + \eta_y^2 + \eta_z^2}} \\ &\quad + \frac{\eta_y (\xi_y f_\xi + \eta_y f_\eta + \zeta_y f_\zeta)}{\sqrt{\eta_x^2 + \eta_y^2 + \eta_z^2}} + \frac{\eta_z (\xi_z f_\xi + \eta_z f_\eta + \zeta_z f_\zeta)}{\sqrt{\eta_x^2 + \eta_y^2 + \eta_z^2}}\end{aligned} \tag{5.60}$$

$$\begin{aligned}\frac{\partial f}{\partial \boldsymbol{n}^{(\zeta)}} &= \boldsymbol{n}^{(\zeta)} \cdot \nabla f = \frac{\zeta_x (\xi_x f_\xi + \eta_x f_\eta + \zeta_x f_\zeta)}{\sqrt{\zeta_x^2 + \zeta_y^2 + \zeta_z^2}} \\ &\quad + \frac{\zeta_y (\xi_y f_\xi + \eta_y f_\eta + \zeta_y f_\zeta)}{\sqrt{\zeta_x^2 + \zeta_y^2 + \zeta_z^2}} + \frac{\eta_z (\xi_z f_\xi + \eta_z f_\eta + \zeta_z f_\zeta)}{\sqrt{\zeta_x^2 + \zeta_y^2 + \zeta_z^2}}\end{aligned} \tag{5.61}$$

となる.ここで,前述のとおり,必要ならば ξ_x などは式 (5.48), (5.50) を用いて置き換える.

2階微分の変換関係に関しては,たとえば

$$\begin{aligned}\frac{\partial^2 f}{\partial x^2} &= \frac{\partial}{\partial x}(\xi_x f_\xi + \eta_x f_\eta + \zeta_x f_\zeta) \\ &= \xi_x^2 f_{\xi\xi} + \eta_x^2 f_{\eta\eta} + \zeta_x^2 f_{\zeta\zeta} + 2\xi_x \eta_x f_{\xi\eta} + 2\eta_x \zeta_x f_{\eta\zeta} + 2\zeta_x \xi_x f_{\zeta\xi} \\ &\quad + \xi_{xx} f_\xi + \eta_{xx} f_\eta + \zeta_{xx} f_\zeta\end{aligned} \tag{5.62}$$

$$\begin{aligned}\triangle f &= (\xi_x^2 + \xi_y^2 + \xi_z^2) f_{\xi\xi} + (\eta_x^2 + \eta_y^2 + \eta_z^2) f_{\eta\eta} + (\zeta_x^2 + \zeta_y^2 + \zeta_z^2) f_{\zeta\zeta} \\ &\quad + 2(\xi_x \eta_x + \xi_y \eta_y + \xi_z \eta_z) f_{\xi\eta} + 2(\eta_x \zeta_x + \eta_y \zeta_y + \eta_z \zeta_z) f_{\eta\zeta} \\ &\quad + 2(\zeta_x \xi_x + \zeta_y \xi_y + \zeta_z \xi_z) f_{\zeta\xi} + (\xi_{xx} + \xi_{yy} + \xi_{zz}) f_\xi \\ &\quad + (\eta_{xx} + \eta_{yy} + \eta_{zz}) f_\eta + (\zeta_{xx} + \zeta_{yy} + \zeta_{zz}) f_\zeta\end{aligned} \tag{5.63}$$

において,ξ_x などに,式 (5.48)〜(5.50) を代入し,ξ_{xx} などは

$$\xi_{xx} = \frac{\partial \xi}{\partial x}\frac{\partial \xi_x}{\partial \xi} + \frac{\partial \eta}{\partial x}\frac{\partial \xi_x}{\partial \eta} + \frac{\partial \zeta}{\partial x}\frac{\partial \xi_x}{\partial \zeta} \tag{5.64}$$

から計算する．式 (5.64) において，ξ_x の ξ, η, ζ に関する微分は，式 (5.48) の第 1 式を代入して計算することにより，すべて ξ, η, ζ に関する微分だけを含んだ式に展開できるが，結果として得られる式は非常に長くて複雑である．そこで，式 (5.48)〜(5.50) で求めた各格子点での ξ_x などの数値を用いて，ξ_x などを数値的に微分することにより，式を展開することなく ξ_{xx} などの格子点での数値を求めることができる．

最後に時間依存の 2 次元座標変換について述べる．この場合，時間を第 3 番目の座標と考えることにより，3 次元の座標変換とみなせるが，一般に時間は物理面と計算面で同じにとることが多いため，変換式は簡単化される．いま，変換を

$$\begin{cases} x = x(\xi, \eta, \tau) \\ y = y(\xi, \eta, \tau) \\ t = \tau \end{cases} \tag{5.65}$$

で定義すると，微分係数間の変換関係は以下のようになる．

まず，物理面での方程式において時間微分を含まない項に対して，5.3 節の関係式をそのまま用いることができる．たとえば，

$$\begin{aligned} f_x &= (\partial f / \partial x)_{y,t} = (y_\eta f_\xi - y_\xi f_\eta)/J \\ f_y &= (\partial f / \partial y)_{x,t} = (x_\xi f_\eta - x_\eta f_\xi)/J \end{aligned} \tag{5.66}$$

である．ただし，括弧の後の添字は一定に保つ変数を表す．次に時間微分を含む項に対しては座標の時間変化にともなう非定常項が加わる．たとえば，1 階微分に関しては

$$\left(\frac{\partial f}{\partial \tau}\right)_{\xi,\eta} = \left(\frac{\partial f}{\partial x}\right)_{y,t} \left(\frac{\partial x}{\partial \tau}\right)_{\xi,\eta} + \left(\frac{\partial f}{\partial y}\right)_{x,t} \left(\frac{\partial y}{\partial \tau}\right)_{\xi,\eta} + \left(\frac{\partial f}{\partial t}\right)_{x,y} \left(\frac{\partial t}{\partial \tau}\right)_{\xi,\eta}$$

から

$$\begin{aligned} f_t &= \left(\frac{\partial f}{\partial t}\right)_{x,y} \\ &= \left(\frac{\partial f}{\partial \tau}\right)_{\xi,\eta} - \frac{1}{J}(y_\eta f_\xi - y_\xi f_\eta)\left(\frac{\partial x}{\partial \tau}\right)_{\xi,\eta} - \frac{1}{J}(x_\xi f_\eta - x_\eta f_\xi)\left(\frac{\partial y}{\partial \tau}\right)_{\xi,\eta} \end{aligned} \tag{5.67}$$

となる．なお，一般的な座標変換について，付録 H にまとめてある．

5.5 代数的格子生成法

本節以降では変数変換の変換関数 (5.11) を数値的に求める方法について説明する．これは計算面の格子点に対応する物理面の格子点の位置座標を数値的に求めることであり，したがって物理面において格子を生成することになるため**格子生成法**とよばれる．格子生成法は種々の補間関数や変数変換を組み合わせて格子を生成する**代数的格子生成法**と，2 階の偏微分方程式の解を利用する**解析的格子生成法**に大別されるが，本節ではまず代数的格子生成法について説明し，次節で解析的格子生成法について説明する．

1 次元の格子生成法では境界は両端の点で表されるため，両端の点を結ぶ線上にどのように点を分布させるかだけの問題となる．したがって，適当な変換関数を用いるのが便利であり，たとえば図 5.4 のような分布を実現するためには，式 (4.10) のような関数を用いればよい．

2 次元以上になると特別な場合を除き変換関数を式の形で与えるのは困難である．一方，格子生成とは領域の境界上の点の情報から内部に格子点を適当に分布させる方法とみなすことができる．すなわち，境界上の格子点の位置から内部の格子点の位置を何らかの方法で補間する方法と考えられる．補間法として，種々の方法があるが，ここでは 1 方向のみに補間するラグランジュ補間とエルミート補間，スプライン補間の各方法，および多方向の補間である超限補間法について簡単に紹介する．特に超限補間法は複雑な領域にも適用できるため，格子生成においてしばしば用いられる．

5.5.1 ラグランジュ補間法

ラグランジュ補間法とは，$N+1$ 個のデータ $(x_0, y_0), \ldots, (x_N, y_N)$ が与えられた場合，これらの点を通る N 次の多項式を用いて，(x, y) の値を補間する方法である．この場合，次式で定義される N 次のラグランジュ補間多項式

$$\psi_i(x) = \frac{x-x_0}{x_i-x_0} \cdots \frac{x-x_{i-1}}{x_i-x_{i-1}} \frac{x-x_{i+1}}{x_i-x_{i+1}} \cdots \frac{x-x_N}{x_i-x_N} \quad (5.68)$$

を用いることにより，求める補間多項式は

$$y = \sum_{i=0}^{N} y_i \psi_i(x) \tag{5.69}$$

で表せる．なぜならば，式 (5.68) は N 次式であり，しかも

$$\psi_i(x_j) = \delta_{ij} = \begin{cases} 1 & (i = j) \\ 0 & (i \neq j) \end{cases}$$

が成り立つからである．

2 次元の格子生成を行うために，ある格子線（η を固定）に着目する．境界を表すベクトル $\bm{r}_0 = \bm{r}(\xi_0, \eta)$ と $\bm{r}_1 = \bm{r}(\xi_1, \eta)$（ただし $\xi_0 = 0, \xi_1 = M$）から内部の格子点 $\bm{r}(\xi, \eta)$ を補間するため（図 5.9），最も簡単には 1 次のラグランジュ補間を用いる．このとき，

$$\begin{aligned} \bm{r}(\xi, \eta) &= \sum_{i=0}^{1} \psi_i \left(\frac{\xi}{M} \right) \bm{r}(\xi_i, \eta) \\ &= \bm{r}(\xi_0, \eta) \left(1 - \frac{\xi}{M} \right) + \bm{r}(\xi_1, \eta) \frac{\xi}{M} \end{aligned}$$

$$(\xi = 0, 1, \ldots, M,\ \xi_0 = 0, \xi_1 = M) \tag{5.70}$$

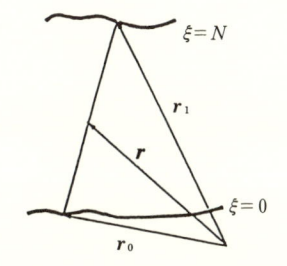

図 5.9 ラグランジュ補間法

となる．高次のラグランジュ補間を用いれば，両端のみならず内部の指定点を通るような補間式をつくることができる．指定点は格子間隔を調整するため用いられ，必ずしも格子点である必要はない．

5.5.2 エルミート補間法

エルミート補間法とは相異なる $(N+1)$ の点で関数値およびその導関数値が与えられたとき，各点でそれらの値に一致する $2N+1$ 次の多項式を用いてもとの関数を補間する方法である．$(N+1)$ 個の点での値をそれぞれ $y_i, y_i'(i = 0, 1, \ldots, N)$ とすると，エルミート補間は

$$y = \sum_{i=0}^{N} y_i \varphi_i(x) + \sum_{i=0}^{N} y_i' \phi_i(x) \tag{5.71}$$

ただし

$$\varphi_i(x) = \{\psi_i(x)\}^2\{1 - 2(x - x_i)\psi'_i(x_i)\}$$
$$\phi_i(x) = (x - x_i)\{\psi_i(x)\}^2 \tag{5.72}$$

と表せる．ここで $\psi_i(x)$ はラグランジュの補間多項式 (5.68) である．

最も簡単なエルミート補間は，境界上の点で座標値 $\boldsymbol{r}_0 = \boldsymbol{r}(\xi_0, \eta), \boldsymbol{r}_1 = \boldsymbol{r}(\xi_1, \eta)$ および導関数値 $\boldsymbol{r}'_0 = \boldsymbol{r}'_0(\xi_0, \eta), \boldsymbol{r}'_1 = \boldsymbol{r}'_1(\xi_1, \eta)$ が与えられた場合であり（$\xi_0 = 0, \xi_1 = M$），

$$\boldsymbol{r}(\xi, \eta) = \sum_{i=0}^{1} \boldsymbol{r}_i \varphi_i(x) + \sum_{i=0}^{1} \boldsymbol{r}'_i \phi_i(x) \quad (\xi = 0, 1, \cdots, M) \tag{5.73}$$

ただし，

$$\begin{aligned}
&\varphi_0(x) = (1 + 2x)(1 - x)^2 \quad \varphi_1(x) = (3 - 2x)x^2 \\
&\phi_0(x) = x(1 - x)^2 \qquad\qquad \phi_1(x) = (x - 1)x^2 \\
&x = \xi/M
\end{aligned} \tag{5.74}$$

と表される．エルミート補間では，導関数が指定できるため，たとえば境界に垂直な単位ベクトルを $\boldsymbol{n}$ としたとき，$\boldsymbol{r}'/|\boldsymbol{r}'| = \boldsymbol{n}$，すなわち $\boldsymbol{r}' = |\boldsymbol{r}'|\boldsymbol{n}$ にとれば境界と直交する格子が得られる．この場合，$|\boldsymbol{r}'|$ は境界での格子間隔を指定するパラメータになる．高次のエルミート補間を用いる場合もラグランジュ補間と同様，領域内に指定点をとり，それを通るようにすることもできる．なお，ラグランジュ補間，エルミート補間など多項式を用いる補間法では指定点を増やして補間の次数を上げると点の間で振動を起こすことがあるので注意が必要である．

5.5.3 スプライン補間法

ここでは 3 次のスプライン補間法について説明する．いま，$\boldsymbol{r}_i = \boldsymbol{r}(\xi_i), \boldsymbol{r}_{i+1} = \boldsymbol{r}(\xi_{i+1})$ の間を ξ の 3 次式で補間する．3 次式なので ξ で 2 回微分すると 1 次式になる．$\boldsymbol{r}''(\xi_i) = \boldsymbol{r}''_i, \boldsymbol{r}''(\xi_{i+1}) = \boldsymbol{r}''_{i+1}$ と書くことにすれば

$$\boldsymbol{r}''(\xi) = \frac{\xi_{i+1} - \xi}{\xi_{i+1} - \xi_i}\boldsymbol{r}''_i + \frac{\xi - \xi_i}{\xi_{i+1} - \xi_i}\boldsymbol{r}''_{i+1} \quad (\xi_i \leq \xi \leq \xi_{i+1}) \tag{5.75}$$

となる. ξ で 2 回積分して $\boldsymbol{r}_i = \boldsymbol{r}(\xi_i), \boldsymbol{r}_{i+1} = \boldsymbol{r}(\xi_{i+1})$ を用いれば

$$\begin{aligned}\boldsymbol{r}(\xi) = & \frac{(\xi_{i+1}-\xi)^3}{6(\xi_{i+1}-\xi_i)}\boldsymbol{r}_i'' + \frac{(\xi-\xi_i)^3}{6(\xi_{i+1}-\xi_i)}\boldsymbol{r}_{i+1}'' \\ & + \left(\frac{1}{\xi_{i+1}-\xi_i}\boldsymbol{r}_i - \frac{\xi_{i+1}-\xi_i}{6}\boldsymbol{r}_i''\right)(\xi_{i+1}-\xi) \\ & + \left(\frac{1}{\xi_{i+1}-\xi_i}\boldsymbol{r}_{i+1} - \frac{\xi_{i+1}-\xi_i}{6}\boldsymbol{r}_{i+1}''\right)(\xi-\xi_i) \quad (5.76)\end{aligned}$$

が得られる. ξ_i において 1 階微分が連続であるため, 式 (5.76) を ξ に関し微分し, その上で $\xi=\xi_i$ とおいた式の値, および式 (5.76) の i を 1 つ減らした式 (すなわち式 (5.76) において, $i+1 \to i, i \to i-1$ とする) を微分して $\xi=\xi_i$ とおいた式の値は等しいはずである. したがって,

$$\begin{aligned}(\xi_i - \xi_{i-1})\boldsymbol{r}_{i-1}'' + 2(\xi_{i+1} & - \xi_{i-1})\boldsymbol{r}_i'' + (\xi_{i+1}-\xi_i)\boldsymbol{r}_{i+1}'' \\ & = 6\{(\boldsymbol{r}_{i+1}-\boldsymbol{r}_i)/(\xi_{i+1}-\xi_i) - (\boldsymbol{r}_i-\boldsymbol{r}_{i-1})/(\xi_i-\xi_{i-1})\} \quad (5.77)\end{aligned}$$

が得られる. 式 (5.77) は $\boldsymbol{r}_0''$ および $\boldsymbol{r}_N''$ を与えると $\boldsymbol{r}_i''$ について 3 項方程式となり, $\boldsymbol{r}_i''$ を求めることができる. これを式 (5.76) に代入すれば補間式が決定される. $\boldsymbol{r}_0'', \boldsymbol{r}_N''$ は自由に選べるが, 特に両方とも 0 とおいたスプラインは**自然なスプライン**といい, 各点の近似的な曲率の和が最小となる意味で最もなめらかな補間式といえる.

5.5.4 超限補間法

いままで説明してきた 1 方向の補間法では領域が複雑な場合に不都合が生じる. たとえば, 図 5.10 に示すように $\varGamma_3, \varGamma_4$ に沿って補間を行った場合, $\varGamma_1, \varGamma_2$ では境界と格子が一致しない. このような場合, 多方向の補間法が用いられるが, ここでは特に 2 次元の**超限補間法**[14] (transfinite interpolation) について述べる.

図 5.10 に示すように, 境界 $\varGamma_3, \varGamma_4$ に沿って 1 方向補間を行うとする. いま, AB 間および CD 間の補間で新しい境界 $\varGamma_5, \varGamma_6$ ができたとする.

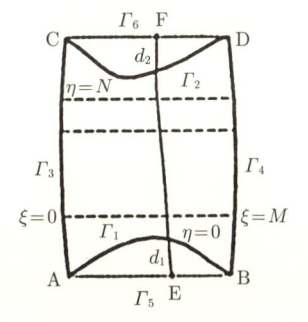

図 **5.10** 超限補間法

このとき，一般に Γ_1 と Γ_5, Γ_2 と Γ_6 は一致しないが，Γ_1 と Γ_5, Γ_2 と Γ_6 の差は既知である．そこで，ラグランジュ補間で得られた内部の格子点を，境界での差を内部にうまく振り分けるように移動させれば，各境界に一致した格子が生成できる．すなわち，図 5.10 において点 E で d_1, 点 F で d_2 の差があったとき，内部格子点の移動量を，両端で d_1, d_2 になるように何らかの補間法を用いて決めた上で内部の格子点を移動させる．

例として，補間関数として 1 次のラグランジュ補間を用いた場合について具体的に式で表す．

図 5.10 で $\Gamma_1, \Gamma_2, \Gamma_3, \Gamma_4$ が $\eta = 0, \eta = N, \xi = 0, \xi = M$ に対応したとする．Γ_3, Γ_4 間で 1 次のラグランジュ補間は，式 (5.70) から

$$\boldsymbol{r}_s(\xi, \eta) = \sum_{i=0}^{1} \psi_i\left(\frac{\xi}{M}\right) \boldsymbol{r}(\xi_i, \eta) \quad (\xi_0 = 0, \xi_1 = M) \tag{5.78}$$

となるが，$\Gamma_5\,(\eta = 0)$, $\Gamma_6\,(\eta = N)$ は境界で一致せず

$$\boldsymbol{s}(\xi, 0) = \boldsymbol{r}(\xi, 0) - \boldsymbol{r}_s(\xi, 0)$$
$$\boldsymbol{s}(\xi, N) = \boldsymbol{r}(\xi, N) - \boldsymbol{r}_s(\xi, N)$$

だけ差ができる．次に領域内で $\boldsymbol{s}$ を 1 次のラグランジュ補間すれば

$$\boldsymbol{s}(\xi, \eta) = \sum_{j=0}^{1} \boldsymbol{s}(\xi, \eta_j) \psi_j\left(\frac{\eta}{N}\right)$$
$$= \sum_{j=0}^{1} \{\boldsymbol{r}(\xi, \eta_j) - \boldsymbol{r}_s(\xi, \eta_j)\} \psi_j\left(\frac{\eta}{N}\right) \quad (\eta_0 = 0, \eta_1 = N)$$

となる．この式の左辺に

$$\boldsymbol{s}(\xi, \eta) = \boldsymbol{r}(\xi, \eta) - \boldsymbol{r}_s(\xi, \eta)$$

を代入したあと，$\boldsymbol{r}(\xi, \eta)$ について解く．その上で式 (5.78) を用いて $\boldsymbol{r}_s$ を書き換えれば

$$\boldsymbol{r}(\xi, \eta) = \sum_{i=0}^{1} \psi_i\left(\frac{\xi}{M}\right) \boldsymbol{r}(\xi_i, \eta) + \sum_{j=0}^{1} \psi_j\left(\frac{\eta}{N}\right) \boldsymbol{r}(\xi, \eta_j)$$
$$- \sum_{i=0}^{1} \sum_{j=0}^{1} \psi_i\left(\frac{\xi}{M}\right) \psi_j\left(\frac{\eta}{N}\right) \boldsymbol{r}(\xi_i, \eta_j) \tag{5.79}$$

が得られる．式 (5.79) は双 1 次超限補間法とよばれ，各境界は $\Gamma_1, \Gamma_2, \Gamma_3, \Gamma_4$ に一致している．

式 (5.79) を一般化すれば

$$\boldsymbol{r}(\xi,\eta) = \sum_{n=0}^{N} \psi_n\left(\frac{\xi}{M}\right)\boldsymbol{r}(\xi_n,\eta) + \sum_{m=0}^{M} \psi_m\left(\frac{\eta}{N}\right)\boldsymbol{r}(\xi,\eta_m) \\ - \sum_{m=0}^{M}\sum_{n=0}^{N} \psi_n\left(\frac{\xi}{M}\right)\psi_m\left(\frac{\eta}{N}\right)\boldsymbol{r}(\xi_n,\eta_m) \quad (5.80)$$

の形になる．ここで ψ_n, ψ_m は混合関数とよばれ，内部点の分布を指定する関数である．

5.6　解析的格子生成法

解析的格子生成（偏微分方程式法を利用する方法）は，用いる偏微分方程式の型により，楕円型，双曲型，放物型に大別される．楕円型の場合は純粋な境界値問題を形成するため，境界全体で格子点などの位置を指定でき，どのような領域でも格子生成できる．しかも，楕円型方程式の解の性質としてなめらかな格子が生成される．しかし，方程式の解法に反復法などを用いるため，計算時間がかかるという欠点がある．双曲型，放物型の場合には一部の境界には境界条件を課せないため，外部境界の形が問題にならないような外部問題の格子生成に適している．一方，一般に反復計算の必要はなく，計算時間は楕円型に比べて短くてすむ．双曲型を用いた場合，領域内で格子の直交性を課すことができるが，境界において角点など傾きに不連続があった場合に，その不連続性は領域内部まで伝播する．本書では主に楕円型方程式を利用した格子生成について説明を行うことにする．

5.6.1　ラプラス方程式による格子生成

図 5.6 に示したような領域にラプラス方程式（楕円型）を用いて格子を生成することを考える[15]．ただし，境界上の格子点の位置座標は与えられているものとする．さて，ラプラス方程式の境界値問題

を取り上げる．ここで ψ_1 は，関数形は指定しないが，点 A で ξ_1，点 B で ξ_2 の値をとり，しかも AB 上で単調増加する関数である．同様に ψ_2 は，点 D で ξ_1，点 C で ξ_2 の値をとり，しかも DC 上で単調増加する関数である．式 (5.81) において ξ を温度と解釈すれば，式 (5.81) は AD, BC 上でそれぞれ一定温度 ξ_1, ξ_2 を与え，AB, DC 上で単調増加する温度分布を与えて長時間放置した場合（熱平衡状態）の温度分布を表す方程式と解釈できる．したがって，式 (5.81) を解いて $\xi =$ 一定の線（等温線）を描いたとすると，たとえば図 5.11(a) のようになる．これを一方の格子線とする．

$$\begin{cases} \xi_{xx} + \xi_{yy} = 0 \\ \xi = \xi_1 \quad (\text{AD 上}), \quad \xi = \xi_2 \quad (\text{BC 上}, \xi_1 < \xi_2) \\ \xi = \psi_1(x,y) \quad (\text{AB 上}), \quad \xi = \psi_2(x,y) \quad (\text{CD 上}) \end{cases} \quad (5.81)$$

同様にラプラス方程式の境界値問題

$$\begin{cases} \eta_{xx} + \eta_{yy} = 0 \\ \eta = \eta_1 \quad (\text{AD 上}), \quad \eta = \eta_2 \quad (\text{BC 上}, \eta_1 < \eta_2) \\ \eta = \psi_3(x,y) \quad (\text{AB 上}), \quad \eta = \psi_4(x,y) \quad (\text{CD 上}) \end{cases} \quad (5.82)$$

を考える．ただし，ψ_3 は点 A で η_1，点 D で η_2，AD 上で単調増加する関数，ψ_4 は点 B で η_1，点 C で η_2，BC 上で単調増加する関数である．この場合，式 (5.82) を解いて $\eta =$ 一定の線を描くと図 5.11(b) のようになる．これをもう一方の格子線とする．

さて，格子生成では x, y に対応する ξ, η を求めるのではなく，逆に ξ, η を与えたときの x, y を求める必要がある．そこで，式 (5.81), (5.82) の独立変数と

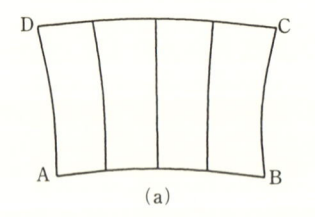

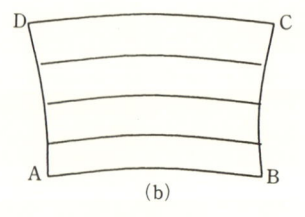

図 **5.11** (a) AD, BC 上に一定温度 ξ_1, ξ_2 を与えた場合の等温線図．(b) AB, CD 上に一定温度 η_3, η_4 を与えた場合の等温線図

5.6 解析的格子生成法

従属変数の入れ換えを行う必要があるが，これは式 (5.41) において f に ξ, η を代入することにより求まる．その結果，

$$\begin{cases} \alpha x_{\xi\xi} - 2\beta x_{\xi\eta} + \gamma x_{\eta\eta} = 0 \\ \alpha y_{\xi\xi} - 2\beta y_{\xi\eta} + \gamma y_{\eta\eta} = 0 \end{cases} \quad (5.83)$$

ただし，$\alpha = x_\eta^2 + y_\eta^2, \quad \beta = x_\xi x_\eta + y_\xi y_\eta, \quad \gamma = x_\xi^2 + y_\xi^2$

となる．境界上で格子点の座標が与えられているということは，式 (5.83) の境界条件（すなわち境界上の x, y の値）が与えられているということなので，式 (5.83) を変換面（通常は長方形領域）の正方形格子（$\Delta\xi = \Delta\eta = 1$）を用いて解けばよい．

2 重連結領域も同様に取り扱える．この場合，内部境界を取り囲むような格子をつくるためには，内部境界に η_1，外部境界に η_2 の温度を与えた場合の（熱平衡に達したときの）等温線を一方の座標線とすればよい（図 5.12(a)）．もう一方の，内部境界と外部境界をつなぐ格子線をつくるには図 5.12(b) に示すように，領域に 1 つのカットを入れ，そのカットを通り越して熱が伝わらないようにする．そして，内部境界上を点 A から点 D まで，反時計まわりに ξ_1 から ξ_2 まで単調増加する別の温度分布を与える．このようにした上で，熱平衡状態に達したときの等温線をもう一方の格子線とすればよい．

カット AB は物理面の 2 重連結領域を計算面の単連結領域に写像する場合に必要であり，概念的には AB をはさみで切って広げて単連結領域にしていると

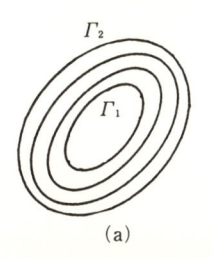

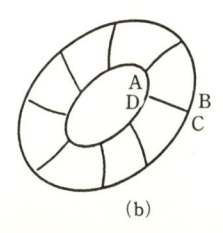

図 5.12 (a) Γ_1, Γ_2 上に一定温度 η_1, η_2 を与えた場合の等温線図．
(b) AB, CD 上に一定温度 ξ_3, ξ_4 を与えた場合の等温線図

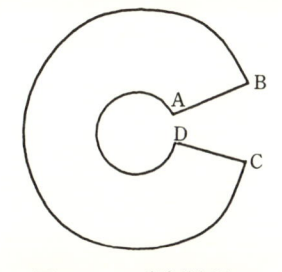

図 5.13 2 重連結領域の取り扱い

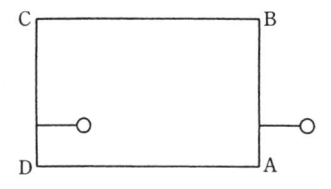

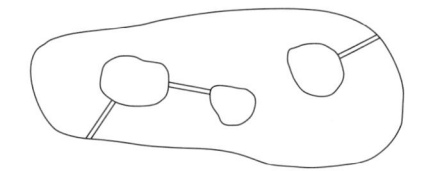

図 5.14 変換領域および境界条件　　図 5.15 多重連結領域の取り扱い

考えてよい（図 5.13）．極座標の場合に，原点を 1 周したとき，角度が 0 から 2π 増え，その結果，x 軸を横切って 2π の不連続性を生じることを思い出せば，図 5.12 で AB をはさんで ξ の値が不連続になることは不自然ではない．計算面での領域は図 5.14 のようになるので，この長方形領域で式 (5.83) を解けばよい．このとき，境界条件として，AD, BC 上では境界上の x, y の値そのものを与え，AB, CD 上では周期境界条件（たとえば図 5.14 において○印で示すように，AB より外側に，ある距離だけ離れた外側の点は，DC より内側に同じ距離だけ離れた点と同じ点を表す）を課せばよい．n 重連結領域の場合も同様に $(n-1)$ 本の切れ目を入れることにより単連結領域に直すことができる（図 5.15）．

5.6.2　ポアソン方程式による格子生成

基礎方程式としてポアソン方程式（楕円型）

$$\xi_{xx} + \xi_{yy} = \bar{P}(x, y) \tag{5.84}$$

を例にとる[15]．これは $\bar{P}$ で表される熱源が領域に分布している場合の温度分布を表す方程式と解釈できる．この場合，$\bar{P}$ を適当に選ぶことにより温度分布（すなわち等温線の間隔）が変化するため，格子分布や間隔を調整することができる．同様に，

$$\eta_{xx} + \eta_{yy} = \bar{Q}(x, y) \tag{5.85}$$

を用いることにより，もう一方の格子分布を変化させることができる．ラプラス方程式の場合と同様に式 (5.84), (5.85) の独立変数と従属変数を入れ換えることにより，格子生成の基礎方程式

5.6 解析的格子生成法

$$\begin{cases} \alpha x_{\xi\xi} - 2\beta x_{\xi\eta} + \gamma x_{\eta\eta} + J^2(Px_\xi + Qx_\eta) = 0 \\ \alpha y_{\xi\xi} - 2\beta y_{\xi\eta} + \gamma y_{\eta\eta} + J^2(Py_\xi + Qy_\eta) = 0 \end{cases} \quad (5.86)$$

が得られる. ただし,

$$P(\xi, \eta) = \bar{P}(x, y), \quad Q(\xi, \eta) = \bar{Q}(x, y) \quad (5.87)$$

と記している. P, Q の与え方の例を示す. ξ_j を $\xi = $ 一定のある格子線として

$$P(\xi, \eta) = -a\,\text{sign}(\xi - \xi_j)\exp(-c|\xi - \xi_j|) \quad (5.88)$$

にとれば, $\xi < \xi_j$ のとき $P > 0$ であるので, ξ_j より小さい ξ に対して P は正の熱源と考えられる (sign は符号関数). したがって, $\xi = \xi_j$ より小さい ξ に対して格子線は ξ_j に近づくと考えられる. なお, この効果は ξ_j から遠ざかるにつれ指数関数的に減少する. 定数 a は熱源の強さ, c は減衰率を表す. 次に $\xi > \xi_j$ のとき $P < 0$ である. したがって, ξ_j より大きい ξ に対して P は負の熱源として働くため, $\xi > \xi_j$ に対応する格子線は, この場合も ξ_j に近づくと考えられる. 以上をまとめると, 式 (5.88) を用いることにより, 図 5.16(a) に示すように $\xi = $ 一定の曲線が $\xi = \xi_j$ に両側から近づくと考えられる. 同様に,

$$Q(\xi, \eta) = -a\,\text{sign}(\eta - \eta_i)\exp(-c|\eta - \eta_i|) \quad (5.89)$$

にとれば, $\eta = $ 一定の曲線が $\eta = \eta_i$ に両側から近づく. 同じように考えて, 領域内の 1 点 (ξ_k, η_l) に $\xi = $ 一定の曲線を近づけるためには, たとえば

$$P(\xi, \eta) = -b\,\text{sign}(\xi - \xi_k)\exp\left(-d\sqrt{(\xi - \xi_k)^2 + (\eta - \eta_l)^2}\right) \quad (5.90)$$

にとればよく, この結果は図 5.16(b) のようになる. さらに, (ξ_k, η_l) に $\eta = $ 一

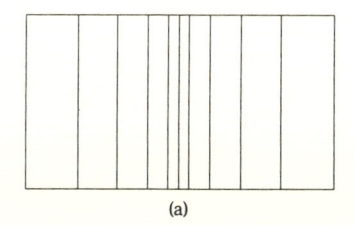

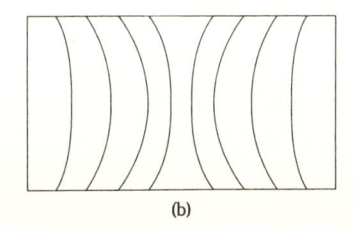

図 **5.16** (a) 1 つの格子線への格子の集中,
(b) 1 つの格子点への格子の集中

定の曲線を近づけるためには

$$Q(\xi,\eta) = -b\,\text{sign}(\eta-\eta_l)\exp\left(-d\sqrt{(\xi-\xi_k)^2+(\eta-\eta_l)^2}\right) \quad (5.91)$$

ととればよい．

5.6.3 境界と直交する格子

多くの応用において格子線が境界に直交していることが望ましい．直交条件は

$$\boldsymbol{r}_\xi \cdot \boldsymbol{r}_\eta = 0 \quad (5.92)$$

で与えられるため，境界上で上式が成り立つという条件のもとで式 (5.83) または式 (5.86) を解けばよいことになる．この場合，境界での格子点の位置は指定できない．なぜなら，境界条件を課しすぎており，一般に方程式が解をもたなくなるからである．ただし，ポアソン方程式 (5.86) を用いる場合，熱源を表す P,Q はあらかじめ指定せずに計算の途中で変化させることにすれば，境界点の位置を指定した場合にも境界での直交性が成り立ち，しかも境界と 1 つ内側の格子までの距離が指定値になるように格子を生成することができる[16]．以下にこの方法を説明する．

式 (5.86) はベクトル形で

$$\alpha \boldsymbol{r}_{\xi\xi} - 2\beta \boldsymbol{r}_{\xi\eta} + \gamma \boldsymbol{r}_{\eta\eta} + J^2(P\boldsymbol{r}_\xi + Q\boldsymbol{r}_\eta) = 0 \quad (5.93)$$

となる．ここで，

$$\boldsymbol{r} = (x,y)$$
$$\alpha = x_\eta^2 + y_\eta^2 = \boldsymbol{r}_\eta \cdot \boldsymbol{r}_\eta = |\boldsymbol{r}_\eta|^2$$
$$\beta = x_\xi x_\eta + y_\xi y_\eta = \boldsymbol{r}_\xi \cdot \boldsymbol{r}_\eta$$
$$\gamma = x_\xi^2 + y_\xi^2 = \boldsymbol{r}_\xi \cdot \boldsymbol{r}_\xi = |\boldsymbol{r}_\xi|^2$$
$$\alpha\gamma - \beta^2 = (x_\xi y_\eta - x_\eta y_\xi)^2 = J^2$$

である．境界での直交性 (5.92) を考慮すると境界で $\beta = 0$, すなわち式 (5.93) は境界 $\boldsymbol{r}$ 上で

$$|\boldsymbol{r}_\eta|^2 \boldsymbol{r}_{\xi\xi} + |\boldsymbol{r}_\xi|^2 \boldsymbol{r}_{\eta\eta} + |\boldsymbol{r}_\xi|^2 |\boldsymbol{r}_\eta|^2 (P\boldsymbol{r}_\xi + Q\boldsymbol{r}_\eta) = 0 \quad (5.94)$$

5.6 解析的格子生成法

となる．式 (5.94) と r_ξ の内積をとると，直交性を考慮して

$$|r_\eta|^2 r_{\xi\xi} \cdot r_\xi + |r_\xi|^2 r_{\eta\eta} \cdot r_\xi + |r_\xi|^2 |r_\eta|^2 P |r_\xi|^2 = 0$$

すなわち境界上で

$$P = -\frac{1}{|r_\xi|^2 |r_\eta|^2}\left(\frac{r_\xi \cdot r_{\xi\xi}}{|r_\xi|^2} + r_\xi \cdot r_{\eta\eta}\right) \tag{5.95}$$

が得られる．同様に式 (5.94) と r_ξ の内積をとり，直交性を考慮すると

$$Q = -\frac{1}{|r_\xi|^2 |r_\eta|^2}\left(\frac{r_\eta \cdot r_{\eta\eta}}{|r_\eta|^2} + r_\eta \cdot r_{\xi\xi}\right) \tag{5.96}$$

が得られる．図 5.17 に示すように，境界を $\xi = 1$ として，$\xi = 1$ 上に点の位置が指定されているとき，$r_\xi, r_{\xi\xi}$ は既知となる．次に $|r_\eta|$ を指定すると，式 (5.95), (5.96) において $r_{\eta\eta}$ を除き右辺の各値は既知となる．なぜなら，

$$|r_\eta|^2 = r_\eta \cdot r_\eta = x_\eta^2 + y_\eta^2 = (\text{指定値})^2$$

および直交性

$$r_\xi \cdot r_\eta = x_\xi x_\eta + y_\xi y_\eta = 0$$

から，x_η, y_η（すなわち r_η）が計算できるからである．そこで，以下に示す反復を行えばよい．

① 境界上で P, Q の値を指定する．
② 式 (5.93) を解いて領域の格子を生成する．
③ ②より境界上の $r_{\eta\eta}$ を片側差分を用いて算出し，境界上の P, Q を式 (5.95), (5.96) から決める．領域内の P, Q は境界値から補間して求める．
④ ②，③を収束するまで繰り返す．

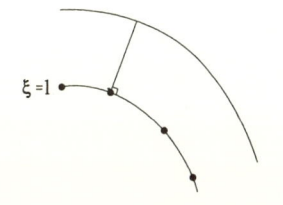

図 **5.17** 境界線と直交する格子 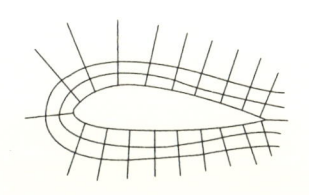　　図 **5.18** 領域内で直交する格子

5.6.4 領域内で直交する格子

双曲型方程式を用いれば比較的簡単にかつ短い計算時間で直交格子を生成することができる[17]．

図 5.18 に示すような物体まわりの直交格子を生成することを考える．ただし，物体は $\eta = 1$ で表されているものとする．格子線間の直交条件は式 (5.92) すなわち

$$x_\xi x_\eta + y_\xi y_\eta = 0 \tag{5.97}$$

である．式 (5.97) から，x, y は一意的に決まらないので，たとえば格子セルの面積を指定する．すなわち，

$$dS = |x_\xi y_\eta - x_\eta y_\xi| d\xi d\eta$$

であるから

$$x_\xi y_\eta - x_\eta y_\xi = S \tag{5.98}$$

とおいて S を指定する．

式 (5.97), (5.98) は x, y を決める方程式であるが，非線形であるため，近似解を x_0, y_0 を用いて線形化する．すなわち，

$$x' = x - x^0, \quad y' = y - y^0$$

とおき，式 (5.97), (5.98) に代入する．このとき

$$x_\xi y_\eta = (x' + x^0)_\xi (y' + y^0)_\eta \sim x'_\xi y^0_\eta + y'_\eta x^0_\xi + x^0_\xi x^0_\eta$$
$$= (x - x^0)_\xi y^0_\eta + (y - y^0)_\eta x^0_\xi + x^0_\xi x^0_\eta = y^0_\eta x_\xi + x^0_\xi y_\eta - x^0_\xi y^0_\eta$$

などが成り立つので，式 (5.97), (5.98) は

$$A\boldsymbol{r}_\xi + B\boldsymbol{r}_\eta = \boldsymbol{f} \tag{5.99}$$

または

$$B^{-1}A\boldsymbol{r}_\xi + \boldsymbol{r}_\eta = B^{-1}\boldsymbol{f} \tag{5.100}$$

ただし，

$$A = \begin{bmatrix} x^0_\eta & y^0_\eta \\ y^0_\eta & -x^0_\eta \end{bmatrix}, \quad B = \begin{bmatrix} x^0_\xi & y^0_\xi \\ -y^0_\xi & x^0_\xi \end{bmatrix}$$

$$r = \begin{bmatrix} x \\ y \end{bmatrix}, \quad f = \begin{bmatrix} 0 \\ S + S^0 \end{bmatrix}$$

と書ける $(S^0 = x_\xi^0 y_\eta^0 - x_\eta^0 y_\xi^0)$.

式 (5.100) において, $B^{-1}A$ の固有値は実数であるため, 式 (5.100) は双曲型の偏微分方程式である. したがって, 式 (5.100) は $\eta = 0$ (境界) から出発して, η が増加する方向に空間発展的に解くことができる. r について陰解法を用いる場合, 式 (5.100) は $\Delta\xi = \Delta\eta = 1$ として

$$r_{j,k+1} - r_{j,k} + B^{-1}A\frac{r_{j+1,k+1} - r_{j-1,k+1}}{2} = B^{-1}f_{j,k} \qquad (5.101)$$

となる. 式 (5.101) は行列形式で表すとブロック 3 重対角行列の形 (各ブロックは 2×2 の行列) になっているため, 比較的簡単に解ける. なお, A, B, f を計算する場合, $x_\xi^0, y_\eta^0, x_\eta^0, y_\xi^0$ などを計算する必要があるが, x_ξ^0, y_ξ^0 は r_k の値を用いて

$$x_\xi^0 = (x_{j+1,k} - x_{j-1,k})/2$$
$$y_\xi^0 = (y_{j+1,k} - y_{j-1,k})/2$$

から求めることができる. さらに y_η^0, x_η^0 は上の値を式 (5.97), (5.98) に代入して求める. $(S^0)_{j,k+1}$ は $(S^0)_{j,k}$ で代用する.

式 (5.98) は別の条件に置き換えることもできる. たとえば, 格子線間の距離 ds を指定する場合

$$(ds)^2 = (dx)^2 + (dy)^2 = (x_\xi d\xi + x_\eta d\eta)^2 + (y_\xi d\xi + y_\eta d\eta)^2$$

となるが, 通常 $d\xi = d\eta$ にとり, また直交条件 (5.97) を考慮して

$$x_\xi^2 + x_\eta^2 + y_\xi^2 + y_\eta^2 = \left(\frac{ds}{d\eta}\right)^2 \qquad (5.102)$$

となる. 以下, 前と同様に線形化を行うと, この場合も式 (5.99) と同様の式が得られる (A, B, f の具体形は異なる).

5.7 格子生成法のプログラム例

本節では格子生成法の簡単なプログラムをいくつか示す.

5.7.1 超限補間法

代数的格子生成法で最もよく用いられる方法が 5.5.4 項で説明した超限補間法である．超限補間法のプログラムは簡単であり，計算に要する時間もわずかである．超限補間法で得られた格子を最終的な計算格子とする場合もあるが，

```
C******************************************************************
C     TRANSFINITE INTERPOLATION (GRIDS INSIDE A CIRCULR CYLINDER) *
C******************************************************************
      PARAMETER(MX=11,MY=9)
      DIMENSION X(MX,MY),Y(MX,MY)
      PAI  = 4.*ATAN(1.)
      TET  = PAI/18.
C
C*** GRID POINTS ON THE BOUNDARY
      DO 10  I = 1,MX
         TE = TET*(I+17)
         X(I,1) = COS(TE)
         Y(I,1) = SIN(TE)
         TF = TET*(11-I)
         X(I,MY) = COS(TF)
         Y(I,MY) = SIN(TF)
   10 CONTINUE
      DO 20  J = 1,MY
         TE = TET*(19-J)
         X(1,J) = COS(TE)
         Y(1,J) = SIN(TE)
         TF = TET*(J+27)
         X(MX,J) = COS(TF)
         Y(MX,J) = SIN(TF)
   20 CONTINUE
C
C*** TRANSFINITE INTERPOLATION
      DO 30  J = 2,MY-1
      DO 30  I = 2,MX-1
         A = FLOAT(I-MX)/FLOAT(1-MX)
         B = FLOAT(J-MY)/FLOAT(1-MY)
         X(I,J) = A*X(1,J)+(1-A)*X(MX,J)+B*X(I,1)+(1-B)*X(I,MY)
     1           -A*B*X(1,1)-A*(1-B)*X(1,MY)-(1-A)*B*X(MX,1)
     2           -(1-A)*(1-B)*X(MX,MY)
         Y(I,J) = A*Y(1,J)+(1-A)*Y(MX,J)+B*Y(I,1)+(1-B)*Y(I,MY)
     1           -A*B*Y(1,1)-A*(1-B)*Y(1,MY)-(1-A)*B*Y(MX,1)
     2           -(1-A)*(1-B)*Y(MX,MY)
   30 CONTINUE
C
      WRITE(8,*) MX,MY
      DO 35  J = 1,MY
      DO 35  I = 1,MX
      WRITE(8,*) X(I,J),Y(I,J)
   35 CONTINUE
C
      CALL GRDPLT(X,Y,MX,MY)
C
      STOP
      END
```

図 5.19 超限補間法のプログラム例

5.7 格子生成法のプログラム例

偏微分方程式による格子生成の初期格子に用いるなど，他の方法の中間段階で用いられることもある．

超限補間法による格子生成のプログラム例が図 5.19 に示されている．これは円内に格子を生成するプログラムである．実行結果を図 5.20 に示す（表示には以下に示すプログラムを用いている）．なお，このプログラムでは，式 (5.79) の ψ_i, ψ_j に対応する関数として 1 次関数を用いているが，必ずしも 1 次関数である必要はなく，0〜1 の間で単調に増加する関数であればどのような関数でもよい．

たとえば，式 (4.10) に示したような関数を用いれば，境界部分に集中した格子を生成することができる．

結果の表示プログラムの一部を図 5.21 に示す．ここでは，2.2 節で述べた PLOT というルーチンを利用している．配列 X,Y は格子点の x, y 座標，PLOTS

```
C*******************************************
C     SUBROUTINE FOR PLOTTING GRIDS          *
C*******************************************
C
      SUBROUTINE GRDPLT(X, Y, MX, MY)
      DIMENSION X(MX, MY), Y(MX, MY)
C
      CALL PLOTS(0)
      WRITE(*,*) 'FCT, X11, Y11'
      READ(*,*) FCT, X11, Y11
      CALL FACTOR(FCT)
      CALL PLOT(0.,0.,-3)
      DO 40 J = 1, MY
      DO 40 I = 1, MX
         IC = 2
         IF(I.EQ.1) IC=3
         XA = X(I,J)+X11
         YA = Y(I,J)+Y11
         CALL PLOT(XA, YA, IC)
   40 CONTINUE
      DO 50 I = 1, MX
      DO 50 J = 1, MY
         IC = 2
         IF(J.EQ.1) IC=3
         XA = X(I,J)+X11
         YA = Y(I,J)+Y11
         CALL PLOT(XA, YA, IC)
   50 CONTINUE
      CALL PLOT(0.,0.,-3)
      CALL PLOT(0.,0.,999)
      RETURN
      END
```

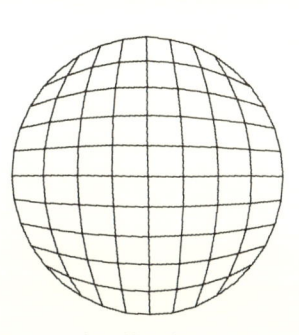

図 5.20　超限補間法のプログラムの実行例（円内の格子）

図 5.21　図形表示のためのプログラム例

は前処理のためのルーチン，FACTOR はスケーリングを行うルーチンで倍率（FCT）を引数として読み込んでいる．X11,Y11 は原点の移動を行うためで，(X11,Y11) が描画面の原点になる．PLOT(0,0,999) は終了処理のためのルーチンである．他の処理系を用いるときはこれらを書き換える必要がある．

5.7.2　ポアソン方程式を利用した格子生成

ポアソン方程式を利用して図 5.22 に示すような楕円と円に囲まれた領域で格子生成を行う．解くべき方程式は

$$\alpha x_{\xi\xi} - 2\beta x_{\xi\eta} + \gamma x_{\eta\eta} + J^2(Px_\xi + Qx_\eta) = 0$$
$$\alpha y_{\xi\xi} - 2\beta y_{\xi\eta} + \gamma y_{\eta\eta} + J^2(Py_\xi + Qy_\eta) = 0 \qquad (5.103)$$
$$(\alpha = x_\eta^2 + y_\eta^2, \ \beta = x_\xi x_\eta + y_\xi y_\eta, \ \gamma = x_\xi^2 + y_\xi^2, \ J = x_\xi y_\eta - x_\eta y_\xi)$$

であるが，係数に $x_\xi, x_\eta, y_\xi, y_\eta$ が含まれているため，線形ではない．したがって，初期条件のとり方により解が影響を受け，場合によっては期待されるような格子が得られないことがある．初期の格子は生成しやすいものを用いればよいが，図 5.23 に示すように同種（ξ どうし，η どうし）の格子は交わらないようにする必要がある．図 5.24 は図 5.22 の領域における初期格子の例を示すが，内側の楕円の近くに同心の楕円をとってその上に格子を配置している．この場合，初期格子は外側の円のすぐ近くで歪んでいるが，同種の格子は交わらないという条件は満たしている．したがって，このようにとっても楕円型偏微分方程式の平滑作用により，なめらかな格子が得られ，特

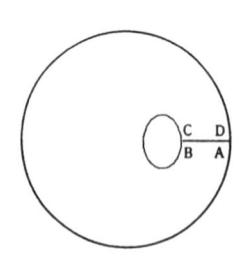

図 5.22　楕円と円に囲まれた領域

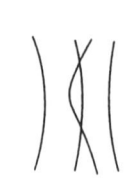

図 5.23　よくない格子の例

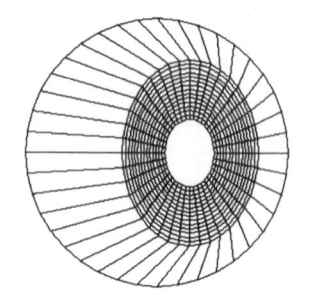

図 5.24　初期格子の例

に問題は起きない．なお，初期格子は超限補間法を用いて生成してもよい．

式(5.103)の境界条件について考える．$\xi = $ 一定の格子線を境界線と交差する方向（角座標），$\eta = $ 一定の格子線を境界を取り囲む方向（径座標）にとったとする．境界条件として境界線（$\eta = $ 一定）上で格子点の(x,y)座標を指定する（境界は計算途中で変化しない）．ξ 方向の境界条件としては周期境界条件を課す．いま，X(I,J),Y(I,J) を x, y 座標を表す配列とし，Iをξ方向，Jをη方向にとり，図5.25のように番号付けを行うと，$\xi = 1$ と $\xi = \mathrm{MX} - 1$, $\xi = \mathrm{MX}$ と $\xi = 2$ が同じ線を表す（周期境界条件）ため，各Jに対して

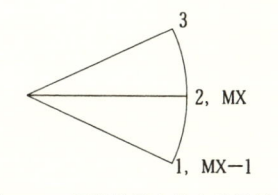

図 5.25　周期境界条件と番号付け

$$X(1, J) = X(MX-1, J) \quad X(MX, J) = X(2, J)$$
$$Y(1, J) = Y(MX-1, J) \quad Y(MX, J) = Y(2, J) \tag{5.104}$$

という条件が課される．$\xi = 1, \mathrm{MX}$の線上では両端の点を除いて，値は一般に計算途中で変化する．したがって，式(5.103)を反復法で解く場合は，反復のループの内側に上の条件を含める必要がある．なお，反復は式(5.103)を差分化して $x_{i,j}, y_{i,j}$ について解いた式を用いて

$$\begin{aligned}
x_{i,j}^{(\nu+1)} = x_{i,j} + c_1 \Bigg[& \bigg(\alpha_{i,j}(x_{i-1,j} + x_{i+1,j}) \\
& - \frac{\beta_{i,j}}{2}(x_{i+1,j+1} - x_{i-1,j+1} - x_{i+1,j-1} + x_{i-1,j-1}) \\
& + \gamma_{i,j}(x_{i,j-1} + x_{i,j+1}) \\
& + \frac{(J_{i,j})^2}{2}\{P_{i,j}(x_{i+1,j} - x_{i-1,j}) + Q_{i,j}(x_{i,j+1} - x_{i,j-1})\} \bigg) \\
& /(\alpha_{i,j} + \gamma_{i,j}) - x_{i,j} \Bigg] \tag{5.105}
\end{aligned}$$

$$\begin{aligned}
y_{i,j}^{(\nu+1)} = y_{i,j} + c_2 \Bigg[& \bigg(\alpha_{i,j}(y_{i-1,j} + y_{i+1,j}) \\
& - \frac{\beta_{i,j}}{2}(y_{i+1,j+1} - y_{i-1,j+1} - y_{i+1,j-1} + y_{i-1,j-1}) \\
& + \gamma_{i,j}(y_{i,j-1} + y_{i,j+1})
\end{aligned}$$

$$+ \frac{(J_{i,j})^2}{2}\{P_{i,j}(y_{i+1,j} - y_{i-1,j}) + Q_{i,j}(y_{i,j+1} - y_{i,j-1})\}\Big)$$
$$/(\alpha_{i,j} + \gamma_{i,j}) - y_{i,j}\Big] \tag{5.106}$$

で構成される．ここで c_1, c_2 は緩和係数でふつう 1 以下にとる（特に反復の初期では 0 に近い値にする）．

ポアソン方程式を利用した格子生成法のプログラムのフローチャートが図 5.26 に示されている．また，実際のプログラムと説明は GRIDP.FOR と GRIDP.TXT という名前でホームページにアップされている．このプログラムではポアソン方程式の右辺の制御関数として，式 (5.90), (5.80) を用いている．

計算例を図 5.27 に示す．図 5.27(a) は格子間隔の制御を行わない場合（ラプ

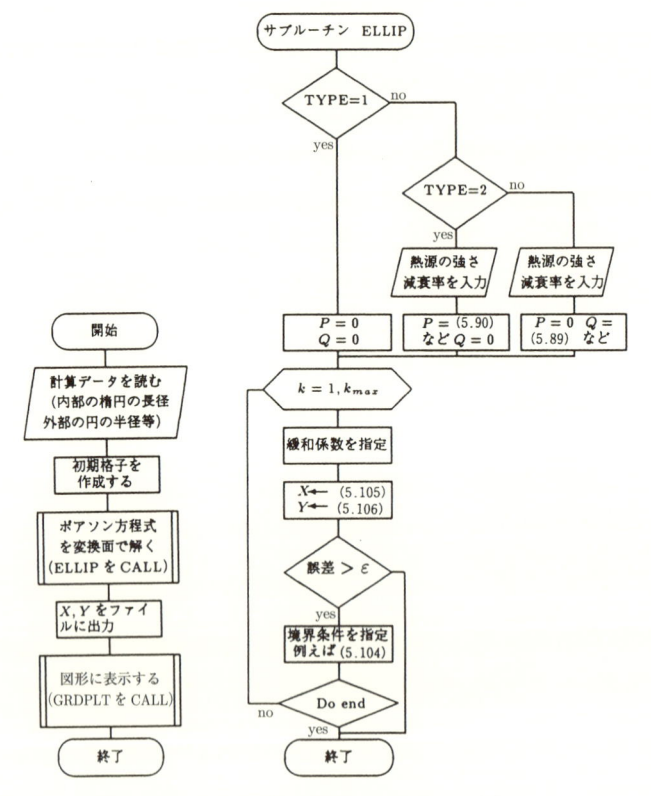

図 5.26　GRIDP.FOR（ポアソン方程式による格子生成）のフローチャート

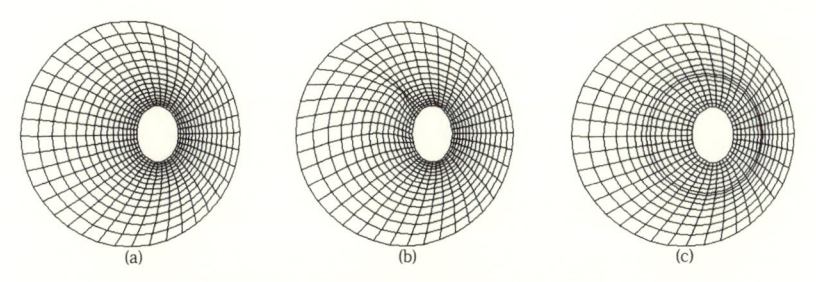

図 5.27 ポアソン方程式による格子生成
(a) 制御関数なし，(b) 関数 (5.90) による制御，(c) 関数 (5.89) による制御

ラス方程式）の結果である．図 5.27(b) は制御関数として式 (5.90) を用いた場合で，ある特定の格子点に格子を集中させている．なお，式 (5.90) の b, d として，それぞれ $-1, 0.4$ を用いている．図 5.27(c) は式 (5.89) を用いた場合の結果であり，内側の楕円を格子線 1 として 8 番目の格子線に格子を集中させている．なお，a, c はそれぞれ $-0.5, 0.5$ である．

$P = 0, Q = 0$ 以外の場合，式 (5.105), (5.106) を収束させるためには緩和係数を適切に選ぶ（初期には非常に小さくとる）必要がある他，集中の強さ a や減衰率 c が大きい場合はこれらの値を徐々に大きくするなど細かい工夫が必要になる．むしろ格子間隔の調整の目的には，偏微分方程式を解いて得られる格子をもとにして，代数的に格子間隔を調整する方法が簡便でかつ強力である．以下，この点についてもう少し詳しく説明する．

5.7.3 格子間隔の調整のための簡便な方法

たとえば境界層内に格子を集中させる場合のように 1 方向のみに格子間隔を調整することを考える．なお，多方向に調整するには，ここで述べる方法を各方向ごとに独立に用いればよい．

図 5.28 に示すように $\xi = $ 一定の格子線はそのまま残し（ただし格子点の移動により多少変化する），その格子線に沿って格子点の再配置を行うことにする．もとの格子点の座標が配列 X,Y にあり，再配列した座標を XX,YY に記憶させるとする．また，X(I,J),Y(I,J) の I = 一定が $\xi =$ 一定の格子線，J = 一定が $\eta =$ 一定の格子線を表すとする．このとき，$\xi =$ 一定の格子線に着目して以下のようにして格子間隔を変化させる．ただし，J は 1〜MY の値をとるも

のとする.

まず,もとの格子について,各格子線($I =$ 一定)に沿って境界点から格子点までの弧長を求める.そのために,I を固定した上で弧長を表す配列 S を用意する.はじめに $S(1) = 0$ として

$$S(J) = S(J-1)$$
$$+ \text{SQRT}((X(I,J) - X(I,J-1))**2$$
$$+ (Y(I,J) - Y(I,J-1))**2) \tag{5.107}$$

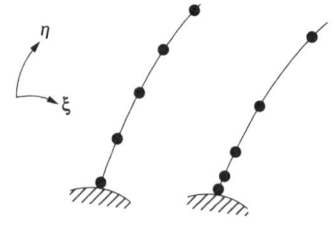

図 5.28 格子線に沿った格子間隔の調整(代数的方法)

を $J = 2, \ldots, MY$ まで計算する.

次に配置したい点の分布と相似な分布を区間 $[0, 1]$ で 1 次元的に定めておく.それを配列 F(J) に配置する.たとえば向かい合った境界があり,各境界近くで格子点を集中させる場合には式 (4.10) がしばしば用いられる.F(J) は具体的には

$$BB = \text{ALOG}((1.0 + B)/(1.0 - B))$$
$$CC = (-1.0 + 2.0 * \text{FLOAT}(J-1)/\text{FLOAT}(MY-1))**BB$$
$$F(J) = 0.5 * (1.0 + (\text{EXP}(BB) + 1.0)/(\text{EXP}(BB) - 1.0)$$
$$* (\text{EXP}(XX) - 1.0)/(\text{EXP}(XX) + 1.0)) \quad (J = 2, \ldots, MY) \tag{5.108}$$

となる.このとき新しい格子点の境界点からの距離 SS(I) は各格子線に沿って

$$SS(J) = S(MY) * F(J) \tag{5.109}$$

から計算できる.

最後に新しい格子点の座標を求める.それには SS(J) が各格子点に沿って,もとの格子点のどの区間に入っているか計算し,その区間の両端の格子点から線形補間して座標値を決める.JJ を $2 \sim MY - 1$ の固定点として,SS(JJ) がもとのどの格子点間にあるかを決めるには,S(J) と SS(JJ) を比較し,$S(J) \geq SS(JJ)$ がはじめて成り立つ J を求める.その J を JP とすると,SS(JJ) は $S(JP - 1)$

と S(JP) の間にある．このとき，新しい座標値 XX は線形補間

$$XX(I, JJ) = XX(I, JP-1) * \frac{S(JP) - SS(JJ)}{S(JP) - S(JP-1)} \\ + XX(I, JP) * \frac{S(JJ) - SS(JP-1)}{S(JP) - S(JP-1)} \tag{5.110}$$

から求まる．YY も同様で XX, X を YY, Y で置き換えればよい．この方法を用いたプログラムのフローチャートを図 5.29 に示す．

ホームページにアップされた ARRANG.FOR, ARRANG.TXT は上のフローチャートに従って格子間隔を調整するプログラムとその説明である．

5.7.4 直交に近い格子

格子は完全に直交していれば変換された方程式が大幅に簡単化されるなど利点は多いが，数値計算には必ず誤差が入ることや，現実には格子間隔が有限であり，格子点を折れ線で結んだ格子を使うことを考えると必ずしも完全に直交していなくても直交に近い格子で十分であることが多い．直交に近い格子では，非直交性から生じる項の大きさは他の項の大きさに比べて小さい．そこでここでは直交に近い格子を簡便につくる方法を示す．

図 5.30 に示すように，もとの η_1 上の格子点 A と η_2 上の格子点 B を用い，η_2 上に新しい格子点 P をつくり，AP が η_1 と垂直に近くなるようにする．まず，点 B において η_2 に垂直な直線の傾きを計算し，その傾きで点 A から直線を引く．そして η_2 の曲線（折れ線）との交点 C を求める．次に BC の中点を新しい格子点 P とする．この手続きを順次 η を変化させて繰り返す．なお，点 B における単位法線ベクトルは式 (5.24) から

$$\boldsymbol{n} = (-y_\xi \boldsymbol{i} + x_\xi \boldsymbol{j})/\sqrt{\gamma}$$

である．したがって，AC の傾きは

$$m = -x_\xi / y_\xi \tag{5.111}$$

となる．交点 P を求めるには，格子線が実際には折れ線であるので少しめんどうであるが次のようにすればよい．η_2 上の隣り合った 2 点を結ぶ直線の式を順に求め，これと先ほどの直線の交点を順に求める．そして，もし点 P が 2 点を

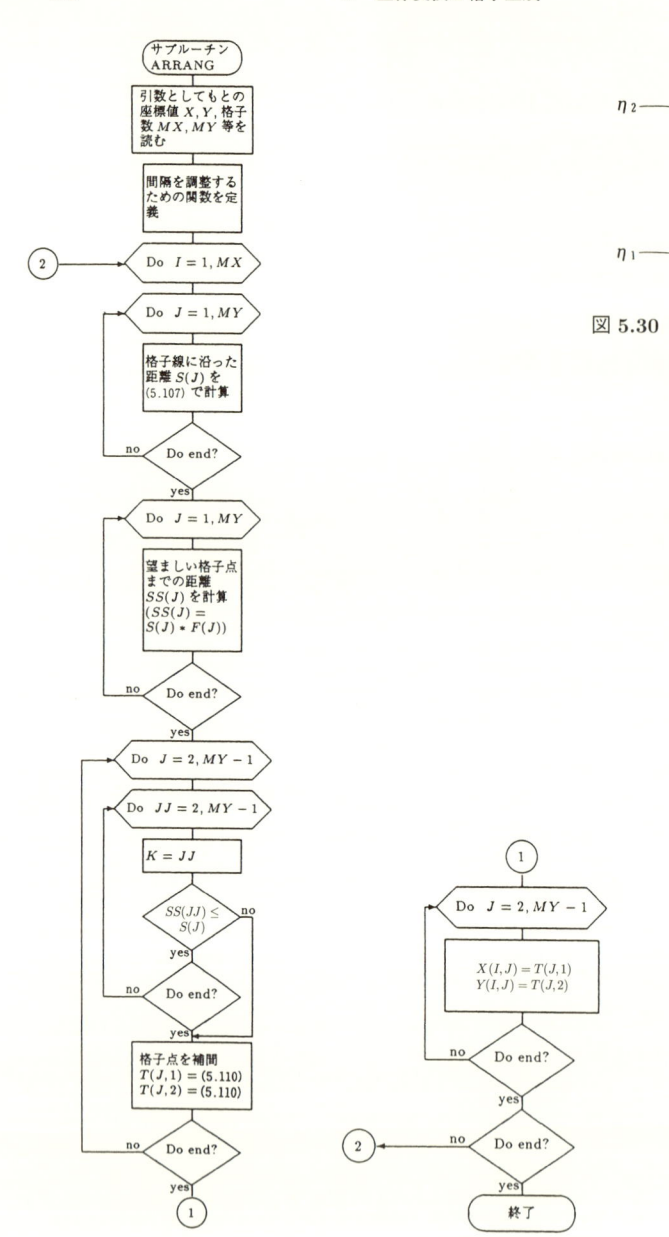

図 5.29　ARRANG.FOR（格子間隔調整，代数的方法）の
　　　　フローチャート

図 5.30　直交に近い格子生成
　　　　法（代数的方法）

5.7 格子生成法のプログラム例

結ぶ線分の外側ではなく中間にあればそれが求める点になる．交点が中間の点であるかどうかは，点 P を交点，点 P_{i-1}, P_i が隣り合った格子点であるとすると，

$$||\overline{P_{i-1}P} + \overline{PP_i} - \overline{P_{i-1}P_i}|| = 0 \tag{5.112}$$

が成り立つかどうかで判断できる．ただし，実際の計算には必ず誤差が入るため，上式において右辺は正確に 0 とせず，十分小さい値 $\varepsilon > 0$ よりも小さな値となれば成り立つとする．なお，点 P は点 B とあまり離れていないと考えられるため，上式の判定を行う場合には，$i = 1, 2, \ldots, \text{MX}$ の順に調べるのではなく，$i = \text{I}, \text{I}+1, \text{I}-1, \text{I}+2, \text{I}-2, \ldots$ の順（ただし，I は点 B での i の値）に行えば計算時間は短縮される．上の手続きを 1 回行っても直交に近い格子が得られるが，何回も繰り返して行うことにより，さらに直交格子に近づけることができる．図 5.31 にここで説明した方法によるプログラムのフローチャートを示す．

ホームページにアップした NORMAL.FOR，NORMAL.TXT はもとの格子を読み込んで直交に近い格子を，

図 **5.31** NORMAL.FOR（擬似直交格子）のフローチャート

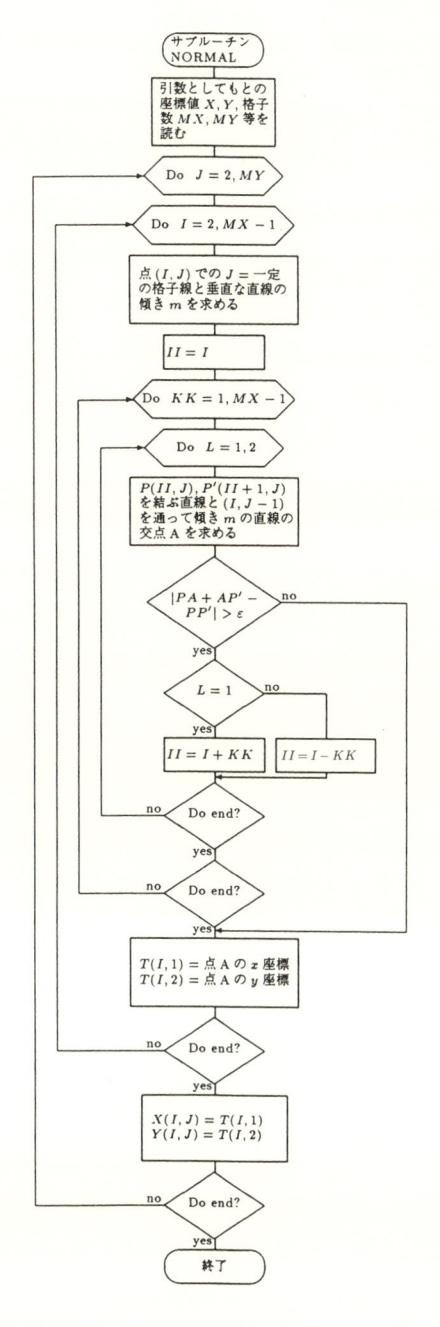

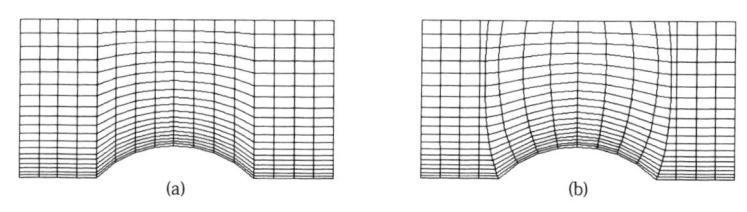

図 5.32　NORMAL.FOR を用いて生成した格子の例
(a) もとの格子, (b) NORMAL.FOR を 10 回用いたあとの格子

上の手続きで生成して出力するサブルーチンおよびその説明である．図 5.32 にこのプログラムの実行例を示す．(a) はもとの格子，(b) は上の方法を 10 回繰り返し用いて得られた格子である．

6

いろいろな2次元流れの計算

　本章ではいろいろな2次元流れの計算を示す．6.1節では，いままで述べる機会のなかったポテンシャル流の取り扱いを一般座標系で説明する．例として翼まわりのポテンシャル流の計算を示す．6.2節では流れ関数–渦度法を用いた非圧縮性2次元流れの解析例をいくつか示す．はじめに多重連結領域の取り扱い方を示すため，ダクト内に障害物のある流れを例にとる．次に極座標を用いた例として円柱まわりの定常流を解析する．最後に一般座標を用いた取り扱いの例として急拡大管内の流れを計算する．6.3節では MAC 法を用いた解析例を2つ示す．1つはダクト内に複数の障害物がある場合の流れの計算であり，そこでは多重連結領域の取り扱いを示す．もう1つは一般座標での解析例として，楕円柱まわりの流れの計算を示す．

6.1　ポテンシャル流の解析例

　流体の運動は，質量，運動量，エネルギーの各保存則から導かれるナビエ–ストークス方程式で記述される．しかし，すべての流れに対して常にナビエ–ストークス方程式を解く必要があるわけではなく，着目している現象の種類によって種々の近似が許される場合がある．たとえば，流速が比較的遅い空気の流れや圧縮性が小さい液体の流れではほとんどの場合，非圧縮性のナビエ–ストークス方程式を解けばよい．さらに，粘性を考慮する必要がない流れは**完全流体**とよばれ，連続の式および**オイラー方程式**（ナビエ–ストークス方程式で粘性項を省いた方程式）を解くことになる．
　完全流体ではラグランジュの渦定理が成り立ち，運動中に渦は発生せず，ま

た消滅もしない．したがって，完全流体では無限上流で一様流であったり，静止状態から出発する場合は，流れは渦なしであるという仮定が成り立つ．ここでは非圧縮性の渦なし流れを取り扱う．

流体の速度を $\boldsymbol{V}$ とすると，渦なしとは

$$\nabla \times \boldsymbol{V} = 0 \tag{6.1}$$

を意味する．このとき，ベクトル解析の定理から

$$\boldsymbol{V} = \nabla \Phi \tag{6.2}$$

を満足する Φ が存在することが知られている（rot(gradΦ)=0 であるから，式(6.2) から式 (6.1) はただちに確かめられる）．Φ は**速度ポテンシャル**とよばれ，この意味で渦なし流れはポテンシャル流ともよばれる．

連続の式

$$\nabla \cdot \boldsymbol{V} = 0 \tag{6.3}$$

に式 (6.2) を代入すると

$$\triangle \Phi = 0$$

となるが，これは速度ポテンシャルが満足すべき方程式（ラプラス方程式）である．また，オイラー方程式は1回積分でき

$$\frac{\partial \Phi}{\partial t} + P + \frac{1}{2}|\boldsymbol{V}|^2 + \Omega = f(t) \tag{6.4}$$

と書ける．ここで Ω は外力のポテンシャルであり，P は

$$\nabla P = \frac{1}{\rho} \nabla p$$

で定義される．また，$f(t)$ は t の任意関数である．式 (6.4) は Φ から圧力を求める式であり，**圧力方程式**とよばれる．以上は2次元でも3次元でも成り立つ．

次に2次元流を考える．2次元流では連続の式から流れ関数 ψ が存在して

$$\triangle \psi = -\omega \tag{6.5}$$

と書けることは 3.2 節で説明した．したがって，渦なし（$\omega = 0$）流れでは

$$\triangle \psi = 0 \tag{6.6}$$

6.1 ポテンシャル流の解析例

となる.すなわち,2次元流に対して未知数を速度ポテンシャルにとっても流れ関数にとっても同じラプラス方程式を解けばよい.両者の差は境界条件に現れる.境界条件は速度 **V** に関して課されることが多いが,この場合,速度ポテンシャルを未知数にとれば Φ の境界条件は式 (6.2) から Φ の微分に関する条件(ノイマン条件)になる.一方,ψ に関しては 3.2 節で議論したように,境界上での ψ の値が指定される(ディリクレ条件).したがって,ラプラス方程式を反復法で解く場合,後者の方が収束が速く有利である.ただし,問題によっては境界上の ψ の具体的な値が未定であることもあり,それを合理的に決める必要がある.本節では翼のまわりのポテンシャル流れを例にとり,ψ を未知数にとる方法について説明する.

図 6.1 に示すような翼形まわりのポテンシャル流の計算[18]を行う.はじめに翼まわりの格子を生成する.翼形は後縁で尖っているため C 型格子を用いる.物理面と計算面の対応は図 5.8(b) に示したものと同じである.はじめに翼面上,カット AB (DE) 上および外周上の座標値を指定する.初期格子は図 6.2 に示すように外周と内周の中間に外周と相似に分布させる.次に 5.6 節で説明したラプラス方程式利用の格子生成法により,なめらかな格子を生成する.この格子は境界条件を少し変化させる

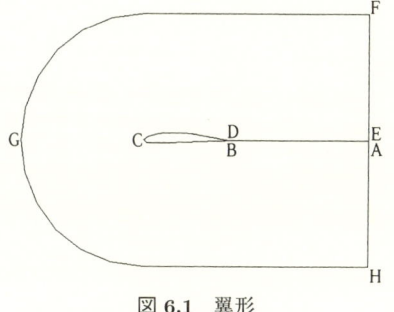

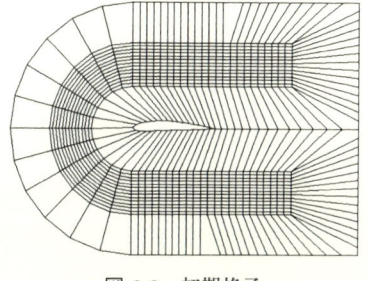

図 **6.1** 翼形

図 **6.2** 初期格子

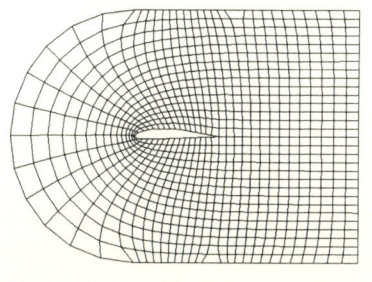

図 **6.3** 翼形のまわりの流れの計算に用いる格子

必要があるが，プログラム GRIDP.FOR と同様のプログラムを用いて生成することができる．結果として得られた格子を図 6.3 に示す．

ポテンシャル流の支配方程式であるラプラス方程式を一般座標系 (5.11) で表現すると，

$$\alpha \psi_{\xi\xi} - 2\beta \psi_{\xi\eta} + \gamma \psi_{\eta\eta} + P\psi_\xi + Q\psi_\eta = 0 \tag{6.7}$$

となる．ただし，

$$P = \{x_\eta(\alpha y_{\xi\xi} - 2\beta y_{\xi\eta} + \gamma y_{\eta\eta}) - y_\eta(\alpha x_{\xi\xi} - 2\beta x_{\xi\eta} + \gamma x_{\eta\eta})\}/J$$
$$Q = \{y_\xi(\alpha x_{\xi\xi} - 2\beta x_{\xi\eta} + \gamma x_{\eta\eta}) - x_\xi(\alpha y_{\xi\xi} - 2\beta y_{\xi\eta} + \gamma y_{\eta\eta})\}/J \tag{6.8}$$
$$(\alpha = x_\eta^2 + y_\eta^2,\ \beta = x_\xi x_\eta + y_\xi y_\eta,\ \gamma = x_\xi^2 + y_\xi^2,\ J = x_\xi y_\eta - x_\eta y_\xi)$$

である．いま，翼に迎角 θ で一様流 $|U|=1$ が当たっているとすると，翼面上および外部境界で

$$\psi(\xi, \eta_1) = C \tag{6.9}$$

$$\psi(\xi, \eta_2) = y(\xi, \eta_2)\cos\theta - x(\xi, \eta_2)\sin\theta \tag{6.10}$$

が成り立つ．カット AB（DE）に沿っては，隣接格子からの距離の重みを付けた平均をとる．

次に式 (6.9) の C の値を定めるため，次の3種類の特殊な場合について問題を解く：

$$① \begin{cases} \psi = 0 & （翼面上） \\ \psi = y(\xi, \eta_2) & （遠方） \end{cases} \tag{6.11}$$

$$② \begin{cases} \psi = 0 & （翼面上） \\ \psi = -x(\xi, \eta_2) & （遠方） \end{cases} \tag{6.12}$$

$$③ \begin{cases} \psi = 1 & （翼面上） \\ \psi = 0 & （遠方） \end{cases} \tag{6.13}$$

①は迎角が 0°，翼まわりの循環が 0 の流れ，②は迎角が 90°，翼まわりの循環が 0 の流れ，③は遠方で流れがなく，翼まわりの循環が 1 の流れ，である．

6.1 ポテンシャル流の解析例

ラプラス方程式は線形であり，解の重ね合わせができるため，求める解は上の 3 とおりの特殊な解を重ね合わせて得られる．すなわち，式 (6.9) の C を用いて

$$\psi = \psi_1 + \psi_2 + C\psi_3 \tag{6.14}$$

となる．

C の値を具体的に決定するためにクッタ条件を課す．クッタ条件とは翼後端で流れがなめらかにつながるという条件で，具体的には図 6.4 に示すよう

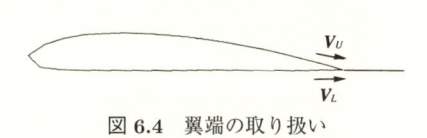

図 6.4 翼端の取り扱い

に，翼上面から計算した速度 $\boldsymbol{V}_U$ と翼下面から計算した速度 $\boldsymbol{V}_L$ が等しいという条件である．もし等しくないならば，速度差によって翼後端から渦が発生することになる．式 (6.14) から翼上面と翼下面の接線速度を計算し，それぞれ V_t^U, V_t^L とする．

$$V_t^U = V_t^L \tag{6.15}$$

となり，この条件から未定の C の値を決定することができる．ただし，速度は端点では正確に計算できないため，端点近くの翼面上の点の値を用いて外挿する．なお，翼面上の速度は

$$V_t = (\sqrt{\alpha}/J)\psi_\eta \tag{6.16}$$

から計算することができる．

式 (6.8) は複雑な形をしているが，座標値から計算できる係数である．したがって，一度だけ計算して数値を配列に記憶しておけばよい．式 (6.7) はそれらの値を用いて SOR 法などの反復法を用いて解くことができる．

翼まわりのポテンシャル流を上述の方法を用いて計算するプログラムのフローチャートを図 6.5 に示す．また，実際のプログラムは POTEN.FOR, POTEN.C という名前でホームページにアップされている．プログラムの説明は POTEN.TXT にアップされているが，その構造は主プログラムを見れば見当がつくようなものである．

図 6.6 に迎角 15° の計算結果を，流線を用いて表示している．

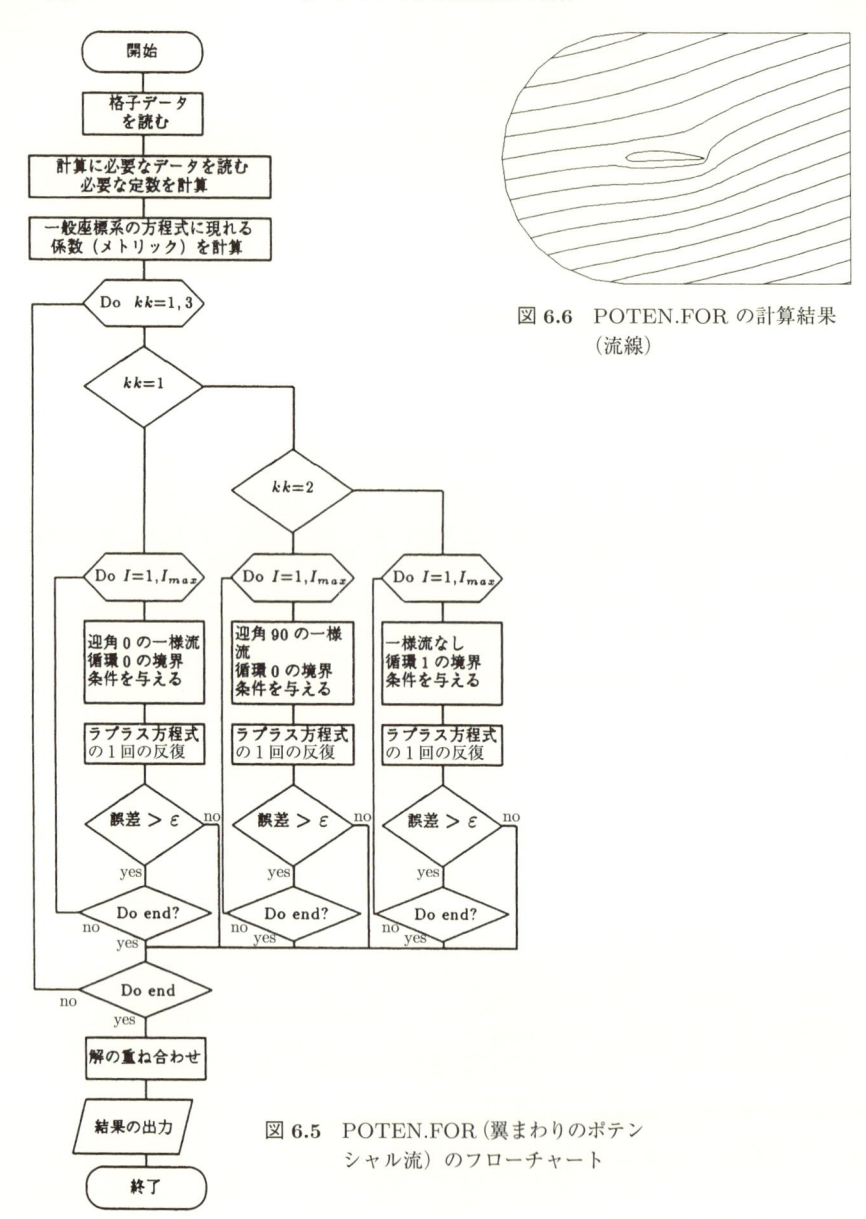

140   6. いろいろな2次元流れの計算

図 6.6　POTEN.FOR の計算結果（流線）

図 6.5　POTEN.FOR（翼まわりのポテンシャル流）のフローチャート

6.2 流れ関数–渦度法による解析例

6.2.1 障害物まわりの流れ

図 6.7 に示すような障害物のあるダクト内の流れを考える．この問題は多重連結（2重連結）領域内の流れであり，障害物上での境界条件を正確に課すことは流れ関数–渦度法では困難である．なぜなら，障害物上で流れ

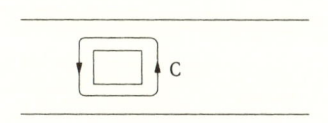

図 6.7 1つの障害物のあるダクト内の流れ

関数の値は一定であるが，前例と同じくその一定値の具体的な値を合理的に決めるのは簡単ではないからである．値を根拠なく与えたのでは障害物と上壁および下壁の間の流量を根拠なく与えたことになり，現実には実現しない流れになる．実はこの値を決めるためにはもとのナビエ–ストークス方程式に戻る必要がある．ここでは圧力が一価関数であることを用いて障害物上の流れ関数の値を決める方法[19]を紹介する．

はじめに物体上の流れ関数を適当に与えて流れ関数に関するポアソン方程式

$$\triangle \psi = -\omega \tag{6.17}$$

を解き，得られた解を ψ_0 とする．次に障害物上で流れ関数の値が 1，上下壁および流出入口で 0 として

$$\triangle \psi = 0$$

を解き，得られた解を ψ_1 とする．実際の解は，ポアソン方程式の線形性から，解の重ね合わせとして

$$\psi = \psi_0 + \lambda \psi_1 \tag{6.18}$$

と表せる．この ψ を用いて流速を計算し，それをナビエ–ストークス方程式に代入して圧力勾配を λ を用いて表す．圧力勾配がわかれば障害物を取り囲む1つの閉曲線 C に沿って周回積分する．圧力は一価関数であるため，積分の値は 0，すなわち

$$\oint_C dp = 0 \tag{6.19}$$

となるため，この式から λ を決めることができる．積分路は任意であるから，積分しやすいように，たとえば格子線に沿ってとる．なお，積分路のとり方により多少計算結果が影響されることがあり，さらに障害物が多くなった場合には取り扱い方がめんどうになる．したがって，この種の問題は後述の MAC 法など，速度と圧力を未知数にとる方法を用いた方が簡単である．

6.2.2 円柱まわりの流れ

無限に広い領域に半径が 1 で無限の高さの円柱が置かれており，円柱の軸に垂直に一様流が当たっているとしよう．この場合の流れを非定常の方程式を定常になるまで解くことによって求めてみる[20]．ただし，流れのレイノルズ数は小さいとして，軸と垂直面内の流れはどの断面でも同一（2 次元的）であり，しかも定常流が実現されるものとする．この場合は，1 つの断面内で 2 次元計算をすればよい．数値計算では無限の領域は取り扱えないため，十分に遠方に円形の境界をとることにし，そこでは流れは一様流になっているとする．境界の形から極座標を用いるのが便利である．ただし，円柱から遠ざかるほど，流れは一様流に近づき変化は少なくなるため格子は粗くてよい．したがって，座標系として極座標の動径方向に $r = e^{\xi}$ という変換を施した

$$\begin{cases} x = e^{\xi}\cos\theta \\ y = e^{\xi}\sin\theta \end{cases} \tag{6.20}$$

を用いることにする．

変換 (6.20) から流れ関数-渦度法の基礎方程式は

$$\frac{\partial^2\psi}{\partial\xi^2} + \frac{\partial^2\psi}{\partial\theta^2} = -\omega e^{2\xi} \tag{6.21}$$

$$\frac{\partial\omega}{\partial t} + e^{-2\xi}\left(\frac{\partial\psi}{\partial\theta}\frac{\partial\omega}{\partial\xi} - \frac{\partial\psi}{\partial\xi}\frac{\partial\omega}{\partial\theta}\right) = \frac{e^{-2\xi}}{\mathrm{Re}}\left(\frac{\partial^2\omega}{\partial\xi^2} + \frac{\partial^2\omega}{\partial\theta^2}\right) \tag{6.22}$$

となる．なお，流れ関数と極座標における速度成分の間には

$$\begin{cases} v_r = \dfrac{1}{r}\dfrac{\partial\psi}{\partial\theta} = e^{-\xi}\dfrac{\partial\psi}{\partial\theta} \\ v_\theta = -\dfrac{\partial\psi}{\partial r} = -e^{-\xi}\dfrac{\partial\psi}{\partial\xi} \end{cases} \tag{6.23}$$

の関係がある．流れは，一様流の方向を x 方向にとれば，$\theta = 0, \pi$ の直線に関して対称（上下対称）であるため，$0 \leq \theta \leq \pi$ の領域で解けばよい．

このとき，流れ関数の境界条件は

$$\begin{aligned} \psi &= 0 & \text{(対称線，円柱上)} \\ \psi &= y = e^{\xi} \sin \theta & \text{(遠方)} \end{aligned} \tag{6.24}$$

となる．はじめの条件は，流れが対称線および円に沿って流れることを意味し，あとの条件は速さ 1 の一様流の条件を流れ関数で表現したものである．

渦度の境界条件は，まず

$$\omega = 0 \quad \text{(遠方，対称線)} \tag{6.25}$$

が課される．この条件は遠方で一様流であること，および対称線上で $v = 0, \partial u/\partial y = 0$ が成り立つことから，ω の定義式

$$\omega = \frac{\partial v}{\partial x} - \frac{\partial u}{\partial y} \tag{6.26}$$

を用いて導くことができる．円柱上の条件はキャビティ問題の場合と同様にして，円柱上でも式 (6.21) が成り立つとして決める．すなわち，円柱表面に沿って $\psi = 0$ であるから，式 (6.21) は

$$\omega = -e^{-2\xi} \frac{\partial^2 \psi}{\partial \xi^2}$$

となる．この式を差分化して，円柱上で $\xi = 0, \psi = 0$ を考慮すると

$$\omega_0 = -(\psi_\mathrm{Q} + \psi_\mathrm{P})/(\Delta \xi)^2$$

となる．ここで，$\psi_\mathrm{P}, \psi_\mathrm{Q}$ は境界をはさむ格子点（ψ_Q は仮想点）である．次に円柱上で $v_\theta = 0$ であるから

$$v_\theta = (\psi_\mathrm{P} - \psi_\mathrm{Q})/\Delta \theta = 0$$

となり，これら 2 つの式から ψ_Q を消去すれば最終的に次式が得られる．

$$\omega_0 = -2\psi_\mathrm{P}/(\Delta \xi)^2 \quad \text{(円柱上)} \tag{6.27}$$

初期条件として全空間で一様流または遠方境界以外で $V = 0$ としてもよいが，

収束を速くするためにはポテンシャル流の厳密解

$$\begin{cases} \psi = (r - (1/r))\sin\theta = (e^\xi - e^{-\xi})\sin\theta \\ \omega = 0 \end{cases} \tag{6.28}$$

を与える.

以上で条件がそろったので,式 (6.21), (6.22) を差分化して解く.空間微分の近似に中心差分,時間微分の近似に前進差分を用いると

$$\frac{\psi_{i-1,j} - 2\psi_{i,j} + \psi_{i+1,j}}{(\Delta\xi)^2} + \frac{\psi_{i,j-1} - 2\psi_{i,j} + \psi_{i,j+1}}{(\Delta\theta)^2} = -\omega_{i,j}e^{2\xi_j} \tag{6.29}$$

$$\frac{\omega_{i,j}^{n+1} - \omega_{i,j}}{\Delta t} + e^{-2\xi_j}\left\{\frac{(\psi_{i,j+1} - \psi_{i,j-1})(\omega_{i+1,j} - \omega_{i-1,j})}{4\Delta\xi\Delta\theta}\right.$$
$$\left. - \frac{(\psi_{i+1,j} - \psi_{i-1,j})(\omega_{i,j+1} - \omega_{i,j-1})}{4\Delta\xi\Delta\theta}\right\}$$
$$= \frac{e^{-2\xi_j}}{\text{Re}}\left(\frac{\omega_{i-1,j} - 2\omega_{i,j} + \omega_{i+1,j}}{(\Delta\xi)^2} + \frac{\omega_{i,j-1} - 2\omega_{i,j} + \omega_{i,j+1}}{(\Delta\theta)^2}\right) \tag{6.30}$$

となる.式 (6.29) を SOR 法など反復法を用いて $\psi_{i,j}$ について解いたあと,式 (6.30) を用いて $\omega_{i,j}^{n+1}$ などを求めればよい.

ホームページにアップされた POCIR.FOR, POCIR.C, POCIR.TXT は上記の手続きにより円柱まわりの低レイノルズ数の流れを流れ関数–渦度法を用いて解くプログラムおよびその説明である.なお,プログラムの構造は POCV.FOR と同じであるのでフローチャートは示していない.

次にこのプログラムを用いて行った計算結果を示す.図 6.8 は格子図である.この場合,全格子数は 60×40 であり,遠方の境界は半径のおよそ 20 倍のところに位置している.図 6.9 はこの格子を用いて行った計算結果であり,十分

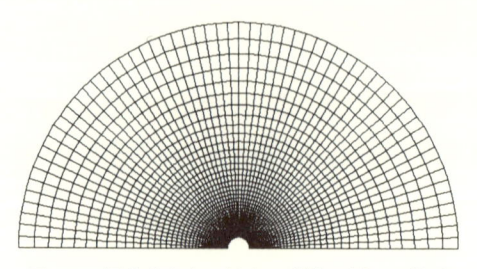

図 **6.8** 円柱まわりの流れの計算に用いる格子

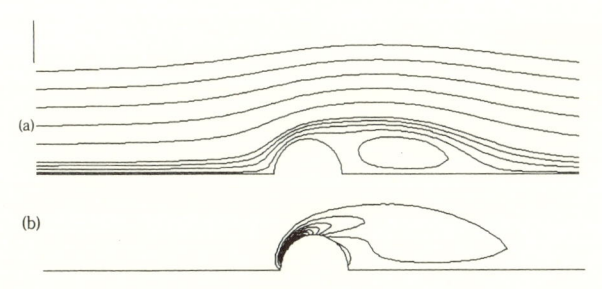

図 6.9 円柱まわりの流れの計算例（Re = 80）(a) 流線，(b) 等渦度線

に時間が経過したときの流線および等渦度線が示されている．レイノルズ数は 80 である．

6.2.3 拡大管内の流れ

一般座標を用いた流れ関数–渦度法の解析例として，図 6.10 に示すような拡大管内の流れを解析してみる．一般座標系 (5.11) での基礎方程式は

$$\triangle_{\xi\eta}\psi = -\omega \tag{6.31}$$

$$\frac{\partial \omega}{\partial t} + \frac{1}{J}\left(\frac{\partial \psi}{\partial \eta}\frac{\partial \omega}{\partial \xi} - \frac{\partial \psi}{\partial \xi}\frac{\partial \omega}{\partial \eta}\right) = \frac{1}{\text{Re}}\triangle_{\xi\eta}\omega \tag{6.32}$$

である．ここで $\triangle_{\xi\eta}$ は一般座標系でのラプラシアン (5.41) である．

流れ関数の境界条件は次のようになる．まず，壁面上での流れ関数の値は一定である．また，入口の点 P での流れ関数の値は図 6.10 において AP 間の単位面積あたりに流入する流量に等しい．したがって，壁面に平行に速さ 1 の流体が流れ込んでくるとすると，点 P での ψ の値は

$$\psi = y$$

となる．ただし，y は AP 間の距離を表す．また AC 上では ψ は 0 としている．BD 上での ψ の値は，AB 間の距離を 1 とすれば上式は $\psi = 1$ である．流出口では室内気流の場合と同様に，速度分布が未知のときは正確な条件を課すのは困難である．$v = 0$ と仮定すれば

$$v = \frac{\partial \psi}{\partial x} = \frac{1}{J}\left(y_\eta \frac{\partial \psi}{\partial \xi} - y_\xi \frac{\partial \psi}{\partial \eta}\right) = 0$$

となるが，特に格子線が出口において BD に平行ならば

```
       B                                    D
        ────────────────────────────────────
     P●
          A
           ────────────┐
                       └──────────────────
                                           C
```

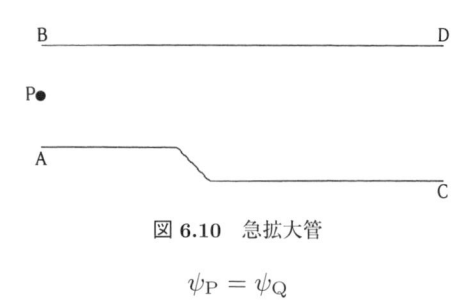

図 6.10 急拡大管

$$\psi_P = \psi_Q$$

となる．ここで点 P は CD 上での格子点，点 Q は 1 つ内側の格子点を表す．

渦度の境界条件は以下のとおりである．流入口において一様流が流入する場合は $\omega = 0$ である．流出口では ψ と同様に正確に決められず，外挿して

$$\omega_P = \omega_Q$$

にとる．壁面上では式 (6.31) が成り立つとして，ψ の条件から決める．具体的には

$$\omega = -\frac{\gamma}{J^2}\psi_{\eta\eta}, \quad \psi_\eta = 0$$

の 2 つの式の差分近似式から，壁面内の仮想点での値を消去すればよい．

式 (6.31) を解くにはたとえば中心差分で近似して SOR 法で解く．すなわち，式 (6.31) は

$$\begin{aligned}
& C_1(\psi_{i-1,j} - 2\psi_{i,j} + \psi_{i+1,j}) \\
& + \frac{C_2}{4}(\psi_{i+1,j+1} - \psi_{i-1,j+1} - \psi_{i+1,j-1} + \psi_{i-1,j-1}) \\
& + C_3(\psi_{i,j-1} - 2\psi_{i,j} + \psi_{i,j+1}) + \frac{C_4}{2}(\psi_{i+1,j} - \psi_{i-1,j}) \\
& + \frac{C_5}{2}(\psi_{i,j+1} - \psi_{i,j-1}) = -\omega_{i,j}
\end{aligned}$$

と書くことができるため，反復

$$\begin{aligned}
\psi_{i,j}^* = \frac{1}{2(C_1 + C_3)} \Big\{ & C_1(\psi_{i+1,j}^{(\nu)} + \psi_{i-1,j}^*) \\
& + \frac{C_2}{4}(\psi_{i+1,j+1}^{(\nu)} - \psi_{i-1,j+1}^* - \psi_{i+1,j-1}^{(\nu)} + \psi_{i-1,j-1}^*) \\
& + C_3(\psi_{i,j+1}^{(\nu)} + \psi_{i,j-1}^*) + \frac{C_4}{2}(\psi_{i+1,j}^{(\nu)} - \psi_{i-1,j}^*)
\end{aligned}$$

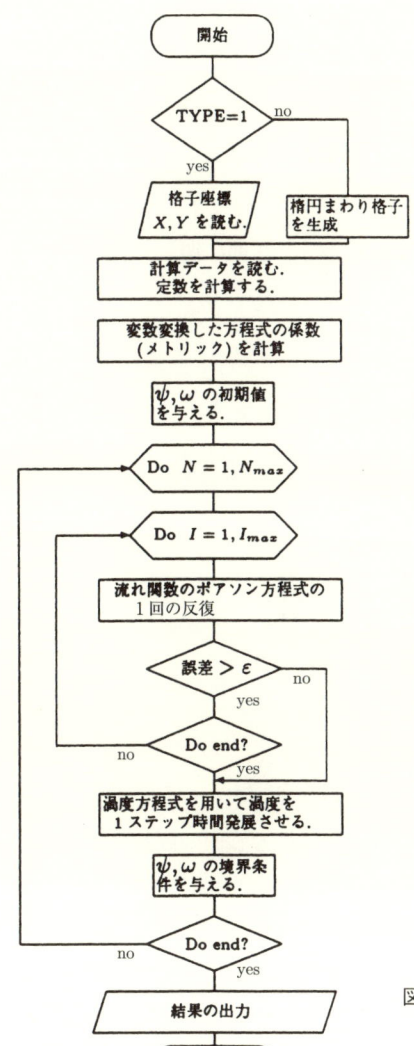

6.2 流れ関数–渦度法による解析例

```
                 開始
                  │
              ┌───┴───┐
              │TYPE=1 │──no──┐
              └───┬───┘      │
                 yes         │
                  │          │
         ┌────────┴──┐  ┌────┴──────┐
         │格子座標   │  │楕円まわり格子│
         │X,Yを読む.│  │を生成        │
         └────────┬──┘  └────┬──────┘
                  │←─────────┘
         ┌────────┴────────┐
         │計算データを読む. │
         │定数を計算する.   │
         └────────┬────────┘
         ┌────────┴────────┐
         │変数変換した方程式の係数│
         │(メトリック)を計算   │
         └────────┬────────┘
         ┌────────┴────────┐
         │ψ,ω の初期値    │
         │を与える.        │
         └────────┬────────┘
      ┌──────────┤
      │   ┌──────┴──────┐
      │   │Do N=1,N_max │
      │   └──────┬──────┘
      │  ┌───────┤
      │  │ ┌─────┴─────┐
      │  │ │Do I=1,I_max│
      │  │ └─────┬─────┘
      │  │ ┌─────┴──────────┐
      │  │ │流れ関数のポアソン方程式の│
      │  │ │ 1回の反復           │
      │  │ └─────┬──────────┘
      │  │   ┌───┴───┐
      │  │   │誤差 > ε│──no──┐
      │  │   └───┬───┘      │
      │  │      yes          │
      │  │   ┌───┴───┐       │
      │  └──no│Do end?│       │
      │      └───┬───┘       │
      │         yes          │
      │      ┌───┴──────────┐│
      │      │渦度方程式を用いて渦度を││
      │      │1ステップ時間発展させる.││
      │      └───┬──────────┘│
      │      ┌───┴──────┐    │
      │      │ψ,ω の境界条│    │
      │      │件を与える.  │    │
      │      └───┬──────┘    │
      │       ┌──┴──┐         │
      └────no─│Do end?│         │
              └──┬──┘         │
                yes            │
         ┌──────┴──────┐       │
         │  結果の出力  │       │
         └──────┬──────┘       │
               終了
```

図 **6.11** POCIR.FOR（拡大管内の流れ, ψ–ω 法）のフローチャート

$$+ \frac{C_5}{2}(\psi_{i,j+1}^{(\nu)} - \psi_{i,j-1}^*) + \omega_{i,j}\bigg\}$$

$$\psi_{i,j}^{(\nu+1)} = w\psi_{i,j}^{(\nu)} + (1-w)\psi_{i,j}^* \tag{6.33}$$

を行う（w は加速係数）. ここで $C_1 \sim C_5$ は

$$C_1 = \alpha/J^2, \quad C_2 = -2\beta/J^2, \quad C_3 = \gamma/J^2$$

$$C_4 = \frac{1}{J^3}\{(\alpha y_{\xi\xi} - 2\beta y_{\xi\eta} + \gamma y_{\eta\eta})x_\eta - (\alpha x_{\xi\xi} - 2\beta x_{\xi\eta} + \gamma x_{\eta\eta})y_\eta\}$$

$$C_5 = \frac{1}{J^3}\{(\alpha x_{\xi\xi} - 2\beta x_{\xi\eta} + \gamma x_{\eta\eta})y_\xi - (\alpha y_{\xi\xi} - 2\beta y_{\xi\eta} + \gamma y_{\eta\eta})x_\xi\}$$

を差分近似した値であり，1度だけ計算して記憶しておけばよい．

式 (6.32) は最も簡単には時間に関しては前進差分，空間に関しては中心差分で近似する（ただし，$\Delta\xi = \Delta\eta = 1$ とした．また上添字のないものは上添字 n が省略されている）：

$$\begin{aligned}
&\frac{\omega_{i,j}^{n+1} - \omega_{i,j}}{\Delta t} \\
&+ \frac{(\psi_{i,j+1} - \psi_{i,j-1})(\omega_{i+1,j} - \omega_{i-1,j}) - (\psi_{i+1,j} - \psi_{i-1,j})(\omega_{i,j+1} - \omega_{i,j-1})}{4J} \\
&= \frac{1}{\mathrm{Re}}\Big\{C_1(\omega_{i-1,j} - 2\omega_{i,j} + \omega_{i+1,j}) \\
&\quad + \frac{C_2}{4}(\omega_{i+1,j+1} - \omega_{i-1,j+1} - \omega_{i+1,j-1} + \omega_{i-1,j-1}) \\
&\quad + C_3(\omega_{i,j-1} - 2\omega_{i,j} + \omega_{i,j+1}) + \frac{C_4}{2}(\omega_{i+1,j} - \omega_{i-1,j}) \\
&\quad + \frac{C_5}{2}(\omega_{i,j+1} - \omega_{i,j-1})\Big\}
\end{aligned} \quad (6.34)$$

図 6.11 にここで説明した方法によるプログラムのフローチャートを示す．ホームページにアップした PO2D.FOR, PO2D.TXT は拡大管内の流れを一般座標系で流れ関数–渦度法を用いて解くプログラムおよびその説明である．

プログラムの多くの部分は POTEN.FOR と共通になる．なぜなら，渦度が 0 に固定されている場合には，式 (6.31) は一般座標で表現されたラプラス方程式になるからである．したがって，POTEN.FOR において，ラプラス方程式をポアソン方程式に置き換え，渦度輸送方程式の部分を付け加えて，これら 2 つの方程式を各時間ステップごとに解くように DO ループで繰り返せば，流れ関数–渦度法のプログラムとなる．なお，このような類似性のため，パラメータや配列，サブルーチン名などは POTEN.FOR と共通にしている．1 つの格子に沿って周期的である場合は，周期条件を課す．

このプログラムは一般座標系で書かれているため，格子を変化させることに

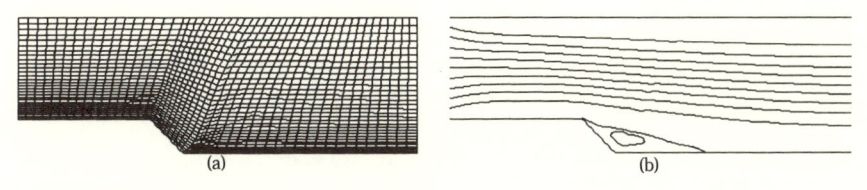

図 6.12 急拡大管内の流れの計算例　(a) 格子，(b) Re = 100，流線

より，種々の流れを計算することができる．もちろん，問題ごとにそれに適した境界条件を指定する必要がある．図 6.12 に Re = 100 の場合の計算結果を示す．(a) が用いた格子，(b) が流線である．

6.3　MAC法による解析例

6.3.1　障害物のあるダクト内の流れ

MAC 法の解析例として，たとえば図 6.13 に示すように 2 次元ダクト内に複数の物体が置かれた場合の流れを計算する．前節で説明したように，多重連結領域内の流れを流れ関数–渦度法を用いて解析する場合は流れ関数の境界条件を課すことは容易ではない．そこで，MAC 法などを用いて速度–圧力を未知数にとる．MAC 法の基本的な取り扱いや境界条件については，キャビティ問題や室内気流で用いたものと同じであるためここでは新たに記さない．ただし，プログラムを組む場合には内部の物体の数が多いほど境界の数が増え，難しくはないが取り扱いが煩わしくなる．煩雑さを軽減するためには，たとえば以下のようにする．

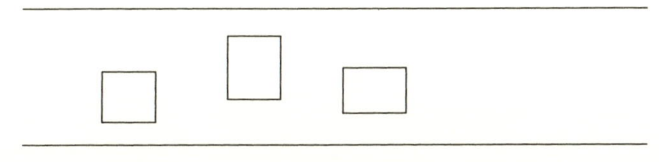

図 6.13 多くの障害物があるダクト内の流れ

本来は障害物内部では流体は存在しないため，方程式を解く場合にはその部分を除外して計算する必要がある．しかし，障害物が多くある場合にはそれは

煩わしいので，流体のない部分もまとめて計算し，流体のない部分や境界条件に対して適当な処理をすると考える．たとえば，流体部分と障害物を区別するための配列（仮に MASK と名付ける）を用意し，流体部分に 1, 障害物部分に 0 を入力しておく．次に領域全体を流体部分と障害物とに区別せずに計算したあと，MASK を全体に乗じれば障害物部分の物理量は 0 になる．実際に流体がない部分をあるとして計算したため，境界近くの点において境界条件が反映されず正しくない値が入る可能性がある．しかし，ナビエ–ストークス方程式 (3.41), (3.42) を解く場合に，陽解法を用い，さらに空間微分に 2 次（以下の）精度の差分式 (3.48), (3.49) を用いる場合には，全体を計算したあとで境界点に正しい値を与えることにより問題は生じない．圧力のポアソン方程式を解く場合は，ノイマン条件が課されるためプログラムに多少の工夫が必要になるが，式 (3.47) を用いる限り，反復ごとに境界に正しい値を与えればよい．境界の位置は前述の配列 MASK から決めることができる．図 6.14 から，まず J を固定して I を小さい順に変化させて

```
       B   B
       ↓   ↓
J…1 1 1 0 0 0 0 1 1
   ─────────────→
            I
```

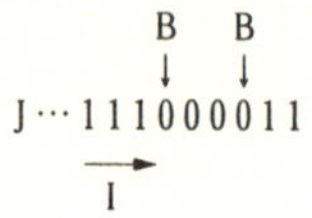

図 6.14　MACMSK.FOR の入力データ作成プログラム

$$\text{MASK}(I+1, J) - \text{MASK}(I, J) = -1$$

となれば I + 1 が左境界であり

$$\text{MASK}(I+1, J) - \text{MASK}(I, J) = 1$$

となれば I が右境界となる．同様に，I を固定して J を小さい順に変化させて

$$\text{MASK}(I, J+1) - \text{MASK}(I, J) = -1$$

となれば J + 1 が下側境界であり

$$\text{MASK}(I, J+1) - \text{MASK}(I, J) = 1$$

となれば J が上側境界となる．それ以外の点では差は 0 である．そこで，これら境界を記憶する配列を別に用意して計算に用いる．

多くの障害物のあるダクト内の流れを MAC 法を用いて解析するプログラムのフローチャートを図 6.15 に示す．また，実際のプログラムおよびその説明は

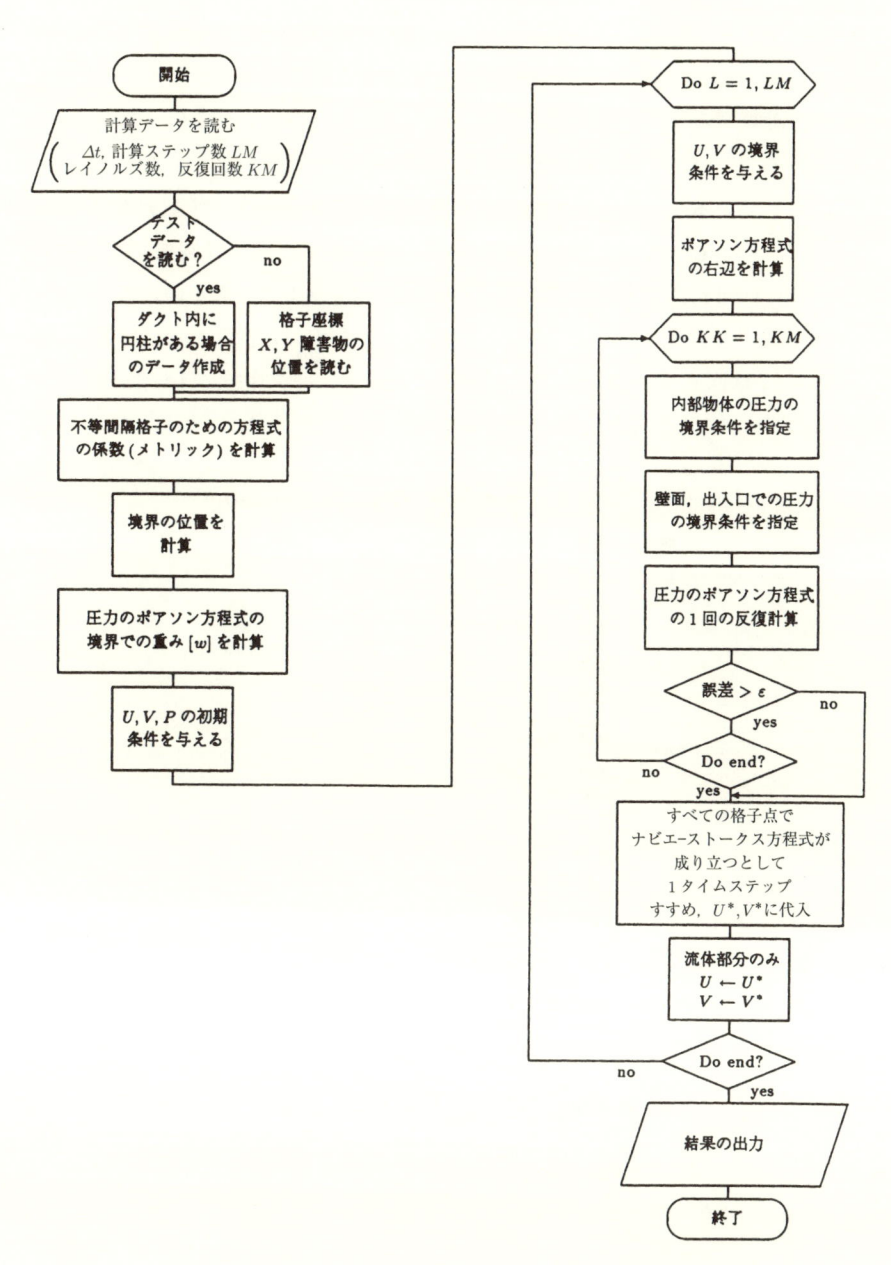

図 **6.15** MACMSK.FOR（多くの障害物のある流れ，MAC 法）のフローチャート

MACMSK.FOR，MACMSK.C，MACMSK.TXT という名前でホームページにアップされている．なお，簡単のためにスタガード格子ではなく通常格子を用いて計算するプログラムになっている．格子は長方形格子を用いるが，不等間隔格子でよい．そのための格子数および格子の座標値をファイルから読み込む形にしている．さらに障害物がどの格子に対応するかを示す配列 MASK も同時に読み込む．なお，これらのデータをつくるプログラム例を図 6.16 に示す．これは図 6.13 に示すように 3 つの障害物がダクト内にある場合のデータを作成するプログラムで，一部分に不等間隔格子を用いた例になっている．

図 6.17 は図 6.16 のプログラムで作成した格子データ等を，MACMSK.FOR の入力データとして用いた場合の計算結果である．レイノルズ数は 100 であり，

```
      PARAMETER(MX=61,MY=31)
      DIMENSION IFL(MX,MY),X(MX),Y(MY),L1(4),L2(4),L3(4)
      DATA L1/11,15,7,16/,L2/25,29,12,24/,L3/38,43,9,17/
C**** X AND Y
      DO 10 I = 1,MX-10
         X(I) = 4.*FLOAT(I-1)/FLOAT(MX-1)
   10 CONTINUE
      DO 15 I = MX-9,MX
         X(I) = X(I-1)+(X(MX-10)-X(MX-11))*1.2**(I-MX+10)
   15 CONTINUE
      DO 20 J = 1,MY
         Y(J) = FLOAT(J-1)/FLOAT(MY-1)
   20 CONTINUE
C**** IFL
      DO 30 J = 1,MY
      DO 30 I = 1,MX
         IFL(I,J) = 1
   30 CONTINUE
      DO 40 J = L1(3),L1(4)
      DO 40 I = L1(1),L1(2)
         IFL(I,J) = 0
   40 CONTINUE
      DO 50 J = L2(3),L2(4)
      DO 50 I = L2(1),L2(2)
         IFL(I,J) = 0
   50 CONTINUE
      DO 60 J = L3(3),L3(4)
      DO 60 I = L3(1),L3(2)
         IFL(I,J) = 0
   60 CONTINUE
C**** WRITE DATA
      WRITE(35,*) MX,MY
      WRITE(35,*) ((IFL(I,J),I=1,MX),J=1,MY)
      WRITE(35,*) (X(I),I=1,MX)
      WRITE(35,*) (Y(J),J=1,MY)
      STOP
      END
```

図 6.16 入力データ作成プログラムの例

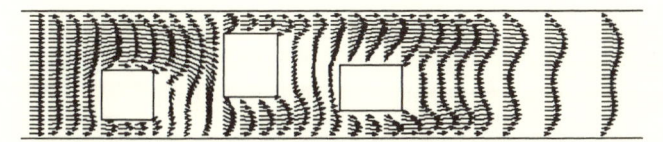

図 6.17 MACMSK.FOR の計算例（Re = 200，速度ベクトル）

ほぼ定常に達した時点での速度ベクトルを表示している．

6.3.2 楕円柱まわりの 2 次元流れ

楕円柱まわりの低レイノルズ数流れを MAC 法を用いて一般座標で表現されたポアソン方程式，およびナビエ–ストークス方程式を数値的に解くことにより求める．差分化された基礎方程式は以下のようになる：

$$\triangle_{\xi\eta} p = -\frac{1}{J^2}\left\{\left(y_\eta \frac{u_{i+1,j}-u_{i-1,j}}{2\Delta\xi} - y_\xi \frac{u_{i,j+1}-u_{i,j-1}}{2\Delta\eta}\right)^2 \right.$$
$$+ 2\left(x_\xi \frac{u_{i,j+1}-u_{i,j-1}}{2\Delta\eta} - x_\eta \frac{u_{i+1,j}-u_{i-1,j}}{2\Delta\xi}\right)$$
$$\times \left(y_\eta \frac{v_{i+1,j}-v_{i-1,j}}{2\Delta\xi} - y_\xi \frac{v_{i,j+1}-v_{i,j-1}}{2\Delta\eta}\right)$$
$$\left. + \left(x_\xi \frac{v_{i,j+1}-v_{i,j-1}}{2\Delta\eta} - x_\eta \frac{v_{i+1,j}-u_{i-1,j}}{2\Delta\xi}\right)^2\right\} + \frac{D_{i,j}}{\Delta t}$$

$$u_{i,j}^{n+1} = u_{i,j} - \Delta t\left(\frac{1}{J}(y_\xi u_{i,j} - x_\eta v_{i,j})\frac{u_{i+1,j}-u_{i-1,j}}{2\Delta\xi} + \frac{1}{J}(x_\xi v_{i,j} - y_\xi u_{i,j})\right.$$
$$\left.\times \frac{u_{i,j+1}-u_{i,j-1}}{2\Delta\eta} + \frac{1}{J}\left(y_\eta \frac{p_{i+1,j}-p_{i-1,j}}{2\Delta\xi} - y_\xi \frac{p_{i,j+1}-p_{i,j-1}}{2\Delta\eta}\right) - \frac{1}{\text{Re}}\triangle_{\xi\eta} u\right)$$

$$v_{i,j}^{n+1} = v_{i,j} - \Delta t\left(\frac{1}{J}(y_\xi u_{i,j} - x_\eta v_{i,j})\frac{v_{i+1,j}-v_{i-1,j}}{2\Delta\xi} + \frac{1}{J}(x_\xi v_{i,j} - y_\xi u_{i,j})\right.$$
$$\left.\times \frac{v_{i,j+1}-v_{i,j-1}}{2\Delta\eta} + \frac{1}{J}\left(x_\xi \frac{p_{i,j+1}-p_{i,j-1}}{2\Delta\eta} - x_\eta \frac{p_{i+1,j}-p_{i-1,j}}{2\Delta\xi}\right) - \frac{1}{\text{Re}}\triangle_{\xi\eta} v\right)$$

ただし

$$\triangle_{\xi\eta} A = \frac{1}{J^2}\left(\alpha_{i,j}\frac{A_{i+1,j}-2A_{i,j}+A_{i-1,j}}{(\Delta\xi)^2}\right.$$
$$-\beta_{i,j}\frac{A_{i+1,j+1}-A_{i+1,j-1}-A_{i-1,j+1}+A_{i-1,j-1}}{2\Delta\xi\Delta\eta}$$
$$\left.+\gamma_{i,j}\frac{A_{i,j+1}-2A_{i,j}+A_{i,j-1}}{(\Delta\eta)^2} + P_{i,j}\frac{A_{i+1,j}-A_{i-1,j}}{2\Delta\xi} + Q_{i,j}\frac{A_{i,j+1}-A_{i,j-1}}{2\Delta\eta}\right)$$

$$D_{i,j} = \frac{1}{J}\left(y_\eta \frac{u_{i+1,j} - u_{i-1,j}}{2\Delta\xi} - y_\xi \frac{u_{i,j+1} - u_{i,j-1}}{2\Delta\eta}\right.$$
$$\left. + x_\xi \frac{v_{i,j+1} - v_{i,j-1}}{2\Delta\eta} - x_\eta \frac{v_{i+1,j} - v_{i-1,j}}{2\Delta\xi}\right)$$

ここで $J, \alpha, \beta, \gamma, P, Q$ は式 (6.8) で定義したものである．また，簡単のため通常格子を用いた上で空間に関しては中心差分，時間に関しては前進差分で近似している．

境界条件は速度に関して楕円面で粘着条件，遠方では一様流を与える．圧力は前方で一定値を，後方では外挿した値を与えている．楕円面上の圧力は粘着条件 ($\boldsymbol{V} = 0$) をナビエ–ストークス方程式に代入した式

$$(y_\eta p_\xi - y_\xi p_\eta)/J = \triangle_{\xi\eta} u/\mathrm{Re}$$
$$(x_\xi p_\eta - x_\eta p_\xi)/J = \triangle_{\xi\eta} v/\mathrm{Re}$$

から

$$p_\eta = \frac{1}{\mathrm{Re}}(y_\eta \triangle_{\xi\eta} v + x_\eta \triangle_{\xi\eta} u)$$

となる．ただし，η は楕円と交わる方向の格子線である．この式を差分近似して解く．

流れ場が求まれば以下の示す式から物体（楕円柱）に働く力（ただし無次元の係数）が計算できる．

$$F_x = -2\oint p y_\xi d\xi + \frac{2}{\mathrm{Re}}\oint \omega x_\xi d\xi$$
$$F_y = 2\oint p x_\xi d\xi + \frac{2}{\mathrm{Re}}\oint \omega y_\xi d\xi$$

ここで ω は物体表面上の渦度であり，次式で与えられる：

$$\omega = (y_\eta v_\xi - y_\xi v_\eta - x_\xi u_\eta + x_\eta u_\xi)/J$$

以上の方法を用いて一般座標系で 2 次元流を速度，圧力について解くプログラムのフローチャートを図 6.18 に示す．またホームページにアップされた MAC2D.FOR, MAC2D.TXT は楕円柱まわりの 2 次元非圧縮性流れを計算するプログラムおよびその説明である．一般座標系で表現されているため格子データを変えることにより種々の流れが計算できる．プログラムでは楕円まわ

6.3 MAC法による解析例

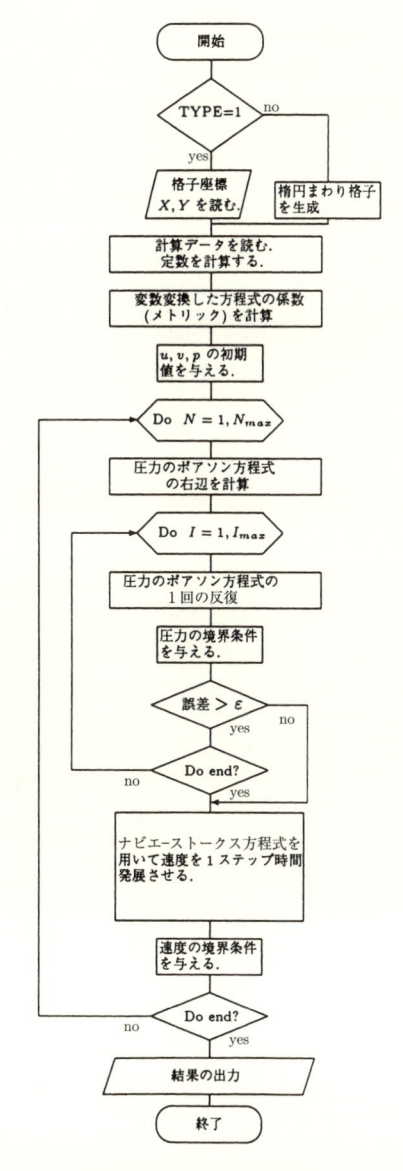

```
                    開始
                     │
                     ▼
                 TYPE=1 ──no──┐
                     │yes      │
                     ▼         ▼
              格子座標      楕円まわり格子
              X,Y を読む      を生成
                     │         │
                     ├─────────┘
                     ▼
              計算データを読む．
              定数を計算する．
                     │
                     ▼
              変数変換した方程式の係数
              (メトリック) を計算
                     │
                     ▼
              u,v,p の初期
              値を与える．
                     │
        ┌────────────▼
        │      Do N=1,N_max
        │            │
        │            ▼
        │      圧力のポアソン方程式
        │      の右辺を計算
        │            │
        │   ┌────────▼
        │   │   Do I=1,I_max
        │   │        │
        │   │        ▼
        │   │  圧力のポアソン方程式の
        │   │  1回の反復
        │   │        │
        │   │        ▼
        │   │  圧力の境界条件
        │   │  を与える．
        │   │        │
        │   │        ▼
        │   │    誤差>ε ──no──┐
        │   │       │yes      │
        │   │       ▼         │
        │   └── Do end? ──────┘
        │           │yes
        │           ▼
        │    ナビエ-ストークス方程式を
        │    用いて速度を1ステップ時間
        │    発展させる．
        │           │
        │           ▼
        │     速度の境界条件
        │     を与える．
        │           │
        │           ▼
        └──no── Do end?
                    │yes
                    ▼
                結果の出力
                    │
                    ▼
                   終了
```

図 6.18 MAC2D.FOR (楕円柱まわりの流れ, MAC法) のフローチャート

りの格子を自動的に作成するようになっているが，楕円以外の形状の場合には外部ファイルからデータを読むようになっている．また，その場合には格子の種類により境界条件を変更するなど，プログラムに若干の修正が必要になる．

プログラムの基本的な構成は PO2D.FOR とほぼ同様である．異なる部分として，流れ関数のポアソン方程式が圧力のポアソン方程式に代わるため，それに付随してポアソン方程式の右辺を計算するサブルーチンが加わる点，および圧力のポアソン方程式の境界条件がノイマン型であるため，圧力の境界条件を設定するサブルーチンが加わる点である．計算に必要なパラメータは同じものであれば PO2D.FOR と共通にしている．また，PO2D.FOR のサブルーチンで利用できるものは，そのまま MAC2D.FOR で利用している．

例 6.19 には上述のプログラムを用いて $Re = 100$ の計算を行った結果を示している．なお，迎角は $20°$ である．

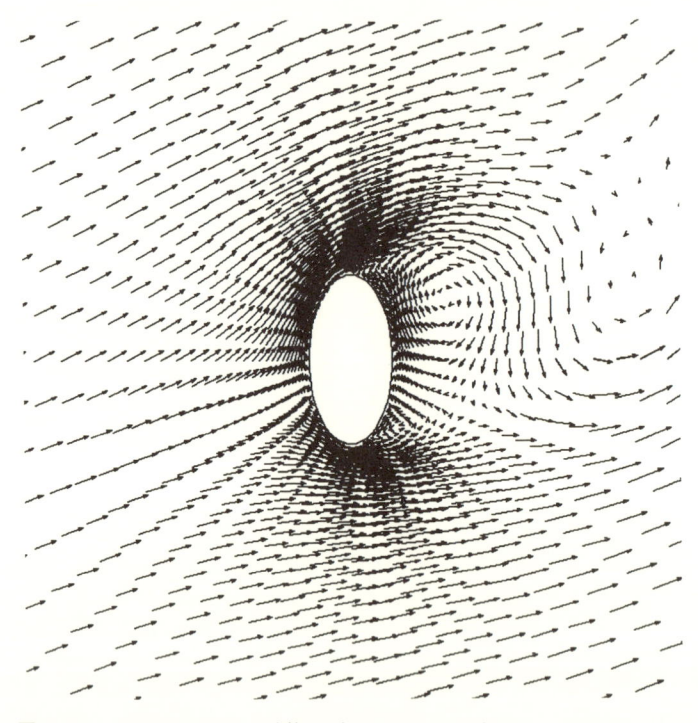

図 6.19　MAC2D.FOR の計算例（$Re = 100$，迎角 $20°$，速度ベクトル）

7

MAC法による3次元流れの解析

　第6章ではいろいろな流れの計算例を示したが，それらはすべて2次元性を仮定した計算であった．そこで，本章では3次元性をもった非圧縮性流れの計算例をいくつか示すことにする．流れが3次元になっても，流れ関数–渦度法など2次元流れの特有の計算法を除けば，計算法自体はそれほど変化は受けない．もちろん，各計算式が長くなったり，新しい変数が加わったりするためプログラムは長くなるが，基本的な構造が変わるわけではないので，プログラムはそれほど難しくならない．3次元流れの解析で注意すべき点は，3次元にすることにより計算量および記憶容量が飛躍的に増大するところにある．ハードウェアの進歩によって，以前よりこれらの点に気を使わずにすむようになってきたことは事実であるが，流体計算において精度のよい結果を得るためには，やはりある程度以上の格子点は必要であり，計算時間および記憶容量の節約の問題は当分は避けて通れない．いいかえれば，流体計算では限られた計算資源をいかに有効に使うかが最大の関心事になる．

　本章では計算法としてプログラムがコンパクトであり，配列も少なくてすむMAC法を用いた種々の流れの解析例を示す．はじめに，第3章で取り上げたキャビティ問題を3次元に拡張した，3次元キャビティ問題のプログラムおよび解析例を示す．これはデカルト座標を用いており，しかも等間隔格子を用いているため，3次元流れの解析の最も基本的なプログラムになっている．

　次に第4章で取り上げた室内気流問題を，3次元に拡張したプログラムおよび解析例を示す．これは不等間隔格子を用いた例であり，熱の取り扱いも含んでいる．実用上有用なプログラムに第6章で述べた多くの物体まわりの流れの解析プログラムがある．本章ではそれを3次元に拡張したプログラムを示すこ

とにする．最後に，さらに汎用性のあるプログラムとして一般座標を用いた流れの解析プログラムを示す．これを用いれば任意形状の領域で計算が可能になる．ただし，一般座標を用いるため，多くのメトリックを記憶する必要があり，それゆえ余分な配列が必要となる．

7.1 3次元立方体キャビティ内の流れ

図 7.1 に示すような立方体内に静止した流体が満たされているとして，上面を速さ 1 で図のように移動させたとき，立方体内に生じる流れを解析してみよう．これは，図 7.2 に示すように立方体内の凹みがある壁面に沿って流体が流れているとき，凹み内の流れとして近似的に実現される．

MAC 法の支配方程式は第 3 章で示したように，次のようになる．

$$\triangle p = -\nabla \cdot (\boldsymbol{V} \cdot \nabla)\boldsymbol{V} + D/\Delta t \tag{7.1}$$

$$\frac{\partial \boldsymbol{V}}{\partial t} + (\boldsymbol{V} \cdot \nabla)\boldsymbol{V} = -\nabla p + \frac{1}{\mathrm{Re}}\triangle \boldsymbol{V} \tag{7.2}$$

ただし，D は $\boldsymbol{V} = (u, v, w)$ として次式で定義される．

$$D = u_x + v_y + w_z$$

キャビティ流れを解析するため，図 7.1 に示すような座標をとったとする．このとき，

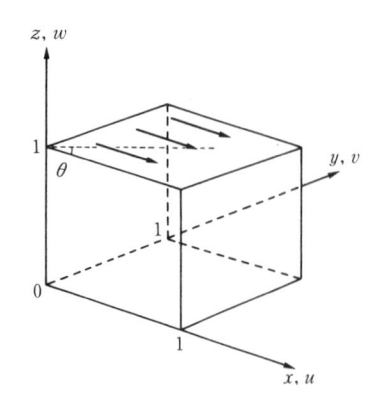

図 7.1 立方体キャビティ（空洞）内の流れ 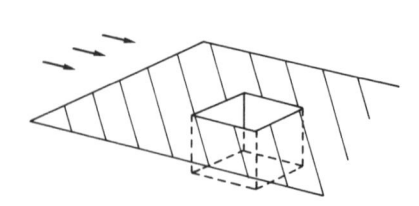 　　図 7.2 立方体の凹みがある壁面上の流れ

7.1 3次元立方体キャビティ内の流れ

$$\nabla \cdot (\boldsymbol{V} \cdot \nabla \boldsymbol{V}) = (uu_x + vu_y + wu_z)_x + (uv_x + vv_y + wv_z)_y$$
$$+ (uw_x + vw_y + ww_z)_z$$
$$= (u_x)^2 + (v_y)^2 + (w_z)^2 + 2(v_x u_y + w_y v_z + u_z w_x)$$
$$+ \{uD_x + vD_y + wD_z\} \tag{7.3}$$

であるから, 式 (7.1), (7.2) は次式を意味している[*1)].

$$\triangle p = -\{(u_x)^2 + (v_y)^2 + (w_z)^2 + 2(v_x u_y + w_y v_z + u_z w_x)\} + D/\Delta t \tag{7.4}$$

$$u_t = -uu_x - vu_y - wu_z - p_x + \frac{1}{\text{Re}}(u_{xx} + u_{yy} + u_{zz}) \tag{7.5}$$

$$v_t = -uv_x - vv_y - wv_z - p_y + \frac{1}{\text{Re}}(v_{xx} + v_{yy} + v_{zz}) \tag{7.6}$$

$$w_t = -uw_x - vw_y - ww_z - p_z + \frac{1}{\text{Re}}(w_{xx} + w_{yy} + w_{zz}) \tag{7.7}$$

式 (7.4) のポアソン方程式は, ある時刻の速度場からそれに対応する圧力場を計算するために用い, 式 (7.5), (7.6), (7.7) は式 (7.4) から求めた圧力場およびある時刻の速度場から, 次の時刻での速度場を求めるために用いる.

差分格子として等間隔のスタガード格子系 (図 7.3) を採用する場合を考えてみる. スタガード格子では, ある変数が直接に定義されていないような点においてその変数の値を使うことがある. たとえば, u に関する運動方程式 (7.5) において非線形項

$$v\frac{\partial u}{\partial y}, \quad w\frac{\partial u}{\partial z} \tag{7.8}$$

は u が定義されている点において近似すべきであるが v, w はその点において定義されていない. その場合には, 隣接 4 点で評価を行うのがふつうである. すなわち, 図 7.3 を参照して

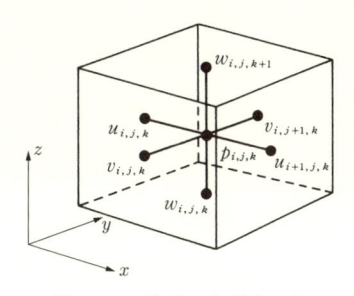

図 **7.3** 3 次元におけるスタガード格子系

[*1)] 式 (7.3) 右辺の中括弧内は連続の式を用いると 0 であり, 今後この項を省略する. ただし, 式 (7.1) の右辺の $D/\Delta t$ は第 3 章で説明したようにわざと残す.

$$vu_y = \frac{v_{i-1,j,k} + v_{i,j,k} + v_{i-1,j+1,k} + v_{i,j+1,k}}{4} \frac{u_{i,j+1,k} - u_{i,j-1,k}}{2\Delta y} \quad (7.9\text{a})$$

$$wu_z = \frac{w_{i-1,j,k} + w_{i,j,k} + w_{i-1,j,k+1} + w_{i,j,k+1}}{4} \frac{u_{i,j,k+1} - u_{i,j,k-1}}{2\Delta z}$$
$$(7.10\text{a})$$

$$uv_x = \frac{u_{i,j-1,k} + u_{i,j,k} + u_{i+1,j-1,k} + u_{i+1,j,k}}{4} \frac{v_{i+1,j,k} - v_{i-1,j,k}}{2\Delta x} \quad (7.9\text{b})$$

$$wv_z = \frac{w_{i,j-1,k} + w_{i,j,k} + w_{i,j-1,k+1} + w_{i,j,k+1}}{4} \frac{v_{i,j,k+1} - v_{i,j,k-1}}{2\Delta z}$$
$$(7.10\text{b})$$

$$uw_x = \frac{u_{i,j,k-1} + u_{i,j,k} + u_{i+1,j,k-1} + u_{i+1,j,k}}{4} \frac{w_{i+1,j,k} - w_{i-1,j,k}}{2\Delta x}$$
$$(7.9\text{c})$$

$$vw_y = \frac{v_{i,j,k-1} + v_{i,j,k} + v_{i,j+1,k-1} + v_{i,j+1,k}}{4} \frac{w_{i,j+1,k} - w_{i,j-1,k}}{2\Delta y}$$
$$(7.10\text{c})$$

ととることが多い．

　以上のことを考慮して 3 次元ナビエ–ストークス方程式は，**非保存形の場合，オイラー陽解法**を用いて次のように近似される（上添字 n は省略）．

$$\frac{u_{i,j,k}^{n+1} - u_{i,j,k}}{\Delta t} = -u_{i,j,k} \frac{u_{i+1,j,k} - u_{i-1,j,k}}{2\Delta x} - (7.9\text{a}) - (7.10\text{a})$$
$$- \frac{p_{i,j,k} - p_{i-1,j,k}}{\Delta x} + \frac{1}{\text{Re}} \left\{ \frac{u_{i+1,j,k} - 2u_{i,j,k} + u_{i-1,j,k}}{(\Delta x)^2} \right.$$
$$\left. + \frac{u_{i,j+1,k} - 2u_{i,j,k} + u_{i,j-1,k}}{(\Delta y)^2} + \frac{u_{i,j,k+1} - 2u_{i,j,k} + u_{i,j,k-1}}{(\Delta z)^2} \right\}$$
$$(7.11)$$

$$\frac{v_{i,j,k}^{n+1} - v_{i,j,k}}{\Delta t} = -(7.9\text{b}) - v_{i,j,k} \frac{v_{i,j+1,k} - v_{i,j-1,k}}{2\Delta y} - (7.10\text{b})$$
$$- \frac{p_{i,j,k} - p_{i,j-1,k}}{\Delta y} + \frac{1}{\text{Re}} \left\{ \frac{v_{i+1,j,k} - 2v_{i,j,k} + v_{i-1,j,k}}{(\Delta x)^2} \right.$$
$$\left. + \frac{v_{i,j+1,k} - 2v_{i,j,k} + v_{i,j-1,k}}{(\Delta y)^2} + \frac{v_{i,j,k+1} - 2v_{i,j,k} + v_{i,j,k-1}}{(\Delta z)^2} \right\} \quad (7.12)$$

$$\frac{w_{i,j,k}^{n+1} - w_{i,j,k}}{\Delta t} = -(7.9\text{c}) - (7.10\text{c}) - w_{i,j,k} \frac{w_{i,j,k+1} - w_{i,j,k-1}}{2\Delta z}$$
$$- \frac{p_{i,j,k} - p_{i,j,k-1}}{\Delta z} + \frac{1}{\text{Re}} \left\{ \frac{w_{i+1,j,k} - 2w_{i,j,k} + w_{i-1,j,k}}{(\Delta x)^2} \right.$$

7.1 3次元立方体キャビティ内の流れ

$$+ \frac{w_{i,j+1,k} - 2w_{i,j,k} + w_{i,j-1,k}}{(\Delta y)^2} + \frac{w_{i,j,k+1} - 2w_{i,j,k} + w_{i,j,k-1}}{(\Delta z)^2} \Bigg\} \tag{7.13}$$

さらに，ポアソン方程式の右辺（ソース項）を計算する場合，圧力の定義点における $\partial u/\partial y$ 等は

$$u_y = \frac{1}{2\Delta y}\left(\frac{u_{i,j+1,k} + u_{i+1,j+1,k}}{2} - \frac{u_{i,j-1,k} + u_{i+1,j-1,k}}{2}\right) \tag{7.14}$$

などで近似するのが自然である．このとき，ポアソン方程式 (7.1) の右辺を Q と書くことにして

$$\begin{aligned}
Q_{i,j,k} = -\Bigg\{ & \left(\frac{u_{i+1,j,k} - u_{i-1,j,k}}{2\Delta x}\right)^2 + \left(\frac{v_{i,j+1,k} - v_{i,j-1,k}}{2\Delta y}\right)^2 \\
& + \left(\frac{w_{i,j,k+1} - w_{i,j,k-1}}{2\Delta z}\right)^2 \\
& + \frac{1}{8\Delta x \Delta y}(v_{i+1,j,k} + v_{i+1,j+1,k} - v_{i-1,j,k} - v_{i-1,j+1,k}) \\
& \times (u_{i,j+1,k} + u_{i+1,j+1,k} - u_{i,j-1,k} - u_{i+1,j-1,k}) \\
& + \frac{1}{8\Delta y \Delta z}(w_{i,j+1,k} + w_{i,j+1,k+1} - w_{i,j-1,k} - w_{i,j-1,k+1}) \\
& \times (v_{i,j,k+1} + v_{i,j+1,k+1} - v_{i,j,k-1} - v_{i,j+1,k-1}) \\
& + \frac{1}{8\Delta z \Delta z}(u_{i,j,k+1} + u_{i+1,j,k+1} - u_{i,j,k-1} - u_{i+1,j,k-1}) \\
& \times (w_{i+1,j,k} + w_{i+1,j,k+1} - w_{i-1,j,k} - w_{i-1,j,k+1}) \Bigg\} \\
& + \frac{1}{\Delta t}\left(\frac{u_{i+1,j,k} - u_{i-1,j,k}}{2\Delta x} + \frac{v_{i,j+1,k} - v_{i,j-1,k}}{2\Delta y} + \frac{w_{i,j,k+1} - w_{i,j,k-1}}{2\Delta z}\right)
\end{aligned} \tag{7.15}$$

のように近似される．したがって，たとえば **SOR 法**を用いて解く場合には式 (7.8) の近似式を $p_{i,j,k}$ について解いた上で各格子点での反復計算

$$\begin{aligned}
p^*_{i,j,k} = & \frac{1}{2/(\Delta x)^2 + 2/(\Delta y)^2 + 2/(\Delta z)^2} \\
& \times \left(\frac{p^{(\nu)}_{i+1,j,k} + p^{(\nu)}_{i-1,j,k}}{(\Delta x)^2} + \frac{p^{(\nu)}_{i,j+1,k} + p^{(\nu)}_{i,j-1,k}}{(\Delta y)^2} + \frac{p^{(\nu)}_{i,j,k+1} + p^{(\nu)}_{i,j,k-1}}{(\Delta z)^2} - Q_{i,j,k}\right)
\end{aligned} \tag{7.16}$$

$$p_{i,j,k}^{(\nu+1)} = p_{i,j,k}^{(\nu)} + \omega(p_{i,j,k}^* - p_{i,j,k}^{(\nu)})$$

を ε を十分に小さい正数として

$$|p_{i,j,k}^{(\nu+1)} - p_{i,j,k}^{(\nu)}| < \varepsilon \tag{7.17}$$

が成り立つまで繰り返す．ここで ν は反復回数である．

壁面上の境界条件については以下のようになる．y–z 面に平行な壁面では u が壁面上にくるようにする．このとき壁面上で**粘着条件**

$$u_{\text{wall}} = 0 \tag{7.18}$$

が課される．また v, w, p についてはそれぞれの定義点は壁面上になく，壁面内に半格子分ずれた点が仮想点として定義される．v, w の仮想点での値を v_P, w_P とし，流体側の壁面から最近接点での値を v_Q, w_Q とするとき

$$v_P = -v_Q, \quad w_P = -w_Q \tag{7.19}$$

である．これは v_P, w_P と v_Q, w_Q から壁面上の v, w を 1 次の補間で決めたとき，それが 0 になるという条件になっている．圧力については，壁面上でもナビエ–ストークス方程式が成り立つとして，式 (7.5) に $u = v = w = 0$ を代入して

$$\frac{\partial p}{\partial x} = \frac{1}{\text{Re}} \frac{\partial^2 u}{\partial x^2} \tag{7.20}$$

という条件が得られる．この式を差分化した式から

$$p_P = p_Q + \frac{\Delta x}{\text{Re}} \frac{u_P - 2u_{\text{wall}} + u_Q}{(\Delta x)^2} = p_Q + \frac{2}{\text{Re}} \frac{u_Q}{\Delta x} \tag{7.21}$$

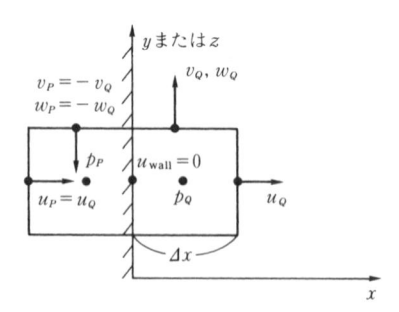

図 **7.4** 固定壁面での境界条件

となる．ただし，壁面内の仮想点での u は

$$u_P = u_Q \tag{7.22}$$

から決定している．これは，壁面をはさんだ2つの格子点をひとまとめに考えたとき，連続の式が成り立つように u を決める式になっている．

同様に x–z 面に平行な面では

$$v_{\text{wall}} = 0, \quad u_P = -u_Q, \quad w_P = -w_Q$$

$$p_P = p_Q + \frac{2}{\text{Re}} \frac{v_Q}{\Delta y} \tag{7.23}$$

であり，x–y 面に平行な面では

$$w_{\text{wall}} = 0, \quad u_P = -u_Q \,(\text{下面}), \quad u_P = 2 - u_Q \,(\text{上面}), \quad v_P = -v_Q$$

$$p_P = p_Q + \frac{2}{\text{Re}} \frac{w_Q}{\Delta z} \tag{7.24}$$

となる．ただし，上壁面での u の条件は上壁面が $u=1, v=w=0$ で，x 方向に移動していることを考慮している．ここで簡単に上面で $u_P = 1$ としてもよい．

プログラムの基本的な構成は MAC 法を用いているため，2次元の場合（MAC-CAV.FOR）とほとんど同じである．主な変更点を列挙すると (1) 配列を3次元配列にする．(2) 新たに w の配列が加わる．(3) 境界条件を上記のことを考慮して6つの面で与える．(4) ポアソン方程式の右辺を式 (7.15) から計算する．(5) ポアソン方程式を SOR 法で解く場合，式 (7.16) を用いる．(6) u, v の方程式に w を含んだ項が付け加わる．ラプラシアンに z 微分も付け加える．(7) w に対する方程式を新たに付け加えるなどである．

3次元キャビティ流れの FORTRAN プログラムはホームページに CAV3D.FOR という名前でアップされている．このプログラムで θ は上部の一様流と x 軸の間の角度を表す（$\theta = 0$ の場合は図 7.1 に示すキャビティ流れになる）．これにともない，上壁面の境界条件は

$$\begin{cases} u_P = 2\cos\theta - u_Q \\ v_P = 2\sin\theta - v_Q \end{cases} \tag{7.25}$$

で置き換えている.ただし,簡単に $u_P = \cos\theta, v_P = \sin\theta$ としてもよい.

以下にこのプログラムを用いて計算した結果をいくつか示す.図 7.5 は $\theta = 0, \mathrm{Re} = 40$ の場合の計算結果であり,x–y 面に平行な 2 つの面内における速度ベクトルを示している.図 7.6(a) は $\theta = 45°$,$z = 0.9$,(b) は $z = 0.5$ における断面の速度ベクトルである.

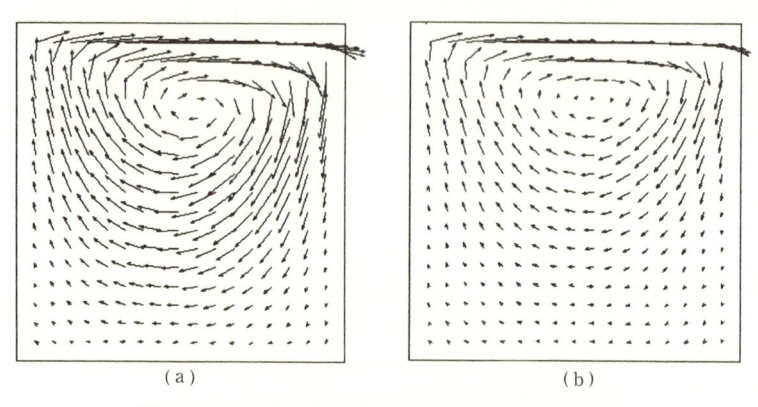

図 7.5　x–z 面に平行な断面内の速度分布（Re = 40）
(a) $y = 0.5$（中央），(b) $y = 0.05$（側壁近く）

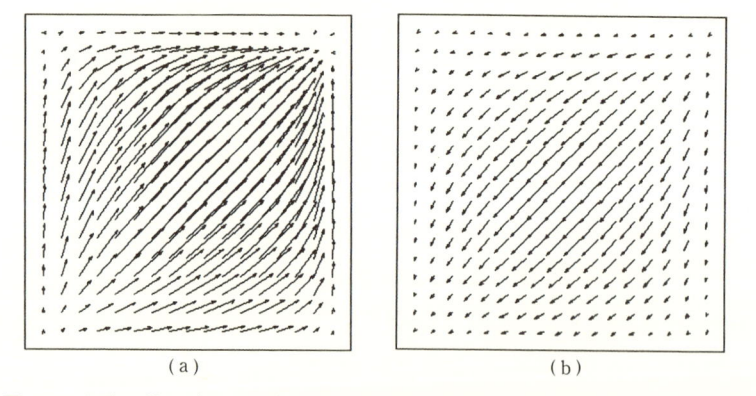

図 7.6　上壁が斜め（$\theta = 45°$）に動いた場合の上壁と平行な断面内での速度分布（Re = 40）
(a) $z = 0.9$（上壁近く），(b) $z = 0.5$（中央）

7.2 3次元室内気流

第4章で説明した2次元の室内気流の計算を3次元に拡張してみよう．室内気流の問題は，前述の3次元キャビティ問題とほとんど同じ領域形状の問題でありながら，現実問題としてよく現れる重要な問題である．

2次元問題と同様にx, y, z各方向に独立に**不等間隔格子**を用いることにする．このとき，1階微分と2階微分は1次元の**座標変換**を用いるとして

$$\frac{df}{ds} = \frac{df}{dS} \bigg/ \frac{ds}{dS} \tag{7.26}$$

$$\frac{d^2 f}{ds^2} = \frac{d^2 f}{dS^2} \bigg/ \left(\frac{ds}{dS}\right)^2 - \left\{\frac{d^2 f}{dS^2} \bigg/ \left(\frac{ds}{dS}\right)^3\right\} \frac{df}{dS} \tag{7.27}$$

$$(s = x, y, z \quad S = X(x), Y(y), Z(z))$$

となる．したがって，各微分を中心差分で近似すれば

$$\frac{\partial f}{\partial x} = \frac{f_{i+1,j,k} - f_{i-1,j,k}}{x_{i+1} - x_{i-1}}, \quad \frac{\partial f}{\partial y} = \frac{f_{i,j+1,k} - f_{i,j-1,k}}{y_{j+1} - y_{j-1}},$$

$$\frac{\partial f}{\partial z} = \frac{f_{i,j,k+1} - f_{i,j,k-1}}{z_{k+1} - z_{k-1}} \tag{7.28}$$

$$\triangle f$$
$$= \frac{f_{i+1,j,k} - 2f_{i,j,k} + f_{i-1,j,k}}{(x_{i+1} - x_{i-1})^2} - \frac{4(x_{i+1} - 2x_i + x_{i-1})}{(x_{i+1} - x_{i-1})^3}(f_{i+1,j,k} - f_{i-1,j,k})$$
$$+ \frac{f_{i,j+1,k} - 2f_{i,j,k} + f_{i,j-1,k}}{(y_{j+1} - y_{j-1})^2} - \frac{4(y_{j+1} - 2y_j + y_{j-1})}{(y_{j+1} - y_{j-1})^3}(f_{i,j+1,k} - f_{i,j-1,k})$$
$$+ \frac{f_{i,j,k+1} - 2f_{i,j,k} + f_{i,j,k-1}}{(z_{k+1} - z_{k-1})^2} - \frac{4(z_{k+1} - 2z_k + z_{k-1})}{(z_{k+1} - z_{k-1})^3}(f_{i,j,k+1} - f_{i,j,k-1})$$
$$\tag{7.29}$$

となる．3次元キャビティ問題と同じく，MAC法を用いる場合は，式(7.11), (7.12), (7.13)に対応して基礎方程式は

$$\frac{u_{i,j,k}^{n+1} - u_{i,j,k}}{\Delta t} = -u_{i,j,k}\frac{u_{i+1,j,k} - u_{i-1,j,k}}{x_{i+1} - x_{i-1}} - v_{i,j,k}\frac{u_{i,j+1,k} - u_{i,j-1,k}}{y_{j+1} - y_{j-1}}$$
$$- w_{i,j,k}\frac{u_{i,j,k+1} - u_{i,j,k-1}}{z_{k+1} - z_{k-1}} - \frac{p_{i+1,j,k} - p_{i-1,j,k}}{x_{i+1} - x_{i-1}} + \frac{1}{\text{Re}}\triangle u \tag{7.30}$$

$$\frac{v_{i,j,k}^{n+1} - v_{i,j,k}}{\Delta t} = -u_{i,j,k}\frac{v_{i+1,j,k} - v_{i-1,j,k}}{x_{i+1} - x_{i-1}} - v_{i,j,k}\frac{v_{i,j+1,k} - v_{i,j-1,k}}{y_{j+1} - y_{j-1}}$$
$$- w_{i,j,k}\frac{v_{i,j,k+1} - v_{i,j,k-1}}{z_{k+1} - z_{k-1}} - \frac{p_{i,j+1,k} - p_{i,j-1,k}}{y_{j+1} - y_{j-1}} + \frac{1}{\text{Re}}\triangle v \quad (7.31)$$

$$\frac{w_{i,j,k}^{n+1} - w_{i,j,k}}{\Delta t} = -u_{i,j,k}\frac{w_{i+1,j,k} - w_{i-1,j,k}}{x_{i+1} - x_{i-1}} - v_{i,j,k}\frac{w_{i,j+1,k} - w_{i,j-1,k}}{y_{j+1} - y_{j-1}}$$
$$- w_{i,j,k}\frac{w_{i,j,k+1} - w_{i,j,k-1}}{z_{k+1} - z_{k-1}} - \frac{p_{i,j,k+1} - p_{i,j,k-1}}{z_{k+1} - z_{k-1}} + \frac{1}{\text{Re}}\triangle w \quad (7.32)$$

と近似される.ただし,$\triangle$ は式 (7.29) で定義されたものを用いる.また,この場合は u, v, w, p を同一の格子点で評価するレギュラー格子を用いている.

圧力のポアソン方程式を SOR 法を用いて解く場合には,$p_{i,j,k}$ について解いた式から反復

$$p^*_{i,j,k} = \frac{1}{2/(x_{i+1}-x_{i-1})^2 + 2/(y_{j+1}-y_{j-1})^2 + 2/(z_{k+1}-z_{k-1})^2}$$
$$\times \left\{ \frac{p_{i+1,j,k}^{(\nu+1)} + p_{i-1,j,k}^{(\nu)}}{(x_{i+1}-x_{i-1})^2} + \frac{p_{i,j+1,k}^{(\nu+1)} + p_{i,j-1,k}^{(\nu)}}{(y_{j+1}-y_{j-1})^2} + \frac{p_{i,j,k+1}^{(\nu+1)} + p_{i,j,k-1}^{(\nu)}}{(z_{k+1}-z_{k-1})^2} \right.$$
$$- \frac{4(x_{i+1} - 2x_i + x_{i-1})}{(x_{i+1}-x_{i-1})^3}(p_{i+1,j,k}^{(\nu+1)} - p_{i-1,j,k}^{(\nu)})$$
$$- \frac{4(y_{j+1} - 2y_j + y_{j-1})}{(y_{j+1}-y_{j-1})^3}(p_{i,j+1,k}^{(\nu+1)} - p_{i,j-1,k}^{(\nu)})$$
$$\left. - \frac{4(z_{k+1} - 2z_k + z_{k-1})}{(z_{k+1}-z_{k-1})^3}(p_{i,j,k+1}^{(\nu+1)} - p_{i,j,k-1}^{(\nu)}) - Q_{i,j,k} \right\}$$
$$p_{i,j,k}^{(\nu+1)} = p_{i,j,k}^{(\nu)} + \omega(p^*_{i,j,k} - p_{i,j,k}^{(\nu)}) \quad (7.33)$$

を構成して,式 (7.34) が成り立つまで反復を繰り返す.

$$|p_{i,j,k}^{(\nu+1)} - p_{i,j,k}^{(\nu)}| < \varepsilon \quad (7.34)$$

熱を問題にするときには,温度差が大きくないときは 4.2 節で述べたようにブジネスク近似を用いる.いま,重力の方向を $-z$ 方向にとれば,式 (7.32) に浮力の項を付け加える必要がある.このとき,圧力のポアソン方程式の右辺にも

$$a\frac{\partial T}{\partial z} = a\frac{\partial T}{\partial Z}\bigg/\frac{dz}{dZ} \quad \left(a = \frac{\text{Gr}}{\text{Re}^2}\right) \quad (7.35)$$

が加わる.また,熱に関する方程式

$$\frac{\partial T}{\partial t} + (\boldsymbol{v} \cdot \nabla)T = \frac{1}{\text{RePr}}\triangle T \tag{7.36}$$

も解く必要がある．ただし，これは u, v, w を用いて時間発展させるだけなので，簡単に解くことができる．

具体的には，式 (7.32) の右辺および式 (7.33) の右辺の中括弧内に

$$aT_{i,j,k}, \quad a\frac{T_{i,j,k+1} - T_{i,j,k-1}}{z_{k+1} - z_{k-1}} \tag{7.37}$$

を付け加え，さらに熱に関する方程式を差分化した

$$\frac{T_{i,j,k}^{n+1} - T_{i,j,k}}{\Delta t} = -u_{i,j,k}\frac{T_{i+1,j,k} - T_{i-1,j,k}}{x_{i+1} - x_{i-1}} - v_{i,j,k}\frac{T_{i,j+1,k} - T_{i,j-1,k}}{y_{j+1} - y_{j-1}}$$
$$- w_{i,j,k}\frac{T_{i,j,k+1} - T_{i,j,k-1}}{z_{k+1} - z_{k-1}} + \frac{1}{\text{RePr}}\triangle T \tag{7.38}$$

をプログラムに付け加える．

プログラムの構成は 2 次元の室内気流の場合，あるいは 3 次元キャビティ内の流れの場合とほとんど同じである．実際のプログラムは RM3D.FOR という名前でホームページにアップされている．

このプログラムを用いて解析した結果を以下に示す．部屋の形状を，1 辺の長さが 1 の立方体として空調機が側壁の中央上方にあるとする．空調機の空気吹き出し口の大きさは横幅 0.4，高さ（厚さ）を 0.1 として，同じ大きさの吸い込み口を $z = 0.5$ に関して対称な位置に置いている（実際の空調機は 2 つに分か

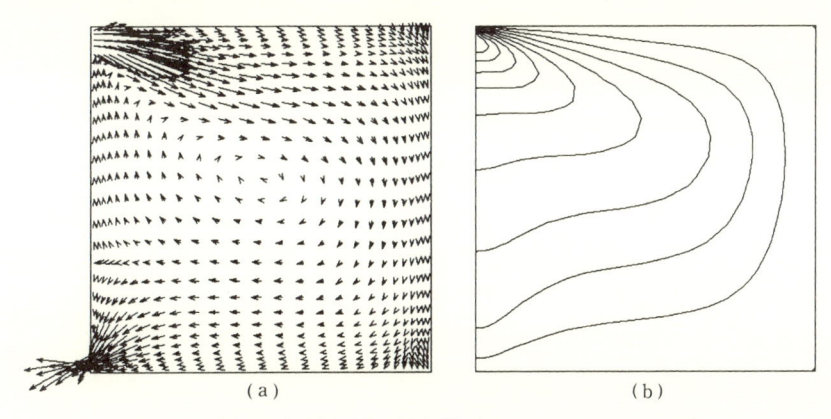

図 7.7　部屋の中央断面内の流れ場（Re = 200, Gr = 8000）
(a) 速度ベクトル図，(b) 等温線図（0.1 きざみ）

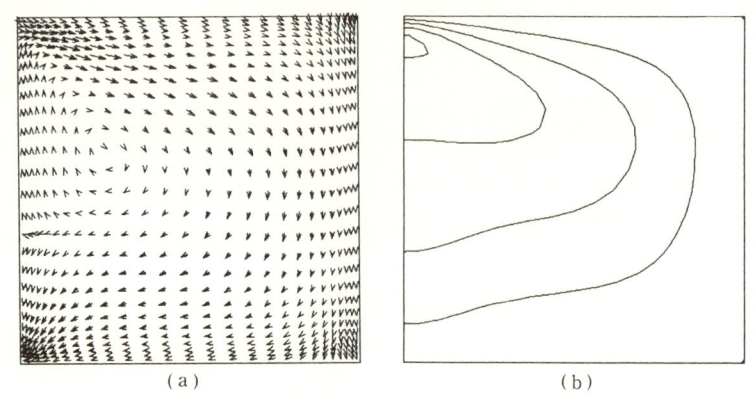

図 7.8　図 7.7 に平行で空調器のすぐ外側の流れ場 (Re = 200, Gr = 8000)
(a) 速度ベクトル図, (b) 等温線図 (0.1 きざみ)

れていないが，ここでは全体の流れの変化を大きくするため仮想的な空調を考えている)．部屋の壁は空調機のある面が断熱壁であり，とりあえず残りの壁は等温壁としている．等温壁の温度を 1, 空調機からは温度 0 の空気が出ているとして定常状態になるまで計算している．図 7.7 は部屋の中央断面 ($y = 0.5$) 内での流れ場 (空調機は左上), および等温線である．また，この面と平行で空調機のすぐ外側の断面内での結果を図 7.8 に示す．ただし，グラスホフ数は 8000 としている．

7.3　多くの物体まわりの 3 次元流れ

前節で取り上げた室内気流の問題において，部屋の中に机や家具など障害物がある場合を計算しようとすると領域形状が複雑になり取り扱いが難しくなる．3 次元の格子生成法を用いて領域形状に沿った格子を用いて計算するのが理想であるが，現実には格子生成が大変な作業になる．そのような場合には境界形状が多少不正確になっても直方体の格子を用いて格子分割を行うのがふつうである．このような簡略化を行ったとしても境界面の数が多くなるとプログラム自体が大変煩雑になる上，障害物の形や数，位置などを変化させるとプログラムに大幅な変更が必要になる．そこで，特に汎用的なプログラムでは，境界条

件の変化によってあまり変化を受けないような工夫が必要になる．その1つの解決策として第6章で説明した方法が有力になる．すなわち，障害物など流体がない部分もあるとしてひとまず計算を進めた上で，流体のない部分の影響を取り入れる．本節ではこの方法を3次元問題に拡張する．

例として図7.9に示すように正方形断面のダクト内に球と直方体の障害がある場合の流れを計算する．MAC法を用いた計算を考える．はじめに速度の方程式について障害物も流体に置き換えて（障害物のないダクト内流れとして）1つの時間ステップ計算を進める．その上で障害物の部分を強制的に0にする．これは次のようにしてできる．すなわち，あらかじめ障害物の有無を記憶するための配列（たとえばMASK(I,J,K)）を用意し，障害物の部分に0，流体の部分に1を記憶しておく．そして1つの時間ステップを進めたあと，速度を記憶した配列全体にMASKをかければよい．

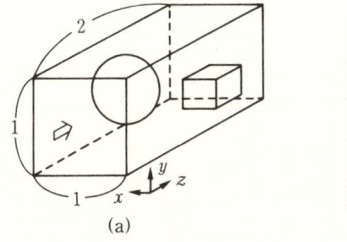

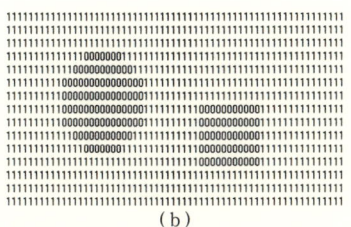

図 7.9 直方体形状のダクト内に球と立方体の障害物がある場合の流れ
(a) 概念図，(b) 中央断面（$y = 0.5$，プログラム出力例）

この方法を用いた場合，実際に流体がない部分をあるとして計算するため，境界近くの格子点において境界条件が正しく反映されない可能性がある．しかし，計算方法にMAC法を用い，空間微分の近似に2次精度以下の差分公式を用いる場合には問題はない（それ以外の差分公式の場合も多少プログラムは複雑になるがここで示した考え方で計算は可能である）．図7.10にMASKをつくるプログラム例を示す．ここで(I1,J1,K1)は障害物の立方体の1つの頂点を指定する変数，Lは立方体の1辺に入る格子数を指定する変数で，実際の立方体の8つの頂点は

```
      PARAMETER(ID=31,JD=31,KD=31)
      COMMON MARK(ID,JD,KD),X(ID),Y(JD),Z(KD)
      WRITE(*,*) 'INPUT NUMBER OF MESH (X,Y,Z-DIRECTION)? (30,30,30)
      READ(*,*) MX,MY,MZ
      WRITE(*,*) 'INPUT DX,DY,DZ (0.2,0.1,0.1) '
      READ(*,*) DX,DY,DZ
      WRITE(*,*) 'INPUT CENTER OF SPHERE ? (9,17,17) '
      READ(*,*) I2,J2,K2
      WRITE(*,*) 'INPUT RADIUS OF SPHERE ? (0.8) '
      READ(*,*) R
      WRITE(*,*) 'CORNER OF CUBIC ? (18,7,7) '
      READ(*,*) I1,J1,K1
      WRITE(*,*) 'INPUT SIDE LENGTH OF CUBIC ? (1) '
      READ(*,*) H
C***
      DO 10 I = 1,MX+1
         X(I)  = DX*(I-1)
  10  CONTINUE
      DO 20 J = 1,MY+1
         Y(J)  = DY*(J-1)
  20  CONTINUE
      DO 30 K = 1,MZ+1
         Z(K)  = DZ*(K-1)
  30  CONTINUE
C***
      DO 40 K = 1,MZ+1
      DO 40 J = 1,MY+1
      DO 40 I = 1,MX+1
         MARK(I,J,K) = 1
  40  CONTINUE
      DO 50 K = 1,MZ+1
      DO 50 J = 1,MY+1
      DO 50 I = 1,MX+1
      RR = (X(I)-X(I2))**2+(Y(J)-Y(J2))**2+(Z(K)-Z(K2))**2
      IF(RR.LE.R*R) THEN
         MARK(I,J,K) = 0
      END IF
  50  CONTINUE
      DO 60 K = 1,MZ+1
      DO 60 J = 1,MY+1
      DO 60 I = 1,MX+1
         IF(    ((X(I).GE.X(I1)).AND.(X(I).LE.X(I1)+H))
     1     .AND.((Y(J).GE.Y(J1)).AND.(Y(J).LE.Y(J1)+H))
     2     .AND.((Z(K).GE.Z(K1)).AND.(Z(K).LE.Z(K1)+H))  )
     3   MARK(I,J,K) = 0
  60  CONTINUE
C***
         MX1 = MX+1
         MY1 = MY+1
         MZ1 = MZ+1
      WRITE(2,*) MX1,MY1,MZ1
      WRITE(2,*) (X(I),I=1,MX1)
      WRITE(2,*) (Y(I),I=1,MY1)
      WRITE(2,*) (Z(I),I=1,MZ1)
      WRITE(2,*) (((MARK(I,J,K),I=1,MX1),J=1,MY1),K=1,MZ1)
      STOP
      END
```

図 7.10　流体の有無を示す配列 MARK を生成するプログラム例

$(I1, J1, K1)$　$(I1+L, J1, K1)$　$(I1+L, J1+L, K1)$　$(I1, J1+L, K1)$

$(I1, J1, K1+L)$　$(I1+L, J1, K1+L)$　$(I1+L, J1+L, K1+L)$

$(I1, J1+L, K1+L)$

となる．また (I2, J2, K2), R は球の中心および半径を指定する変数になっている．

次に圧力のポアソン方程式について考えてみよう．この場合，境界条件はノイマン条件であるため，反復法を用いて解く場合，反復ごとに境界の値を変更する必要がある．最も簡単な条件

$$\frac{\partial p}{\partial n} = 0 \quad (\text{ただし } \partial/\partial n \text{ は境界の法線方向微分}) \tag{7.39}$$

を課す場合，境界の格子点での圧力と壁に垂直で 1 格子分だけ流体側の格子点の圧力を反復ごとに等しくとる．このとき，境界の位置および境界の種類を記憶する配列が必要になる．境界の位置は隣接の MASK の差が 0 でないような点として判別する．たとえば，I 方向（I は配列の第 1 番目の引数）に MASK を変化させるとき

$$\text{MASK(II} + 1, \text{J, K)} - \text{MASK(II, J, K)} = 1$$

となれば I = II に境界があり，しかも流体は I が II より小さい側にあることがわかる．また，

$$\text{MASK(II} + 1, \text{J, K)} - \text{MASK(II, J, K)} = -1$$

ならば，I = II に境界があり，流体は I が II より大きい側にあることがわかる．すなわち，境界の位置および方向（どちらの側に流体があるか）が判別できる．境界の種類とは，1 つの格子に着目したとき，そのうちいくつの面が流体に接しているかを指す．たとえば 2 次元の場合では，図 7.11 において格子 A は 1 面，

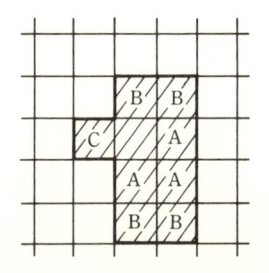

図 **7.11** 境界格子の分類 (2 次元)

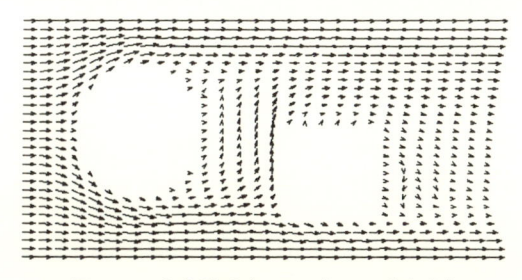

図 **7.12** 中央断面 $(y = 0.5)$ での速度分布

格子 B は 2 面，格子 C は 3 面ということになる．このとき，格子 B あるいは C での圧力は接している格子の圧力の平均をとればよい．プログラムはホームページに MSK3D.FOR という名前でアップされている．図 7.12 は計算例で正方形断面のダクト（縦 × 横 × 奥行き = $3 \times 3 \times 6$）内に中心が $(1.6, 1.6, 1.6)$ で半径が 0.8 の球と，中心が $(1.1, 1.1, 4.1)$ で 1 辺の長さ 1 の立方体がある場合の中央断面内の流速ベクトルである．なお，ダクト壁はすべり壁としている．

7.4　任意形状領域での 3 次元流れ

任意形状の領域で境界形状を精度よく計算に取り入れるためには，格子生成法を用いて境界に沿った格子を生成する必要がある．その上で一般座標で表現された基礎方程式を解くことになる．2 次元での取り扱いは第 6 章で説明したため，本節ではそれを 3 次元に拡張してみる．

簡単のため，時間依存性のない 3 次元の座標変換

$$\begin{cases} \xi = \xi(x,y,z) \\ \eta = \eta(x,y,z) \\ \zeta = \zeta(x,y,z) \end{cases} \quad \begin{cases} x = x(\xi,\eta,\zeta) \\ y = y(\xi,\eta,\zeta) \\ z = z(\xi,\eta,\zeta) \end{cases} \tag{7.40}$$

を用いることにする．このとき，MAC 法の基礎方程式 (7.5), (7.6), (7.7), (7.4) は第 5 章で記した変換関係を用いて次のように変換される．

$$u_t + Uu_\xi + Vu_\eta + Wu_\zeta = -(\xi_x p_\xi + \eta_x p_\eta + \zeta_x p_\zeta) + \frac{1}{\mathrm{Re}}\bar{\triangle} u \tag{7.41}$$

$$v_t + Uv_\xi + Vv_\eta + Wv_\zeta = -(\xi_y p_\xi + \eta_y p_\eta + \zeta_y p_\zeta) + \frac{1}{\mathrm{Re}}\bar{\triangle} v \tag{7.42}$$

$$w_t + Uw_\xi + Vw_\eta + Ww_\zeta = -(\xi_z p_\xi + \eta_z p_\eta + \zeta_z p_\zeta) + \frac{1}{\mathrm{Re}}\bar{\triangle} w \tag{7.43}$$

$$\begin{aligned}\triangle \bar{p} =& -(\xi_x u_\xi + \eta_x u_\eta + \zeta_x u_\zeta)^2 - (\xi_y v_\xi + \eta_y v_\eta + \zeta_y v_\zeta)^2 \\ &- (\xi_x w_\xi + \eta_z w_\eta + \zeta_z w_\zeta)^2 \\ &- 2(\xi_y u_\xi + \eta_y u_\eta + \zeta_y u_\zeta)(\xi_x v_\xi + \eta_x v_\eta + \zeta_x v_\zeta) - 2(\xi_z v_\xi + \eta_z v_\eta + \zeta_z v_\zeta) \\ &\times (\xi_y w_\xi + \eta_y w_\eta + \zeta_y w_\zeta) - 2(\xi_x w_\xi + \eta_x w_\eta + \zeta_x w_\zeta)(\xi_z u_\xi + \eta_z u_\eta + \zeta_z u_\zeta)\end{aligned}$$

7.4 任意形状領域での3次元流れ

$$+ \frac{1}{\Delta t}(\xi_x u_\xi + \eta_x u_\eta + \zeta_x u_\zeta + \xi_y v_\xi + \eta_y v_\eta + \zeta_y v_\zeta + \xi_z w_\xi + \eta_z w_\eta + \zeta_z w_\zeta) \tag{7.44}$$

ただし

$$U = u\xi_x + v\xi_y + w\xi_z$$
$$V = u\eta_x + v\eta_y + w\eta_z$$
$$W = u\zeta_x + v\zeta_y + w\zeta_z$$

$$\bar{\triangle} f = C_1 f_{\xi\xi} + C_2 f_{\eta\eta} + C_3 f_{\zeta\zeta} + C_4 f_{\xi\eta} + C_5 f_{\eta\zeta} + C_6 f_{\zeta\xi} + C_7 f_\xi + C_8 f_\eta + C_9 f_\zeta$$

$$C_1 = (\xi_x)^2 + (\xi_y)^2 + (\xi_z)^2, \quad C_2 = (\eta_x)^2 + (\eta_y)^2 + (\eta_z)^2$$
$$C_3 = (\zeta_x)^2 + (\zeta_y)^2 + (\zeta_z)^2, \quad C_4 = 2(\xi_x \eta_x + \xi_y \eta_y + \xi_z \eta_z)$$
$$C_5 = 2(\eta_x \zeta_x + \eta_y \zeta_y + \eta_z \zeta_z), \quad C_6 = 2(\zeta_x \xi_x + \zeta_y \xi_y + \zeta_z \xi_z) \tag{7.45}$$

$$C_7 = \xi_{xx} + \xi_{yy} + \xi_{zz} = \xi_x (\xi_x)_\xi + \eta_x (\xi_x)_\eta + \zeta_x (\xi_x)_\zeta + \xi_y (\xi_y)_\xi + \eta_y (\xi_y)_\eta$$
$$+ \zeta_y (\xi_y)_\zeta + \xi_z (\xi_z)_\xi + \eta_z (\xi_z)_\eta + \zeta_z (\xi_z)_\zeta$$

$$C_8 = \eta_{xx} + \eta_{yy} + \eta_{zz} = \xi_x (\eta_x)_\xi + \eta_x (\eta_x)_\eta + \zeta_x (\eta_x)_\zeta + \xi_y (\eta_y)_\xi + \eta_y (\eta_y)_\eta$$
$$+ \zeta_y (\eta_y)_\zeta + \xi_z (\eta_z)_\xi + \eta_z (\eta_z)_\eta + \zeta_z (\eta_z)_\zeta$$

$$C_9 = \zeta_{xx} + \zeta_{yy} + \zeta_{zz} = \xi_x (\zeta_x)_\xi + \eta_x (\zeta_x)_\eta + \zeta_x (\zeta_x)_\zeta + \xi_y (\zeta_y)_\xi + \eta_y (\zeta_y)_\eta$$
$$+ \zeta_y (\zeta_y)_\zeta + \xi_z (\zeta_z)_\xi + \eta_z (\zeta_z)_\eta + \zeta_z (\zeta_z)_\zeta$$

である．これらの式の中で，$\xi_x, \xi_y, \xi_z, \eta_x, \eta_y, \eta_z, \zeta_x, \zeta_y, \zeta_z$ は x, y, z から

$$\xi_x = \frac{y_\eta z_\zeta - y_\zeta z_\eta}{J}, \quad \eta_x = \frac{y_\zeta z_\xi - y_\xi z_\zeta}{J}, \quad \zeta_x = \frac{y_\xi z_\eta - y_\eta z_\xi}{J}$$
$$\xi_y = \frac{x_\zeta z_\eta - x_\eta z_\zeta}{J}, \quad \eta_y = \frac{x_\xi z_\zeta - x_\zeta z_\xi}{J}, \quad \zeta_y = \frac{x_\eta z_\xi - x_\xi z_\eta}{J} \tag{7.46}$$
$$\xi_z = \frac{x_\eta y_\zeta - x_\zeta y_\eta}{J}, \quad \eta_z = \frac{x_\zeta y_\xi - x_\xi y_\zeta}{J}, \quad \zeta_z = \frac{x_\xi y_\eta - x_\eta y_\xi}{J}$$

$$J = \begin{vmatrix} x_\xi & x_\eta & x_\zeta \\ y_\xi & y_\eta & y_\zeta \\ z_\xi & z_\eta & z_\zeta \end{vmatrix} = \begin{vmatrix} \xi_x & \xi_y & \xi_z \\ \eta_x & \eta_y & \eta_z \\ \zeta_x & \zeta_y & \zeta_z \end{vmatrix}^{-1} \tag{7.47}$$

を用いて計算する．なお，C_7, C_8, C_9 内の $(\xi_x)_\xi$ などは上式をもう 1 度 ξ, η, ζ で微分して式の形で表現することもできるが，非常に複雑であるため，計算の過程で ξ_x を（配列に）記憶しておき，必要に応じて

$$(\xi_x)_\xi = \{(\xi_x)_{i+1,j,k} - (\xi_x)_{i-1,j,k}\}/(2\Delta\xi) \tag{7.48}$$

などから計算した方が簡単である．記憶容量が十分にあれば，$C_1 \sim C_9$ までを 1 度計算して記憶しておいてもよい．

　一般座標を用いる計算ではレギュラー格子を用いることが多く，境界面上にすべての物理量が定義される．したがって，固定壁面での速度の境界条件は，速度 = 0 でよい．壁面上の圧力の境界条件は，ナビエ–ストークス方程式から決める．たとえば，壁面が $\zeta = $ 一定値で表される場合は式 (7.41), (7.42), (7.43) に速度 0 の条件を代入して，p_ζ について解くことにより条件

$$p_\zeta = \frac{1}{\mathrm{Re}} \begin{vmatrix} \xi_x & \eta_x & \bar{\triangle} u \\ \xi_y & \eta_y & \bar{\triangle} v \\ \xi_z & \eta_z & \bar{\triangle} w \end{vmatrix} \Big/ \begin{vmatrix} \xi_x & \eta_x & \zeta_x \\ \xi_y & \eta_y & \zeta_z \\ \xi_z & \eta_z & \zeta_z \end{vmatrix} \tag{7.49}$$

が得られる．ただし，レイノルズ数が十分に大きい場合には

$$p_\zeta = 0 \tag{7.50}$$

がよい近似で成り立つ．

　プログラムはホームページに FLOW3D.FOR という名前でアップされているが，その基本構成は 2 次元一般座標の場合と同じである．ただし，3 次元にしたため式の項数が増えている．

　一般座標を用いた 3 次元流れの一例として，図 7.13 に示すような 2 つの平行平板（端板）間に置かれた傾斜円柱まわりの流れを考える．円柱の長さが非常に長い場合，端板近くを除いて端板に平行な断面内で，（レイノルズ数が小さい場合）特に流れが異なるという理由はないので，流

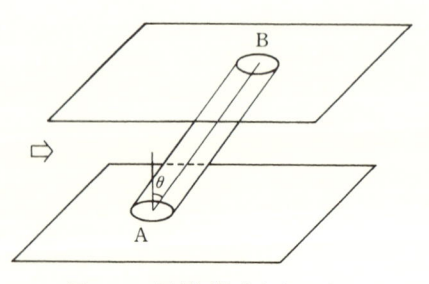

図 **7.13**　傾斜円柱まわりの流れ（概念図）

れは2次元的になると考えられる.しかし,円柱の母線に平行な流れがあるため,同一の断面形状をもった楕円柱まわりの流れとは異なる.さらに,円柱が短かったりレイノルズ数が高い場合にはもはや流れは完全に3次元的になると考えられる.このような傾斜円柱(傾斜物体)まわりの流れは,海洋構造物まわりの流れ,熱交換器内の流れ,後退翼前縁付近の流れ等々,現実問題にしばしば現れる.

格子は端板に平行な各断面内で円柱の断面が楕円になることを利用して各断面ごとに

$$\begin{cases} x = ar\cos\theta \\ y = br\sin\theta \end{cases} \tag{7.51}$$

によりつくる.ただし,a, b は楕円の x, y 方向の軸の長さである.また,r は

$$r_{n+1} = r_n + C \times 1.15^n \quad (n = 0, 1, 2, \ldots : 格子番号, C : 定数) \tag{7.52}$$

ととり,楕円から離れるに従い格子幅が1.15倍ずつ粗くなるようにしている.なお,θ 方向は等分割している.図7.14に傾斜角(円柱軸が端板法線となす角)が30°の場合の格子の例を示す.このような2次元格子を z 方向に積み重ねて3次元格子にしている.ただし,両端板近くで格子が細かくなるように

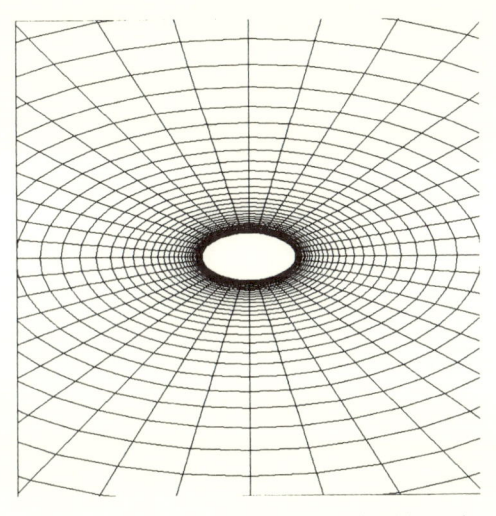

図 **7.14** 端板に平行な面内の格子(傾斜角 30°)

$$z = \frac{L}{2}\left(1 + \frac{e^{2bs} - 1}{e^{2bs} + 1}\right) \times \frac{e^{2b} + 1}{e^{2b} - 1} \quad (0 < s < 1) \tag{7.53}$$

という変換を行っている．ここで L は端板間の距離，b は格子の集中度を変化させるパラメータである．

図 7.13 において，一様流を円柱に左から当てることにして，傾斜角が 30° の場合の結果を示す．なお，傾斜円柱の上流側（図 7.13 の点 A 付近）を傾斜上流側，下流側（図 7.13 の点 B 付近）を傾斜下流側とよぶことにする．

図 7.15 に各断面内での時間平均の速度分布を示すが，はっきりとした特徴として，傾斜上流側の端板近くで後流部は小さく狭くなっているのに反し，傾斜下流側では逆に大きく広くなっていることがわかる．すなわち，傾斜円柱の後

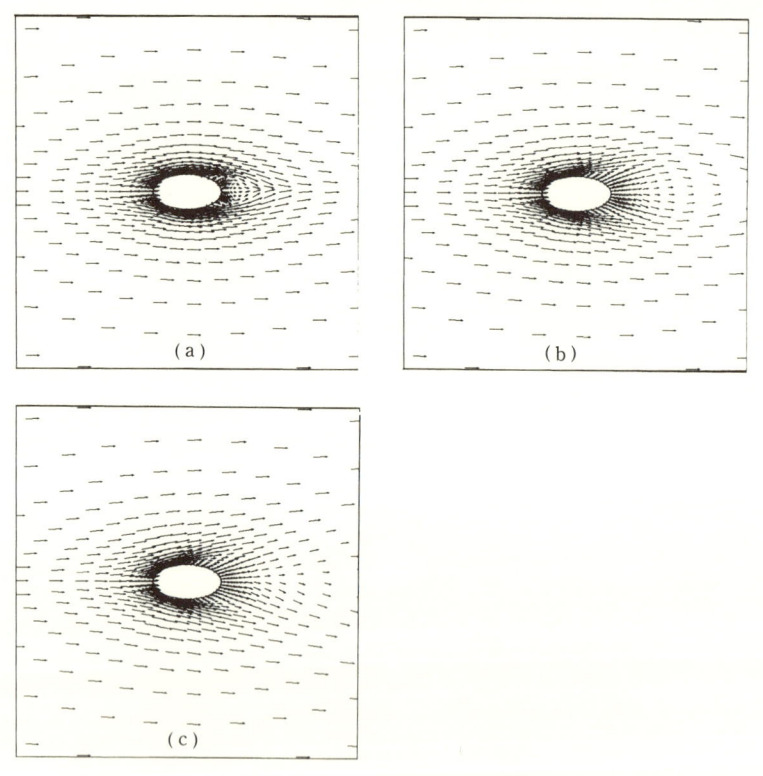

図 **7.15** 端板に平行な面内での速度分布（傾斜角 30°，Re = 200）
(a) 傾斜上流側（端板近く），(b) 中央断面，(c) 傾斜下流側（端板近く）

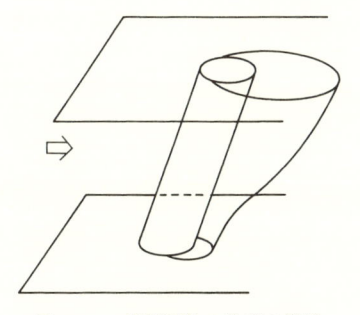

7.4 任意形状領域での 3 次元流れ　　　177

図 7.16　傾斜円柱の後流の構造
　　　　（概念図）

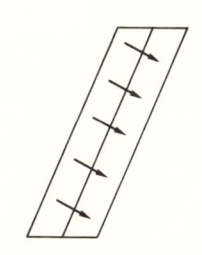

図 7.17　傾斜円柱側面近くの流れ
　　　　（概念図）

流の構造はおおよそ図 7.16 に示すようになっていると予測される．この原因として次のことが考えられる．円柱表面付近の圧力分布を考えると，端板から離れた部分で母線に沿って同じような圧力分布をしており，圧力勾配は円柱軸に垂直な方向に最も大きくなっていると考えられる．したがって，円柱表面近くでは流体は円柱軸に垂直に流れようとする．そこで，端板近くを考えると図 7.17 に示すように傾斜上流側では流れは剥離しにくくなり，逆に傾斜下流側では剥離しやすくなる．その結果，後流部の大きさにかなりの差が出ることになる．実際の流れでは端板上に形成される境界層の影響があり，事情はもう少し複雑になる[*2]．

[*2] このように数値計算では，結果が得られたとき，どうしてそのようになるのかの物理的なメカニズムを考えることが重要である（誤りの発見にもつながる）．

8

圧縮性ナビエ–ストークス方程式の差分解法の基礎

圧縮性ナビエ–ストークス方程式は非圧縮性ナビエ–ストークス方程式に比べて複雑な形をしているが，未知関数に対してすべて時間発展形の方程式になっているため，数値的な取り扱いはむしろすっきりしている．すなわち，すべての解法は，効率の良し悪しは別にして，初期条件・境界条件を与えれば時間発展的に順に解が求まる形をしており，非圧縮性ナビエ–ストークス方程式の解法のように連続の式を満足するように圧力を決めるといっためんどうな手続きは不要である．この利点を応用して非圧縮性の方程式を解く場合にも擬似的な圧縮性を導入し，得られた仮想的な方程式を圧縮性の方程式の解法を用いて解くという方法も考案されている．

本章では，数ある圧縮性ナビエ–ストークス方程式の解法の中で代表的なものをいくつか紹介して圧縮性流体の数値解法への導入とする．はじめに陽解法の中で現在でもその手軽さから多用されている MacCormack の陽解法について説明する．次に陰解法の中で代表的な方法である Beam–Warming 法を紹介する．さらに，2.6 節で説明した上流差分法の圧縮性ナビエ–ストークス方程式への応用と考えられる流束ベクトル分離法や TVD 法についてもその基礎部分について簡単にふれることにする．最後に，非圧縮性ナビエ–ストークス方程式の解法への応用として，擬似圧縮性法についても簡単に説明する．

8.1　オイラー方程式

気体の流れが音速に近くなったり音速を超える場合には圧縮性の効果が顕著となり圧縮性の効果を取り入れた計算を行う必要がある．圧縮性流れを精度よ

8.1 オイラー方程式

く計算するためには粘性を考慮に入れた圧縮性ナビエ–ストークス方程式を解く必要がある．しかし，圧縮性流体の解析が重要な課題となる航空関係の計算では，流れが剥離しない場合を取り扱うことも多く，そのような場合には，粘性の効果を無視したオイラー方程式を用いても，少なくとも第 1 近似として十分に役立つことが多い．さらに，圧縮性流体に対する数値解法の本質的な部分は 2 次元オイラー方程式の中に含まれており，3 次元の場合でも，またナビエ–ストークス方程式の場合でも大幅に変更されるわけではない．したがって，本章では 2 次元オイラー方程式について説明することにより，圧縮性流体の数値計算法への導入とする．

2 次元の圧縮性流体の運動を支配するオイラー方程式はデカルト座標系で表現すると次式になる：

$$\frac{\partial \boldsymbol{q}}{\partial t} + \frac{\partial \boldsymbol{E}}{\partial x} + \frac{\partial \boldsymbol{F}}{\partial y} = 0 \tag{8.1}$$

ただし

$$\boldsymbol{q} = \begin{bmatrix} \rho \\ \rho u \\ \rho v \\ e \end{bmatrix}, \quad \boldsymbol{E} = \begin{bmatrix} \rho u \\ \rho u^2 + p \\ \rho uv \\ u(e+p) \end{bmatrix}, \quad \boldsymbol{F} = \begin{bmatrix} \rho v \\ \rho uv \\ \rho v^2 + p \\ v(e+p) \end{bmatrix} \tag{8.2}$$

である．ここで ρ は密度，u, v は速度の x, y 成分，e は単位体積あたりの全エネルギー，p は圧力である．式 (8.1) の未知数は ρ, u, v, e したがって $\boldsymbol{q}$ であり，圧力 p は状態方程式を通してこれらの量と結びついている．たとえば，理想気体に対して状態方程式

$$p = (\gamma - 1)\left\{e - \frac{1}{2}\rho(u^2 + v^2)\right\} \tag{8.3}$$

が成り立つ．ここで γ は比熱比で通常は 1.4 である．式 (8.1) は未知量 $\boldsymbol{q}$ に関して時間発展形になっており，初期条件，境界条件を与えて時間発展させれば順に解が求まる形をしている．このことは非圧縮性流体の方程式にはみられなかった性質であり，圧縮性流体の方程式の数値解法を簡単にする上で役立っている．

応用では任意形状の領域で解を求める必要があることが多いため，第 5 章で

説明した一般座標変換

$$\begin{cases} x = x(\xi, \eta) \\ y = y(\xi, \eta) \end{cases} \quad (8.4)$$

を導入する．このとき式 (8.1) は

$$\frac{\partial \boldsymbol{q}}{\partial t} + \frac{\partial \xi}{\partial x}\frac{\partial \boldsymbol{E}}{\partial \xi} + \frac{\partial \eta}{\partial x}\frac{\partial \boldsymbol{E}}{\partial \eta} + \frac{\partial \xi}{\partial y}\frac{\partial \boldsymbol{F}}{\partial \xi} + \frac{\partial \eta}{\partial y}\frac{\partial \boldsymbol{F}}{\partial \eta} = 0$$

となるが，両辺を J' で割って変形すると

$$\begin{aligned}
& \frac{\partial}{\partial t}\left(\frac{\boldsymbol{q}}{J'}\right) + \left(\frac{\boldsymbol{E}\xi_x + \boldsymbol{F}\xi_y}{J'}\right)_\xi + \left(\frac{\boldsymbol{E}\eta_x + \boldsymbol{F}\eta_y}{J'}\right)_\eta \\
& = \boldsymbol{E}\left\{\left(\frac{\xi_x}{J'}\right)_\xi + \left(\frac{\eta_x}{J'}\right)_\eta\right\} + \boldsymbol{F}\left\{\left(\frac{\xi_y}{J'}\right)_\xi + \left(\frac{\eta_y}{J'}\right)_\eta\right\}
\end{aligned} \quad (8.5)$$

と書き換えられる．ただし，J' は第 5 章の式 (5.17) で与えたヤコビアンの逆数で

$$J' = \xi_x \eta_y - \xi_y \eta_x = 1/(x_\xi y_\eta - x_\eta y_\xi) = 1/J \quad (8.6)$$

である[*1)]．式 (5.18) から

$$\xi_x/J' = y_\eta, \ \xi_y/J' = -x_\eta, \ \eta_x/J' = -y_\xi, \ \eta_y/J' = x_\xi$$

が成り立つので，これを式 (8.5) の右辺に代入すると 0 になる．したがって，式 (8.5) は

$$\frac{\partial \hat{\boldsymbol{q}}}{\partial t} + \frac{\partial \hat{\boldsymbol{E}}}{\partial \xi} + \frac{\partial \hat{\boldsymbol{F}}}{\partial \eta} = 0 \quad (8.7)$$

ただし

$$\hat{\boldsymbol{q}} = \frac{\boldsymbol{q}}{J'}, \quad \hat{\boldsymbol{E}} = \frac{\xi_x \boldsymbol{E} + \xi_y \boldsymbol{F}}{J'}, \quad \hat{\boldsymbol{F}} = \frac{\eta_x \boldsymbol{E} + \eta_y \boldsymbol{F}}{J'} \quad (8.8)$$

となる．すなわち，変換 (8.4) を行っても方程式の形は変わらない．いま新しい変数 U, V を

$$U = \xi_x u + \xi_y v$$

[*1)] わざわざこのように記すのは数学や航空工学の分野での慣例に従ったためであり，それらの文献で現れる J は通常ここで記す J' のことである．

$$V = \eta_x u + \eta_y v \tag{8.9}$$

で定義する．U, V はそれぞれ ξ, η 座標に対する**反変速度**とよばれる．この U, V を用いて $\hat{\boldsymbol{E}}, \hat{\boldsymbol{F}}$ を書き換えると

$$\hat{\boldsymbol{E}} = \frac{1}{J'} \begin{bmatrix} \rho U \\ \rho u U + \xi_x p \\ \rho v U + \xi_y p \\ U(e+p) \end{bmatrix}, \quad \hat{\boldsymbol{F}} = \frac{1}{J'} \begin{bmatrix} \rho V \\ \rho u V + \eta_x p \\ \rho v V + \eta_y p \\ V(e+p) \end{bmatrix} \tag{8.10}$$

となる．U, V は式 (8.10) を用いて u, v から必要に応じて計算できるため，式 (8.7) は式 (8.1) に比べてそれほど複雑になっていない．すなわち，変数変換 (8.4) を行っても基礎方程式はあまり複雑にならないことがわかる．

境界条件について簡単にふれておく．上流境界に対しては一様流を与えるなど問題ごとにはっきりと課される場合が多い．下流境界については超音速流の場合は下流の影響が上流に伝わらないため簡単である．一方，亜音速流や遷音速流に対しては非圧縮性の場合と同様に正確な条件を課すのは困難である．現実には後方境界を十分に遠方にとった上で一様流などの条件を課すか，外挿を行って決めている．壁面上ではナビエ–ストークス方程式の場合は粘着条件であるが，オイラー方程式の場合は方程式が 1 階であるため，流れは壁面に沿うというすべり**壁条件**を課す．いま，一般座標系において $\eta = $ 一定の曲線が壁面を表すとすれば，前述の反変速度 U, V を用いて，壁面が静止している場合にはすべり壁条件は

$$V = 0 \tag{8.11}$$

となる．x, y 方向の速度 u, v についてこの条件を表現するには，式 (8.11) を式 (8.9) に代入して u, v について解くことにより

$$\begin{bmatrix} u \\ v \end{bmatrix} = J' \begin{bmatrix} \eta_y & -\xi_y \\ -\eta_x & \xi_x \end{bmatrix} \begin{bmatrix} U \\ 0 \end{bmatrix} \tag{8.12}$$

となる．壁面上での圧力は式 (8.7) の第 2 成分に η_x，第 3 成分に η_y をかけて和をとった式 (8.13) から求める．ただし，添字 η は壁面に平行方向の微分を示す．

$$-\rho U(\eta_x u_\xi + \eta_y v_\xi) = (\eta_x \xi_x + \eta_y \xi_y) p_\xi + (\eta_x^2 + \eta_y^2) p_\eta = \sqrt{\eta_x^2 + \eta_y^2} p_\eta \tag{8.13}$$

8.2 陽 解 法

本節ではデカルト座標系のオイラー方程式 (8.1) について説明するが, 一般座標系での方程式 (8.7) に対しても全く同様に適用できる. 式 (8.1) は前述のとおり時間発展形であるため, 式 (2.46) の Lax–Wendroff 法や本章 6 節で用いる Leap–Frog/Dufort–Frankel 法なども使えるが, 本節では精度, 安定性に優れ, しばしば用いられる **MacCormack の陽解法**[23)] を説明する.

MacCormack 法は一種の予測子–修正子法で, 式 (8.1) に対し

予測子:

$$\bar{q}_{i,j}^{n+1} = q_{i,j}^n - \frac{\Delta t}{\Delta x}(E_{i+1,j}^n - E_{i,j}^n) - \frac{\Delta t}{\Delta y}(F_{i,j+1}^n - F_{i,j}^n) \tag{8.14}$$

修正子:

$$q_{i,j}^{n+1} = \frac{1}{2}\left\{q_{i,j}^n + \bar{q}_{i,j}^{n+1} - \frac{\Delta t}{\Delta x}(\bar{E}_{i,j}^{n+1} - \bar{E}_{i-1,j}^{n+1}) - \frac{\Delta t}{\Delta y}(\bar{F}_{i,j}^{n+1} - \bar{F}_{i,j-1}^{n+1})\right\} \tag{8.15}$$

のように 2 段階に分けて近似する. ここで修正段階における $\bar{E}, \bar{F}$ は E, F に $\bar{q}$ を代入して計算した値を示す. 上にあげた基本形では予測子における E, F 両方に対して前進差分を用い, 修正子における E, F 両方に対して後退差分を用いている. ただし, 予測と修正の 1 サイクルで前進差分と後退差分が 1 度ずつ現れていることが本質であるので, 種々の変形が可能である. たとえば, はじめの 1 サイクルでは予測子に対して E に前進差分, F については後退差分をとり, 修正子に対しては E について後退差分, F について前進差分をとる. そして次の 1 サイクルではちょうどその逆の組み合わせにする. このようにして全体としての差分法の偏りを小さくすることも可能である.

なお, ナビエ–ストークス方程式の場合には E, F に微分項が入ってくるが, それを正しく近似しないと精度が落ちることになる. すなわち, 精度を保つには E に現れる x 微分項については $\partial E/\partial x$ の差分とは反対方向に差分を行い (たとえば $\partial E/\partial x$ に前進差分を用いた場合は後退差分をとる), y 微分項については中心差分で近似する. 同様に F に対しては x 微分項に中心差分を用い,

y 微分項には $\partial \boldsymbol{F}/\partial y$ と反対方向の差分をとる必要がある.

　実用的な問題では定常解を求めることが多いが,MacCormack 法など陽解法を用いる場合,その安定条件が計算の効率に対して重大な影響を及ぼす.なぜなら,陽解法を用いる限り,Δt の大きさに CFL 条件からくる厳しい制限がつくため,定常に達するまでに多くの時間ステップを必要とするからである.特に,粘性計算に応用する場合,境界層内に多くの格子を入れる必要があるため,空間刻みも小さくとらなければならず,この問題は深刻になる.通常,このような場合には無条件安定の陰解法 (次節参照) を用いるのがよいが,細かくとるべき格子が座標の一方向に限られる場合は,以下に説明する**時間分割法**(times splitting 法) を陽解法に適用すれば,ある程度定常解への収束を加速することができる.

　時間分割法とは,2 次元以上の問題に対して,1 度にすべての方向について時間を進めるのではなく,各方向ごとに別々に時間を進める方法のことを指すが MacCormack 法に適用すれば以下のようになる.いま,式 (8.1) に対して x 微分に対してのみ MacCormack 法を適用する差分オペレータ L_x を

$$\boldsymbol{q}_{i,j}^{**} = L_x(\Delta t_x)\boldsymbol{q}_{i,j}^{*}$$

で定義する.具体的には上のオペレータは

$$\bar{\boldsymbol{q}}_{i,j}^{**} = \boldsymbol{q}_{i,j}^{*} - \frac{\Delta t_x}{\Delta x}(\boldsymbol{E}_{i+1,j}^{*} - \boldsymbol{E}_{i,j}^{*})$$

$$\boldsymbol{q}_{i,j}^{**} = \frac{1}{2}\left\{\boldsymbol{q}_{i,j}^{*} + \bar{\boldsymbol{q}}_{i,j}^{**} - \frac{\Delta t_x}{\Delta x}(\bar{\boldsymbol{E}}_{i,j}^{**} - \bar{\boldsymbol{E}}_{i-1,j}^{**})\right\}$$

を意味する.同様に y 方向に対する差分オペレータ L_y を

$$\boldsymbol{q}_{i,j}^{**} = L_y(\Delta t_y)\boldsymbol{q}_{i,j}^{*}$$

で定義する.このオペレータも具体的には

$$\bar{\boldsymbol{q}}_{i,j}^{**} = \boldsymbol{q}_{i,j}^{*} - \frac{\Delta t_y}{\Delta y}(\boldsymbol{F}_{i,j+1}^{*} - \boldsymbol{F}_{i,j}^{*})$$

$$\boldsymbol{q}_{i,j}^{**} = \frac{1}{2}\left\{\boldsymbol{q}_{i,j}^{*} + \bar{\boldsymbol{q}}_{i,j}^{**} - \frac{\Delta t_y}{\Delta y}(\bar{\boldsymbol{F}}_{i,j}^{**} - \bar{\boldsymbol{F}}_{i,j-1}^{**})\right\}$$

を意味する.このとき時間分割 MacCormack 法は

$$\boldsymbol{q}^{n+1} = L_y\left(\frac{\Delta t}{2}\right) L_x(\Delta t) L_y\left(\frac{\Delta t}{2}\right) \boldsymbol{q}_{i,j}^n \qquad (8.16)$$

と書ける．この式の精度は $O(\Delta t^2, \Delta x^2, \Delta y^2)$ で2次になるが，一般には次のことが知られている．すなわち，時間分割法は (i) 各オペレータに対して，それぞれが決める安定条件内の Δt を用いれば安定であり，(ii) 各オペレータの時間きざみの和が同じであれば時間分割しない方法と適合し（コンシステント），(iii) もし各オペレータの順序が対称ならば2次精度を保つ．式 (8.16) は上の3つの条件を満たすが，それ以外にも

$$\boldsymbol{q}^{n+1} = \left\{L_y\left(\frac{\Delta t}{2m}\right)\right\}^m L_x(\Delta t) \left\{L_y\left(\frac{\Delta t}{2m}\right)\right\}^m \boldsymbol{q}_{i,j}^n \qquad (8.17)$$

を用いても上の条件は満足される．式 (8.17) は $\Delta y \ll \Delta x$ のとき有用な差分公式である．

8.3 陰解法

オイラー方程式

$$\frac{\partial \boldsymbol{q}}{\partial t} + \frac{\partial \boldsymbol{E}}{\partial x} + \frac{\partial \boldsymbol{F}}{\partial y} = 0$$

の時間積分に対して，時間ステップ $n, n+1$ での値を用いる陰解法を適用すると

$$\frac{\boldsymbol{q}^{n+1} - \boldsymbol{q}^n}{\Delta t} + \theta\left\{\left(\frac{\partial \boldsymbol{E}}{\partial x}\right)^n + \left(\frac{\partial \boldsymbol{F}}{\partial y}\right)^n\right\}$$
$$+ (1-\theta)\left\{\left(\frac{\partial \boldsymbol{E}}{\partial x}\right)^{n+1} + \left(\frac{\partial \boldsymbol{F}}{\partial y}\right)^{n+1}\right\} + O(\Delta t) = 0 \qquad (8.18)$$

となる．この式の左辺第3項は $\boldsymbol{q}^{n+1}$ に関する非線形項を含むため，空間方向に差分化する場合，このままでは反復法を用いて解く必要がある．ところで，反復法は必ずしも収束するとは限らず，またたとえ収束したとしても収束が非常に遅いことがある．このような場合には陰解法を用いる意味がなくなるので，陰解法を用いる場合にはなるべく連立方程式の効率よい直接解法が適用できる形をしていることが望ましい．そのためには，式 (8.18) の左辺第3項を線形化する必要がある．そこで，何らかの形で線形化したとする．次に問題になるのは，線形化された方程式が $\boldsymbol{q}^{n+1}$ に関して，x, y 両方向の微分を含むことであ

る. たとえば, この微係数に対してふつうの 2 次精度中心差分を用いた場合, 解くべき連立方程式を行列表示すると内部格子点数の大きさをもつ 5 本の対角線要素をもつ行列となり, 容易には解けない. この点を回避するには 2.4 節で説明した ADI 法を用いるか, それと類似の以下に説明する近似因数分解法を用いる.

本節ではいくつかある陰解法の中で最もよく使われるものの 1 つで, また種々の方法の基礎になっている **Beam–Warming 法**[24] について説明するが, この方法は上述の線形化および近似因数分解を巧みに組み合わせた方法である. Beam–Warming 法は少し変形すれば一般座標で表現された 3 次元ナビエ–ストークス方程式に適用できるが, 本節ではオイラー方程式を例にとってこの方法を説明する.

式 (8.18) において $\theta = 1/2$ にとると

$$q^{n+1} = q^n - \frac{\Delta t}{2}\left\{\left(\frac{\partial \boldsymbol{E}}{\partial x} + \frac{\partial \boldsymbol{F}}{\partial y}\right)^n + \left(\frac{\partial \boldsymbol{E}}{\partial x} + \frac{\partial \boldsymbol{F}}{\partial y}\right)^{n+1}\right\} + O(\Delta t^3) \tag{8.19}$$

となる (台形公式). 次に式 (8.19) を線形化するため, $\boldsymbol{E}, \boldsymbol{F}$ を $\boldsymbol{q}$ に関して局所的にテイラー展開すると

$$\boldsymbol{E}^{n+1} = \boldsymbol{E}^n + [A]^n(\boldsymbol{q}^{n+1} - \boldsymbol{q}^n) + O(\Delta t^2)$$
$$\boldsymbol{F}^{n+1} = \boldsymbol{F}^n + [B]^n(\boldsymbol{q}^{n+1} - \boldsymbol{q}^n) + O(\Delta t^2) \tag{8.20}$$

となる. ただし $[A], [B]$ はヤコビアン

$$[A] = \frac{\partial \boldsymbol{E}}{\partial \boldsymbol{q}}, \quad [B] = \frac{\partial \boldsymbol{F}}{\partial \boldsymbol{q}} \tag{8.21}$$

であり, 具体的には

$$[A] = \begin{bmatrix} 0 & -1 & 0 & 0 \\ (3-\gamma)u^2/2 + (1-\gamma)v^2/2 & (\gamma-3)u & (\gamma-1)v & 1-\gamma \\ uv & -v & -u & 0 \\ \gamma ev/\rho + (1-\gamma)u(u^2+v^2) & -\gamma e/\rho + (\gamma-1)(3u^2+v^2)/2 & (\gamma-1)uv & -\gamma u \end{bmatrix}$$

$$[B] = \begin{bmatrix} 0 & 0 & -1 & 0 \\ uv & -v & -u & 0 \\ (3-\gamma)v^2/2 + (1-\gamma)u^2/2 & (\gamma-1)u & (\gamma-3)v & 1-\gamma \\ \gamma ev/\rho + (1-\gamma)v(u^2+v^2) & (\gamma-1)uv & -\gamma e/\rho + (\gamma-1)(3v^2+u^2)/2 & -\gamma v \end{bmatrix}$$
$$\tag{8.22}$$

である．式 (8.20) を式 (8.19) に代入すると

$$\left\{[I] + \frac{\Delta t}{2}\left(\frac{\partial}{\partial x}[A]^n + \frac{\partial}{\partial y}[B]^n\right)\right\}\boldsymbol{q}^{n+1}$$
$$= \left\{[I] + \frac{\Delta t}{2}\left(\frac{\partial}{\partial x}[A]^n + \frac{\partial}{\partial y}[B]^n\right)\right\}\boldsymbol{q}^n - \Delta t\left\{\left(\frac{\partial \boldsymbol{E}}{\partial x}\right)^n + \left(\frac{\partial \boldsymbol{F}}{\partial y}\right)^n\right\}$$
$$+ O(\Delta t^3) \tag{8.23}$$

となる．ただし，$[I]$ は単位行列を表す．この式は未知の $\boldsymbol{q}^{n+1}$ に対して線形の方程式になっている．いま，

$$\Delta \boldsymbol{q}^n = \boldsymbol{q}^{n+1} - \boldsymbol{q}^n \tag{8.24}$$

で定義される $\Delta \boldsymbol{q}^n$ を導入すると，式 (8.23) は

$$\left\{[I] + \frac{\Delta t}{2}\left(\frac{\partial}{\partial x}[A]^n + \frac{\partial}{\partial y}[B]^n\right)\right\}\Delta \boldsymbol{q}^n$$
$$= -\Delta t\left\{\left(\frac{\partial \boldsymbol{E}}{\partial x}\right)^n + \left(\frac{\partial \boldsymbol{F}}{\partial y}\right)^n\right\} + O(\Delta t^3) \tag{8.25}$$

と書ける．したがって，式 (8.23) を解く代わりに，式 (8.25) を解いて $\Delta \boldsymbol{q}^n$ を求め，その後で式 (8.24) から $\boldsymbol{q}^{n+1}$ を計算してもよい．そこで，以後は式 (8.25) を解くことにする．ところで，式 (8.25) の左辺の x と y の微分を中心差分で近似すると全格子数程度の大きさで 5 本の対角線要素（各要素が 4×4 の行列）をもつ行列を反転する必要があり，計算は容易ではない．そこで式 (8.25) の左辺を次のように近似的に因数分解する．

$$((8.25) \text{ の左辺}) = \left([I] + \frac{\Delta t}{2}\frac{\partial}{\partial x}[A]^n\right)\left([I] + \frac{\Delta t}{2}\frac{\partial}{\partial y}[B]^n\right)\Delta \boldsymbol{q}^n + O(\Delta t^3) \tag{8.26}$$

ここで式 (8.26) の誤差が $O(\Delta t^3)$ になっているのは，$\Delta \boldsymbol{q}^n$ が $O(\Delta t)$ の大きさであるからである．もともと近似式 (8.25) が $O(\Delta t^3)$ の誤差をもっていたことを考えると，式 (8.26) の $O(\Delta t^3)$ の項は無視することができる．したがって，式 (8.25) を計算することは次の 2 段階の計算を行うことと精度的には同じとなる．

$$\begin{aligned}\left([I] + \frac{\Delta t}{2}\frac{\partial}{\partial x}[A]^n\right)\Delta \boldsymbol{q}' &= -\Delta t\left\{\left(\frac{\partial \boldsymbol{E}}{\partial x}\right)^n + \left(\frac{\partial \boldsymbol{F}}{\partial y}\right)^n\right\}\\ \left([I] + \frac{\partial}{\partial y}[B]^n\right)\Delta \boldsymbol{q}^n &= \Delta \boldsymbol{q}'\end{aligned} \tag{8.27}$$

式 (8.27) は x,y 微分を 2 次精度中心差分で近似した場合,式 (8.25) と異なり各行ごとにその行の格子数程度のブロック 3 重対角行列を 2 回反転すればよい.ところで,ブロック 3 重対角行列の反転には有効なアルゴリズムがあるため,この方法は非常に効率のよい方法となっている.式 (8.27) と式 (8.24) を用いて基礎方程式を解く方法は Beam–Warming 法とよばれている.

3 次元オイラー方程式

$$\frac{\partial \boldsymbol{q}}{\partial t} + \frac{\partial \boldsymbol{E}}{\partial x} + \frac{\partial \boldsymbol{F}}{\partial y} + \frac{\partial \boldsymbol{G}}{\partial z} = 0 \tag{8.28}$$

に対して Beam–Warming 法を拡張すると

$$\left([I] + \frac{\Delta t}{2}\frac{\partial}{\partial x}[A]^n\right)\Delta\boldsymbol{q}' = -\Delta t\left\{\left(\frac{\partial \boldsymbol{E}}{\partial x}\right)^n + \left(\frac{\partial \boldsymbol{F}}{\partial y}\right)^n + \left(\frac{\partial \boldsymbol{G}}{\partial z}\right)^n\right\}$$

$$\left([I] + \frac{\partial}{\partial y}[B]^n\right)\Delta\boldsymbol{q}'' = \Delta\boldsymbol{q}' \tag{8.29}$$

$$\left([I] + \frac{\partial}{\partial z}[C]^n\right)\Delta\boldsymbol{q}^n = \Delta\boldsymbol{q}''$$

となる.ただし,$[C] = \partial \boldsymbol{G}/\partial \boldsymbol{q}$ である.すなわち,各行ごとにブロック 3 重対角行列を 3 回反転すればよい.

次に,実用上重要な一般座標系における 2 次元オイラー方程式 (8.7) に対して Beam–Warming 法を拡張してみよう.このとき,方程式自体はそれほど複雑にはならない(8.1 節)ため,行列 $[A], [B]$ の形が変化するだけで Beam–Warming 法はそのまま適用できる[25]).すなわち,実用上使用される形で記すと

$$\left([I] + \frac{\Delta t}{2}\frac{\partial}{\partial \xi}[A]^n - J\alpha\frac{\Delta t}{2}\nabla_\xi\Delta_\xi J'\right)\Delta\boldsymbol{q}'$$
$$= -\Delta t\left\{\left(\frac{\partial E}{\partial \xi}\right)^n + \left(\frac{\partial F}{\partial \eta}\right)^n\right\} - J\alpha\frac{\Delta t}{2}\{(\nabla_\xi\Delta_\xi)^2 + (\nabla_\eta\Delta_\eta)^2\}J'\boldsymbol{q}^n$$
$$\tag{8.30}$$

$$\left([I] + \frac{\partial}{\partial \eta}[B]^n - J\alpha\frac{\Delta t}{2}\nabla_\eta\Delta_\eta J'\right)\Delta\boldsymbol{q}^n = \Delta\boldsymbol{q}'$$

となる[*2)].式 (8.30) における A および B は次式から計算する.

[*2)] $\nabla_\xi, \Delta_\xi (\nabla_\eta, \Delta_\eta)$ は,$\xi(\eta)$ に関する後退,前進差分オペレータ,α は $O(1)$ の定数,J' は前述のとおり変換のヤコビアンの逆数である.これらの項は計算法の安定化のため加えた 2 次および

$$\begin{bmatrix} 0 & k_1 \\ -u(k_1u+k_2v)+k_1a & -(\gamma-2)k_1u+k_1u+k_2v \\ -v(k_1u+k_2v)+k_2a & k_1v-(\gamma-1)k_2u \\ (k_1u+k_2v)(2a-re/\rho) & (\gamma e/\rho-a)k_1-(\gamma-1)(k_1u+k_2v)u \\ k_2 & 0 \\ -(\gamma-1)k_1v+k_2u & (\gamma-1)k_1 \\ -(\gamma-2)k_2v+k_1u+k_2v & (\gamma-1)k_2 \\ (\gamma e/\rho-a)k_2-(\gamma-1)(k_1u+k_2v)u & \gamma(k_1u+k_2v) \end{bmatrix} \quad (8.31)$$

ただし，$a = 0.5(\gamma-1)(u^2+v^2)$ であり，A については $k_1 = \xi_x$, $k_2 = \xi_y$ とおき，B については $k_1 = \eta_x$, $k_2 = \eta_y$ とおいて計算する．

8.4 流束ベクトル分離法

2.6 節では非圧縮性ナビエ–ストークス方程式に対する有力な差分法である上流差分法について述べたが，圧縮性オイラー方程式 (8.1) に適用しようとすると困難が起きる．なぜなら，式 (8.1) では，変数が複雑に結合しているため，そのままではどのような量が波動として伝わるかがわからないからである．まずはじめに 1 次元の方程式

$$\frac{\partial \boldsymbol{q}}{\partial t} + \frac{\partial \boldsymbol{E}}{\partial x} = 0 \quad (8.32)$$

を例にとってこの点をはっきりさせる．式 (8.32) を局所的に線形化すると

$$\frac{\partial \boldsymbol{q}}{\partial t} + A\frac{\partial \boldsymbol{q}}{\partial x} = 0 \quad (8.33)$$

ただし

$$A = \frac{\partial \boldsymbol{E}}{\partial \boldsymbol{q}}$$

---

[4] 次の人工粘性項であり，一般座標にしたため入った項ではない．したがって，実際に計算を行う場合，計算法の安定化のため，式 (8.27) に対しても対応する項を付け加える．Beam–Warming 法は陰解法であるため，2 次元の場合には無条件安定となるはずであるが，オイラー方程式やナビエ–ストークス方程式では線形化や近似因数分解のため，誤差の影響で無条件安定とはならない．なるべくクーラン数を大きくして計算できるようにするためにこのような人工粘性項を加える．

8.4 流束ベクトル分離法

となる．いま行列 A を対角化するような線形変換 T があったとすると，その T を用いて

$$TAT^{-1} = \begin{bmatrix} \lambda_1 & 0 & 0 \\ 0 & \lambda_2 & 0 \\ 0 & 0 & \lambda_3 \end{bmatrix} \equiv [\lambda] \tag{8.34}$$

とすることができる．ただし，$\lambda_1, \lambda_2, \lambda_3$ は A の固有値であり，以後の議論では近似的に定数とみなす．このとき，式 (8.33) の左から T をかけると

$$T\frac{\partial \boldsymbol{q}}{\partial t} + TAT^{-1}T\frac{\partial \boldsymbol{q}}{\partial x} = 0$$

であるから

$$\frac{\partial \boldsymbol{Q}}{\partial t} + [\lambda]\frac{\partial \boldsymbol{Q}}{\partial x} = 0 \tag{8.35}$$

が得られる．ただし，T は定数の要素をもつと仮定し，$\boldsymbol{Q} = T\boldsymbol{q}$ とおいた．$[\lambda]$ は対角行列なので式 (8.35) は各成分ごとに独立な 3 つの波動方程式を表し，それぞれの解の伝わる速さは $\lambda_1, \lambda_2, \lambda_3$ となる．

理想気体に対する 1 次元オイラー方程式について，具体的に A や λ を求めてみる．いま，$m = \rho u$ とおくと

$$\boldsymbol{q} = \begin{bmatrix} \rho \\ m \\ e \end{bmatrix}, \quad \boldsymbol{E} = \begin{bmatrix} \rho \\ m^2/\rho + p \\ (e+p)m/\rho \end{bmatrix} = \begin{bmatrix} m \\ (\gamma-1)e + (3-\gamma)m^2/2\rho \\ \gamma em/\rho - (\gamma-1)m^3/2\rho^2 \end{bmatrix} \tag{8.36}$$

となる．ただし，理想気体に対する状態方程式[*3)]

$$p = (\gamma-1)(e - m^2/2\rho) = (\gamma-1)\rho\varepsilon \tag{8.37}$$

を用いた．このとき，

$$A = \frac{\partial \boldsymbol{E}}{\partial \boldsymbol{q}} = \begin{bmatrix} 0 & 1 & 0 \\ (\gamma-3)u^2/2 & (3-\gamma)u & \gamma-1 \\ (\gamma-1)u^3 - \gamma eu/\rho & \gamma e/\rho - 3(\gamma-1)u^2/2 & \gamma u \end{bmatrix} \tag{8.38}$$

[*3)] $\varepsilon = e/\rho - u^2/2$ は単位質量あたりの内部エネルギーを表す．

であり，固有値を求めると

$$\lambda_1 = u, \quad \lambda_2 = u+c, \quad \lambda_3 = u-c \qquad (8.39)$$

となる．ただし，$c = (\gamma p/\rho)^{1/2}$ は音速を表す．流れが亜音速 ($u < c$) 領域を含む場合，固有値は正と負の符号をもつことに注意する．このことは上流差分を用いる場合に，成分によって上流側のとり方を変える必要があることを意味している．すなわち，式 (8.35) の各成分に対し，同じ差分のとり方をしたのでは上流差分にはならない．ところが，もし流束 $\boldsymbol{E}$ を，対応する行列の固有値が常に正の部分 $\boldsymbol{E}^+$ と負の部分 $\boldsymbol{E}^-$ に分解することができれば，$\boldsymbol{E}^+$ に対しては後退差分，$\boldsymbol{E}^-$ に対しては前進差分を用いることにより上流差分法を構成することができる．

状態方程式が，式 (8.37) のように

$$p = \rho f(\varepsilon) \qquad (8.40)$$

の形をしているとする．このとき，オイラー方程式の流束 $\boldsymbol{E}$（または $\boldsymbol{F}, \boldsymbol{G}$）が $\boldsymbol{q}$ に関して 1 次の同次関数[*4]になっていることは容易に確かめることができる．そこで同次関数に対するオイラーの定理を適用すると，$A = \partial \boldsymbol{E}/\partial \boldsymbol{q}$ として，

$$\boldsymbol{E} = A\boldsymbol{q} \qquad (8.41)$$

が成り立つ．以下の議論では，式 (8.40) を仮定する．式 (8.41) および式 (8.34) から

$$\boldsymbol{E} = A\boldsymbol{q} = T^{-1}[\lambda]T\boldsymbol{q}$$

となる．ここで $[\lambda]$ を正の部分 $[\lambda]^+$ と負の部分 $[\lambda]^-$ に分解する．それにはたとえば

$$[\lambda]^+ = [\lambda] + [|\lambda|], \quad [\lambda]^- = [\lambda] - [|\lambda|] \qquad (8.42)$$

とすればよい．このとき行列 A は正の固有値をもつ部分 A^+ と負の固有値をもつ部分 A^- とに

[*4] $F(ax) = a^n F(x)$ が成り立つとき，F は x の n 次の同次関数という．

$$A = T^{-1}[\lambda]T = T^{-1}[\lambda]^+ T + T^{-1}[\lambda]^- T = A^+ + A^-$$

のように分解できる．そこで $\boldsymbol{E}^+, \boldsymbol{E}^-$ を

$$\boldsymbol{E}^+ = A^+ \boldsymbol{q}, \quad \boldsymbol{E}^- = A^- \boldsymbol{q} \tag{8.43}$$

で定義すれば，$\boldsymbol{E}$ は正の固有値をもつ部分 $\boldsymbol{E}^+$ と負の固有値をもつ部分 $\boldsymbol{E}^-$ とに分解されたことになる．この手続きのことを流束分離という．具体的に $\boldsymbol{E}^+, \boldsymbol{E}^-$ を，式 (8.42) をもとにして構成する[*5]と次式のようになる．

$$\begin{aligned}
\boldsymbol{E}^+ &= \frac{\rho}{2\gamma} \begin{bmatrix} 2\gamma u + c - u \\ 2(\gamma-1)u^2 + (u+c)^2 \\ (\gamma-1)u^3 + \frac{(u+c)^3}{2} + \frac{(3-\gamma)(u+c)c^2}{2(\gamma-1)} \end{bmatrix} \\
\boldsymbol{E}^- &= \frac{\rho}{2\gamma} \begin{bmatrix} u - c \\ (u-c)^2 \\ \frac{(u-c)^3}{2} + \frac{(3-\gamma)(u-c)c^2}{2(\gamma-1)} \end{bmatrix}
\end{aligned} \tag{8.44}$$

ひとたび流束分離できれば，前述のとおり上流差分法が適用できる．すなわち，式 (8.32) を

$$\frac{\partial \boldsymbol{q}}{\partial t} + \frac{\partial \boldsymbol{E}^+}{\partial x} + \frac{\partial \boldsymbol{E}^-}{\partial x} = 0$$

と書いた上で，左辺第 2 項を後退差分法で，左辺第 3 項を前進差分法で近似すればよい．最も簡単な方法はオイラー陽解法にこの手続きを行って

$$\boldsymbol{q}_j^{n+1} = \boldsymbol{q}_j^n - \frac{\Delta t}{\Delta x}(\nabla_x \boldsymbol{E}_j^{n+} + \Delta_x \boldsymbol{E}_j^{n-}) \tag{8.45}$$

とする．ただし，∇_x, Δ_x はそれぞれ 1 次精度の後退および前進差分オペレータである．次に陰解法の中で前述の Beam–Warming 法

$$\left(I + \frac{\Delta t}{2}\frac{\partial}{\partial x}[A]^n\right) \Delta \boldsymbol{q}^n = -\Delta t \frac{\partial \boldsymbol{E}^n}{\partial x}$$

に流束ベクトル分離法を適用すると

$$\left\{I + \frac{\Delta t}{2}(\nabla_x A^+ + \Delta_x A^-)\right\} \Delta \boldsymbol{q}^n = -\Delta t (\nabla_x \boldsymbol{E}^{n+} + \Delta_x \boldsymbol{E}^{n-})$$

[*5] 式 (8.42) の分け方は一意的ではない．たとえば $\lambda_1^+ = (u+|u|)/2, \lambda_1^- = (u-|u|)/2, \lambda_2^+ = \lambda_1^+ + c, \lambda_2^- = \lambda_1^-, \lambda_3^+ = \lambda_1^+, \lambda_3^- = \lambda_1^- - c$ などととってもよい

となる．そこで，上式にもう 1 度近似因数分解を適用すれば

$$\left(I + \frac{\Delta t}{2}\nabla_x A^+\right)\left(I + \frac{\Delta t}{2}\Delta_x A^-\right)\Delta \boldsymbol{q}^n = -\Delta t(\nabla_x \boldsymbol{E}^{n+} + \Delta_x \boldsymbol{E}^{n-}) \tag{8.46}$$

となる．∇_x, Δ_x は 2 点を用いる差分オペレータなので式 (8.46) はブロック 2 重対角行列を反転すればよい[*6]．ここで説明した計算方法は流束ベクトル分離法[26)]とよばれている．

2 次元の場合の流束ベクトル分離法について簡単にふれておく．基礎になるのは線形化されたオイラー方程式

$$\frac{\partial \boldsymbol{q}}{\partial t} + A\frac{\partial \boldsymbol{q}}{\partial x} + B\frac{\partial \boldsymbol{q}}{\partial y} = 0$$

である．ここで，A, B はヤコビアン行列

$$A = \frac{\partial \boldsymbol{E}}{\partial \boldsymbol{q}}, \quad B = \frac{\partial \boldsymbol{F}}{\partial \boldsymbol{q}}$$

である．1 次元の場合と同様に式 (8.40) が成り立つと仮定すれば，$\boldsymbol{E}, \boldsymbol{F}$ は $\boldsymbol{q}$ に関して 1 次の同次関数となり

$$\boldsymbol{E} = A\boldsymbol{q}, \quad \boldsymbol{F} = B\boldsymbol{q} \tag{8.47}$$

が成り立つ．このとき行列 A, B は線形変換 Q_A, Q_B により対角化できて

$$Q_A^{-1} A Q_A = \begin{bmatrix} u & 0 & 0 & 0 \\ 0 & u & 0 & 0 \\ 0 & 0 & u+c & 0 \\ 0 & 0 & 0 & u-c \end{bmatrix} \equiv [\lambda_A]$$

$$Q_B^{-1} B Q_B = \begin{bmatrix} v & 0 & 0 & 0 \\ 0 & v & 0 & 0 \\ 0 & 0 & v+c & 0 \\ 0 & 0 & 0 & v-c \end{bmatrix} \equiv [\lambda_B] \tag{8.48}$$

となる．そこで，たとえば式 (8.42) を用いて $[\lambda_A], [\lambda_B]$ を

[*6)] 2 重対角行列の反転は 3 重対角行列に比べ非常に簡単である．

8.4 流束ベクトル分離法

$$[\lambda_A] = [\lambda_A]^+ + [\lambda_A]^-, \quad [\lambda_B] = [\lambda_B]^+ + [\lambda_B]^- \tag{8.49}$$

のように，正の対角要素だけをもつ行列と負の対角要素だけをもつ行列に分解する．このとき $A(B)$ は正および負のみの固有値をもつ行列 $[A]^+, [A]^- ([B]^+, [B]^-)$ に分解することができる．すなわち，1次元の場合と同様

$$Q_A^{-1}[\lambda_A]^+ Q_A = [A]^+, \quad Q_A^{-1}[\lambda_A]^- Q_A = [A]^-$$
$$Q_B^{-1}[\lambda_B]^+ Q_B = [B]^+, \quad Q_B^{-1}[\lambda_B]^- Q_B = [B]^-$$

ととればよい．したがって

$$\boldsymbol{E}^+ = A^+ \boldsymbol{q}, \quad \boldsymbol{E}^- = A^- \boldsymbol{q}, \quad \boldsymbol{F}^+ = B^+ \boldsymbol{q}, \quad \boldsymbol{F}^- = B^- \boldsymbol{q}, \tag{8.50}$$

とおくことにより，$\boldsymbol{E}, \boldsymbol{F}$ は対応する行列が正および負のみの固有値をもつベクトルに分解することができる．$\boldsymbol{E}^+, \boldsymbol{F}^+$ を具体的に式 (8.49) をもとにして構成すると

$$\boldsymbol{E}^+ = \frac{\rho}{2\gamma} \begin{bmatrix} 2\gamma u \\ 2(\gamma-1)u^2 + (u+c)^2 + (u-c)^2 \\ 2(\gamma-1)uv + (u+c)v + (u-c)v \\ W_E \end{bmatrix}$$
$$\boldsymbol{F}^+ = \frac{\rho}{2\gamma} \begin{bmatrix} 2\gamma v \\ 2(\gamma-1)uv + (v+c)u + (v-c)u \\ 2(\gamma-1)v^2 + (v+c)^2 + (v-c)^2 \\ W_F \end{bmatrix} \tag{8.51}$$

ただし

$$W_E = (\gamma-1)u(u^2+v^2) + \frac{1}{2}(u+c)((u+c)^2+v^2)$$
$$+ \frac{1}{2}(u-c)((u-c)^2+v^2) + \frac{(3-\gamma)uc^2}{\gamma-1},$$
$$W_F = (\gamma-1)v(u^2+v^2) + \frac{1}{2}(v+c)(u^2+(v+c)^2)$$
$$+ \frac{1}{2}(v-c)(u^2+(v-c)^2) + \frac{(3-\gamma)vc^2}{\gamma-1}$$

となる．なお，$\boldsymbol{E}^-$ および $\boldsymbol{F}^-$ は

$$\boldsymbol{E}^- = \boldsymbol{E} - \boldsymbol{E}^+, \quad \boldsymbol{F}^- = \boldsymbol{F} - \boldsymbol{F}^+$$

から計算できる．

2次元オイラー方程式に対する差分近似は，オイラー方程式が

$$\frac{\partial \boldsymbol{q}}{\partial t} + \frac{\partial \boldsymbol{E}^+}{\partial x} + \frac{\partial \boldsymbol{E}^-}{\partial x} + \frac{\partial \boldsymbol{F}^+}{\partial y} + \frac{\partial \boldsymbol{F}^-}{\partial y} = 0 \tag{8.52}$$

と書けるので，$\boldsymbol{E}^+, \boldsymbol{F}^+$ の項は後退差分，$\boldsymbol{E}^-, \boldsymbol{F}^-$ の項は前進差分を用いて近似すればよい．たとえば，式 (8.50) を用いて

$$\left\{ [I] + \frac{\Delta t}{2}(\nabla_x[A]^+ + \Delta_x[A]^- + \nabla_y[B]^+ + \Delta_y[B]^-) \right\} \Delta \boldsymbol{q}^n$$
$$= -\Delta t(\nabla_x \boldsymbol{E}^+ + \Delta_x \boldsymbol{E}^- + \nabla_y \boldsymbol{F}^+ + \Delta_y \boldsymbol{F}^-)$$

となるので，近似因数分解法を適用して

$$\left\{ [I] + \frac{\Delta t}{2}(\nabla_x[A]^+ + \nabla_y[B]^+) \right\} \Delta \boldsymbol{q}'$$
$$= -\Delta t(\nabla_x \boldsymbol{E}^+ + \Delta_x \boldsymbol{E}^- + \nabla_y \boldsymbol{F}^+ + \Delta_y \boldsymbol{F}^-)$$
$$\left\{ [I] + \frac{\Delta t}{2}(\Delta_x[A]^- + \Delta_y[B]^-) \right\} \Delta \boldsymbol{q}^n = \Delta \boldsymbol{q}' \tag{8.53}$$

が得られる．式 (8.53) は疎な上三角行列および下三角行列を反転すればよいので，反転は3重対角行列の場合よりもかなり簡単になる．なお，近似因数分解は式 (8.53) だけではなく，たとえば

$$\left\{ [I] + \frac{\Delta t}{2}(\nabla_x[A]^+ + \nabla_y[B]^+ + \Delta_y[B]^-) \right\} \left([I] + \frac{\Delta t}{2}\Delta_x[A]^- \right) \Delta \boldsymbol{q}^n$$
$$= -\Delta t(\nabla_x \boldsymbol{E}^+ + \Delta_x \boldsymbol{E}^- + \nabla_y \boldsymbol{F}^+ + \Delta_y \boldsymbol{F}^-) \tag{8.54}$$

の形にもできる．

8.5 TVD法

スカラー u に対する保存形の1階偏微分方程式

$$\frac{\partial u}{\partial t} + \frac{\partial}{\partial x}f(u) = 0 \tag{8.55}$$

を考える.式 (8.55) に対して**全変動量**(total variation)を

$$\mathrm{TV} = \int_{-\infty}^{\infty} \left| \frac{\partial u}{\partial x} \right| dx \tag{8.56}$$

で定義すると,TV は時間に関して非増加関数であることがわかっている[27]. この事実に対応して,式 (8.55) の差分解についても,式 (8.56) に対する離散化関係式

$$\mathrm{TV}(u_j^n) = \sum_{j=-\infty}^{\infty} |u_{j+1}^n - u_j^n| \tag{8.57}$$

をつくったとき

$$\mathrm{TV}(u_j^{n+1}) \leq \mathrm{TV}(u_j^n) \tag{8.58}$$

を満たすことが望ましい[*7].

式 (8.55) を線形化した上で,空間微分項を

$$\frac{du_j}{dt} = C_{j+1/2}^+ (u_{j+1} - u_j) - C_{j-1/2}^- (u_j - u_{j-1}) \tag{8.59}$$

の形に差分近似したとする.このとき,式 (8.58) の条件を満たすためには,式 (8.59) の係数が

$$C_{j\pm 1/2}^\pm \geq 0 \tag{8.60}$$

を満たす必要があることが,以下のようにして示せる.

式 (8.57) は

$$\mathrm{TV} = \sum_{j=-\infty}^{\infty} S_{j+1/2} (u_{j+1} - u_j) \tag{8.61}$$

ただし

$$S_{j+1/2} = \begin{cases} 1 & (u_{j+1} - u_j > 0) \\ -1 & (u_{j+1} - u_j < 0) \end{cases}$$

と書くことができる.したがって,式 (8.59) から

$$\frac{d(\mathrm{TV})}{dt} = \sum_{j=-\infty}^{\infty} S_{j+1/2} \frac{d}{dt}(u_{j+1} - u_j)$$

[*7] 式 (8.58) は TVD 条件とよばれる.この条件は保存形の方程式 (8.55) を近似する(エントロピー条件を満足する)差分方程式の解が,解析解(弱解)に収束するための必要条件となっている[28].

$$= \sum_{j=-\infty}^{\infty} S_{j+1/2} \{ C_{j+3/2}^+(u_{j+2} - u_{j+1}) - (C_{j+1/2}^+ + C_{j+1/2}^-)(u_{j+1} - u_j)$$
$$+ C_{j-1/2}^-(u_j - u_{j-1}) \}$$

$$= \sum_{j=-\infty}^{\infty} S_{j+1/2} C_{j+3/2}^+(u_{j+2} - u_{j+1})$$
$$- \sum_{j=-\infty}^{\infty} S_{j+1/2}(C_{j+1/2}^+ + C_{j+1/2}^-)(u_{j+1} - u_j)$$
$$+ \sum_{j=-\infty}^{\infty} S_{j+1/2} C_{j-1/2}^-(u_j - u_{j-1})$$

$$= \sum_{j=-\infty}^{\infty} S_{j-1/2} C_{j+1/2}^+(u_{j+1} - u_j)$$
$$- \sum_{j=-\infty}^{\infty} S_{j+1/2}(C_{j+1/2}^+ + C_{j+1/2}^-)(u_{j+1} - u_j)$$
$$+ \sum_{j=-\infty}^{\infty} S_{j+3/2} C_{j+1/2}^-(u_{j+1} - u_j)$$

$$= - \sum_{j=-\infty}^{\infty} V_{j+1/2}(u_{j+1} - u_j) \tag{8.62}$$

が成り立つ．ここで，3番目の等号から4番目の等号への変形では，最初の総和の $(u_{j+2} - u_{j+1})$ を $(u_{j+1} - u_j)$ に，最後の総和の $(u_j - u_{j-1})$ を $(u_{j+1} - u_j)$ に変化させていることに注意する．また，

$$V_{j+1/2} = (C_{j+1/2}^+ + C_{j+1/2}^-)S_{j+1/2} - C_{j+1/2}^+ S_{j-1/2} - C_{j+1/2}^- S_{j+3/2}$$

とおいた．そこで，もし $C_{j+1/2}^+, C_{j+1/2}^-$ が負でなければ，$V_{j+1/2}$ は 0 または $u_{j+1} - u_j$ と同じ符号をもつ[*8]．すなわち，TV の時間微分が負になるため，

[*8] なぜなら，$C_{i+1/2}^+, C_{i+1/2}^-$ が負でないとき，$u_{i+1} - u_i \geq 0$ ならば $S_{i+1/2} = 1$ であるから
$$V_{i+1/2} = C_{i+1/2}^+(1 - S_{i-1/2}) + C_{i+1/2}^-(1 - S_{i+3/2}) \geq 0$$
であり，また $u_{i+1} - u_i < 0$ ならば $S_{i+1/2} = -1$ であるから
$$V_{i+1/2} = -C_{i+1/2}^+(1 + S_{i-1/2}) - C_{i+1/2}^-(1 + S_{i+3/2}) \leq 0$$
が成り立つからである．ただし，S は 1 または -1 であることを用いた．

8.5 TVD法

TV は時間的に増加することはない.

次に，実際に式 (8.60) を満たす差分近似式を構成してみよう．式 (8.55) は空間方向に対してのみ差分化して

$$\frac{du_j}{dt} + \frac{h_{j+1/2} - h_{j-1/2}}{\Delta x} = 0 \qquad (8.63)$$

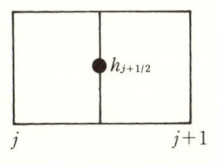

図 8.1 流束の定義点

の形に書いたとする．このとき $h_{j+1/2}$ は図 8.1 において格子点 j と $j+1$ の間の流束と解釈することができる．1 次精度の上流差分法を適用する場合には

$$h_{j+1/2} = \begin{cases} f(u_j) \quad (=f_j) & (a_{j+1/2} \geq 0) \\ f(u_{j+1}) \quad (=f_{j+1}) & (a_{j+1/2} < 0) \end{cases} \qquad (8.64)$$

となる．ただし，$a_{j+1/2}$ は波の速度 $\partial f/\partial u$ を数値的に計算した値で，

$$a_{j+1/2} = \begin{cases} \dfrac{f_{j+1} - f_j}{u_{j+1} - u_j} & (u_{j+1} \neq u_j) \\ \left.\dfrac{\partial f}{\partial u}\right|_{u=u_j} & (u_{j+1} = u_j) \end{cases}$$

である．このとき

$$h_{j+1/2} = f_j - \frac{1}{2}(|a_{j+1/2}| - a_{j+1/2})(u_{j+1} - u_j)$$

$$h_{j-1/2} = f_j - \frac{1}{2}(|a_{j-1/2}| + a_{j-1/2})(u_j - u_{j-1})$$

と書けるから

$$C^+_{j+1/2} = \frac{1}{2\Delta x}(|a_{j+1/2}| - a_{j+1/2})$$

$$C^+_{j-1/2} = \frac{1}{2\Delta x}(|a_{j-1/2}| + a_{j-1/2})$$

となる．この式から，式 (8.60) は満たされることがわかる．したがって，1 次精度上流差分法は常に TVD 条件を満たす「**TVD 差分法**」でもある．より一般的に

$$h_{j+1/2} = \frac{1}{2}(f_{j+1} + f_j) - \alpha_{j+1/2}(u_{j+1} - u_j) \qquad (8.65)$$

（ただし $\alpha_{j+1/2}$ は定数）とすれば

$$h_{j+1/2} = f_j + \frac{1}{2}(f_{j+1} - f_j) - \alpha_{j+1/2}(u_{j+1} - u_j)$$
$$= f_j + \left(\frac{1}{2}a_{j+1/2} - \alpha_{j+1/2}\right)(u_{j+1} - u_j)$$
$$h_{j-1/2} = f_j - \frac{1}{2}(f_j - f_{j-1}) - \alpha_{j-1/2}(u_j - u_{j-1})$$
$$= f_j - \left(\frac{1}{2}a_{j-1/2} + \alpha_{j-1/2}\right)(u_j - u_{j-1})$$

であり，

$$C^+_{j+1/2} = \frac{1}{\Delta x}\left(\alpha_{j+1/2} - \frac{1}{2}a_{j+1/2}\right)$$
$$C^+_{j-1/2} = \frac{1}{\Delta x}\left(\alpha_{j-1/2} + \frac{1}{2}a_{j-1/2}\right)$$

と書ける．したがって，すべての j に対し

$$\alpha_{j+1/2} \geq \frac{1}{2}|a_{j+1/2}| \tag{8.66}$$

が成り立てば，式 (8.59), (8.60) から式 (8.63) に式 (8.65) を用いた方法は TVD 差分法となる．

上述の 2 つの差分法は 1 次精度であったので，次に 2 次精度の TVD 差分法を構成してみる[29)]．たとえば式 (8.65) で $\alpha = 0$ とすれば 2 次精度になるが，この場合，式 (8.66) が満たされなくなる．そこで式 (8.65) の右辺第 2 項を g と書いて，もとの方程式 (8.55) の代わりに

$$\frac{\partial u}{\partial t} + \frac{\partial}{\partial x}(f + g) = 0 \tag{8.67}$$

という方程式に対して，式 (8.65) にもとづいた 1 次精度の TVD 差分法を適用する．g は前述のとおり式 (8.65) の右辺第 2 項であるため

$$\alpha \Delta x \frac{\partial u}{\partial x} \tag{8.68}$$

の近似とみなすことができ，式 (2.67) に代入したときの形から**反拡散項**とよばれる．このとき，g と式 (8.65) を用いた方法の誤差が消し合うため全体として精度 2 の差分法となる．ただし，実際には $\partial g/\partial u$ の近似値である

$$\frac{g_{j+1} - g_j}{u_{j+1} - u_j}$$

が大きくなりすぎないようにするため流束に制限を加える必要がある[*9].

8.6 擬似圧縮性法

圧縮性ナビエ–ストークス方程式は，すべての未知変数について時間発展的になっている．そのため，効率の良し悪しは別にして，スキームが安定であるならば初期条件を与えて時間発展的に順々に解が求まる形をしている．したがって，非圧縮性の場合のように，各時間ステップで連続の式をチェックする必要はない．そこで，逆に非圧縮性ナビエ–ストークス方程式にも擬似的な圧縮性を導入して，圧縮性ナビエ–ストークス方程式と類似の形にして解く方法がある．この種の方法は擬似圧縮性法[30]とよばれている．

いま，擬似的な連続の方程式および状態方程式

$$\frac{\partial \rho}{\partial t} + \nabla \cdot \boldsymbol{v} = 0 \tag{8.69}$$

$$p = \frac{\rho}{\delta} \tag{8.70}$$

を導入する．このとき δ は擬似的な圧縮率を表す．擬似圧縮性法の基礎方程式は，式 (8.70) を式 (8.69) に代入して ρ を消去した式 (8.71)，およびナビエ–ストークス方程式 (8.72)

$$\frac{\partial p}{\partial t} + c^2 \nabla \cdot \boldsymbol{v} = 0 \tag{8.71}$$

$$\frac{\partial \boldsymbol{v}}{\partial t} + (\boldsymbol{v} \cdot \nabla)\boldsymbol{v} = -\nabla p + \frac{1}{\text{Re}} \triangle \boldsymbol{v} \tag{8.72}$$

である．ここで，$c = \sqrt{1/\delta}$ であり擬似的な音速を表す．式 (8.71), (8.72) は $p, \boldsymbol{v}$ に対し初期条件，境界条件を与えれば時間発展的に解が求まる形をしてい

[*9] たとえば

$$\alpha_{j+1/2} = \frac{1}{2} k |a_{j+1/2}| \tag{8.73}$$

の場合には，制限を加えた流束の近似の例として

$$h_{j+1/2} = \frac{1}{2}(f_{j+1} + f_j) + \frac{1}{2}(g_{j+1} + g_j) - \alpha_{j+1/2}(u_{j+1} - u_j)$$

$$- \frac{1}{2} k |g_{j+1} - g_j| \text{sign}(u_{j+1} - u_j) \tag{8.74}$$

がある（sign は符号関数）．この式において右辺第 2 項はほとんどの領域で第 3 項と打ち消し合い，また第 4 項は式 (8.68) を考慮すれば $(\Delta x)^2$ なので，全体として 2 次精度になる．

る．なお，式 (8.69) は実際の物理現象に対応していないため，t は時間を表すわけではない．すなわち，式 (8.71), (8.72) は定常に達して $\partial p/\partial t, \partial \boldsymbol{v}/\partial t$ が 0 になった場合にのみ物理的に正しい解を表す．いいかえれば，擬似圧縮性法は一般的に定常解を求める方法である．時間間隔 Δt の間で擬似圧縮性法を用いることにより Δt 刻みに時間的に正確な方法も構成でき非定常問題に適用できるが[31]，あまり効率がよいとはいえない．式 (8.71), (8.72) にはいままで説明した種々の圧縮性流体の差分解法が応用できるが，ここでは 2 次元デカルト座標に対して，式 (8.71), (8.72) を解くスキームの一例を示す：

$$
\begin{aligned}
u_{i,j}^{n+1} - u_{i,j}^{n-1} &= -\frac{\Delta t}{\Delta x}\{(u_{i+1,j}^n)^2 - (u_{i-1,j}^n)^2\} - \frac{\Delta t}{\Delta y}(u_{i,j+1}^n v_{i,j+1}^n - u_{i,j-1}^n v_{i,j-1}^n) \\
&\quad - \frac{\Delta t}{\Delta x}(p_{i+1,j}^n - p_{i-1,j}^n) + \frac{2}{\text{Re}}\frac{\Delta t}{(\Delta x)^2}(u_{i+1,j}^n + u_{i-1,j}^n - u_{i,j}^{n+1} - u_{i,j}^{n-1}) \\
&\quad + \frac{2}{\text{Re}}\frac{\Delta t}{(\Delta y)^2}(u_{i,j+1}^n + u_{i,j-1}^n - u_{i,j}^{n+1} - u_{i,j}^{n-1}) \quad (8.75)
\end{aligned}
$$

$$
\begin{aligned}
v_{i,j}^{n+1} - v_{i,j}^{n-1} &= -\frac{\Delta t}{\Delta x}(u_{i+1,j}^n v_{i+1,j}^n - u_{i-1,j}^n v_{i-1,j}^n) - \frac{\Delta t}{\Delta y}\{(v_{i,j+1}^n)^2 - (v_{i,j-1}^n)^2\} \\
&\quad - \frac{\Delta t}{\Delta y}(p_{i,j+1}^n - p_{i,j-1}^n) + \frac{2}{\text{Re}}\frac{\Delta t}{(\Delta x)^2}(v_{i+1,j}^n + v_{i-1,j}^n - v_{i,j}^{n+1} - v_{i,j}^{n-1}) \\
&\quad + \frac{2}{\text{Re}}\frac{\Delta t}{(\Delta y)^2}(v_{i,j+1}^n + v_{i,j-1}^n - v_{i,j}^{n+1} - v_{i,j}^{n-1}) \quad (8.76)
\end{aligned}
$$

$$
p_{i,j}^{n+1} - p_{i,j}^n = -\frac{c^2 \Delta t}{\Delta x}(u_{i+1,j}^n - u_{i-1,j}^n) - \frac{c^2 \Delta t}{\Delta y}(v_{i,j+1}^n - v_{i,j-1}^n) \quad (8.77)
$$

これは時間微分および空間の 1 階微分項に対しては中心差分で近似（**Leap–Frog 法**[*10]）し，空間の 2 階微分項は **Dufort–Frankel 法**

$$
\frac{\partial^2 u}{\partial x^2} = \frac{1}{(\Delta x)^2}(u_{i+1,j}^n + u_{i-1,j}^n - u_{i,j}^{n+1} - u_{i,j}^{n-1}) \quad (8.78)
$$

で近似したスキームである．なお，この場合は保存形式で書かれたナビエ–ストークス方程式を用いている．

[*10)] 計算に使う格子点の分布から蛙飛び法と名づけられたのがこの用語の由来である．

付　録

A　安　定　性

微分方程式の適切な初期値問題[*1)]

$$\frac{\partial u}{\partial t} = Lu \tag{A.1}$$

が与えられたとする．ここで L は線形微分演算子である．式 (A.1) の差分近似として

$$u_j^{n+1} = S(\Delta x, \Delta t) u_j^n \tag{A.2}$$

を用いたとする．ただし，S は L に対する差分演算子である．Δx と Δt は任意に選ばず，関数関係

$$\Delta x = h(\Delta t) \tag{A.3}$$

を仮定（$\Delta x \to 0$ のとき $\Delta t \to 0$ とする）した場合，式 (A.2) を差分スキームという．式 (A.2) の解 $u(x,t)$ に対し

$$u(x, t+\Delta t) - S\bigl(h(\Delta t), \Delta t\bigr)u(x,t) = O(\Delta t) \tag{A.4}$$

が成り立つとき，差分スキーム (A.2) は微分方程式 (A.1) に適合するという．さらに，差分演算子 S に対し，適当な正数 T を選んだとき，$0 < n\Delta t < T$ を満たす任意の n と Δt に対し，S のノルム $\|S\|$ が

$$\|S\|^n < C \tag{A.5}$$

[*1)]　任意の初期値に対し解が一意に決まり，かつ解が初期値に連続的に依存するような問題．

であるような n によらない定数 C が存在するならば，S は安定という．このとき以下の定理が証明されている（**Lax** の同等定理）[21]．

「差分スキームが微分方程式に適合し，さらに安定であるとき，差分方程式の解は $\Delta t \to 0$ の極限で微分方程式の解に収束する」（図 1）．

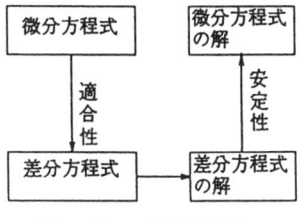

図 1　Lax の同等定理

微分を，それを近似する差分に置き換えて差分方程式をつくる場合，適合性はふつう満たされている．したがって，差分近似解を求めるときには安定性が重要な役割を果たす．安定性を具体的に調べるためには S の大きさを表す $\|S\|$ を見積もる必要がある．そのためには，

① 行列の固有値を調べる方法
② 差分解のフーリエ成分を調べる方法（ノイマンの方法）

がある．行列の固有値を求めるのは計算が大変なので，一般性は①ほどないが，計算が簡単な②の方法がしばしば用いられる．そこで，②についてもう少し詳しく説明しよう．

式 (A.2) の特解として

$$u_j^n = g^n \exp(\sqrt{-1}\xi j \Delta x) \tag{A.6}$$

を仮定する．一般に差分法は隣接するいくつかの格子点における関数値の線形結合で表される．したがって，平行移動を表す演算子 T^m を

$$T^m u(x) = u(x + m\Delta x) \tag{A.7}$$

で定義すると，差分演算子 S は

$$S = \sum C_m T^m \tag{A.8}$$

と書ける．ただし，C_m は $\Delta x, \Delta t$ に依存する係数である．式 (A.6), (A.7) から，

$$T^m u_j^n = g^n \exp\left(\sqrt{-1}\xi(n+m)\Delta x\right) = u_j^n \exp(\sqrt{-1}\xi m \Delta x)$$

が成り立つため，式 (A.6) を式 (A.2) に代入すると

$$u_j^{n+1} = S u_j^n = \sum C_m T^m u_j^n = \left\{\sum C_m \exp(\sqrt{-1}\xi m \Delta x)\right\} u_j^n$$

A 安定性

となる. 一方, 式 (A.6) より

$$u_j^{n+1} = g^{n+1} \exp(\sqrt{-1}\xi j \Delta x) = g u_j^n$$

であるから,

$$g = \sum C_m \exp(\sqrt{-1}\xi m \Delta x) \tag{A.9}$$

ととれば, 式 (A.6) は式 (A.7) を満足することがわかる. g は一般に複素数で

$$g = |g| \exp(\sqrt{-1}\varphi) \tag{A.10}$$

と表せる. $|g|$ は差分方程式の厳密解の 1 つのフーリエ成分を表す式 (A.6) が, 演算子 S によって 1 つの時間ステップあたりどれだけ拡大(縮小)されるかを表す量で増幅率とよばれる. 前の議論より差分スキームが安定であるためには

$$|g|^n < C \tag{A.11}$$

を満たす定数 C が ($0 < n\Delta t < T$ を満たす任意の $\xi, n, \Delta t$ に対して) 存在することが要求される. なぜなら, 解はフーリエ成分の線形結合で表されるため式 (A.11) を満足しない成分が 1 つでも存在してはならないからである. 式 (A.11) は

$$|g| < 1 + K \Delta t \tag{A.12}$$

を満たす正定数 K が存在すれば満足される.

なお, 式 (A.10) の φ は, 演算子 S によって 1 つの時間ステップあたりどれだけ位相が変化するかを表す量(位相差とよばれる)である.

2.5 節ですでに説明したように, 波動方程式

$$\frac{\partial u}{\partial t} + c \frac{\partial u}{\partial x} = 0 \quad (c > 0) \tag{A.13}$$

に対し, 差分近似 (1 次精度上流差分)

$$\frac{u_j^{n+1} - u_j^n}{\Delta t} = -c \frac{u_j^n - u_{j-1}^n}{\Delta x} \tag{A.14}$$

を行ったとき, 式 (A.6) の形の特解を仮定すると, $\mu = c\Delta t/\Delta x$ (クーラン数) として

$$g = (1 - \mu + \mu \cos \xi \Delta x) + \sqrt{-1} \mu \sin \xi \Delta x$$

となる．したがって，g を式 (A.10) の形に表現すると

$$|g| = \sqrt{(1-\mu+\mu\cos\theta)^2 + (\mu\sin\theta)^2} \qquad \text{(A.15)}$$

$$\varphi = -\tan^{-1}\frac{\mu\sin\theta}{1-\mu+\mu\cos\theta} \qquad \text{(A.16)}$$

となり，このスキームの増幅率と位相差が求まる．ただし，$\theta = \xi\Delta x$ とおいている．

次に微分方程式 (A.13) の特解を求めてみる．式 (A.6) を参照して

$$u(x,t) = g(t)\exp(\sqrt{-1}\xi x)$$

とおいて式 (A.13) に代入すると

$$g(t) = \exp(-\sqrt{-1}c\xi t)$$

となるため，

$$u(x,t) = \exp(\sqrt{-1}\xi(x-ct)) \qquad \text{(A.17)}$$

が得られる．したがって，差分近似の増幅率 g に対応する量，すなわち t が $t+\Delta t$ に変化したときの u の比を g_{exact} と書くことにすれば

$$g_{\text{exact}} = \frac{u(x,t+\Delta t)}{u(x,t)} = \frac{\exp(\sqrt{-1}\xi(x-ct-c\Delta t))}{\exp(\sqrt{-1}\xi(x-ct))} = \exp(-\sqrt{-1}\xi c\Delta t)$$

$$= \exp(-\sqrt{-1}\mu\xi\Delta x) = \exp(-\sqrt{-1}\mu\theta)$$

となる．このことは

$$|g_{\text{exact}}| = 1 \qquad \text{(A.18)}$$

$$\varphi_{\text{exact}} = -\mu\theta \qquad \text{(A.19)}$$

が微分方程式の厳密解での増幅率と位相差になることを意味している．

式 (A.15), (A.16) から，$|g|, \varphi$ は μ, θ の関数であるが，スキームの性質を厳密解と比較して調べるために μ をパラメータとしていくつかの値に固定した上で，$0 \leq \theta \leq \pi$ の範囲で θ (波数に対応) を変化させて $|g|$ および $|\varphi/\varphi_{\text{exact}}|$ がどのように変化するかを調べる．$|g|$ と $|\varphi/\varphi_{\text{exact}}|$ を動径として極座標的に表示した結果を図 2(a), (b) に示す．(a) から 1 次精度上流差分法を用いた場合，

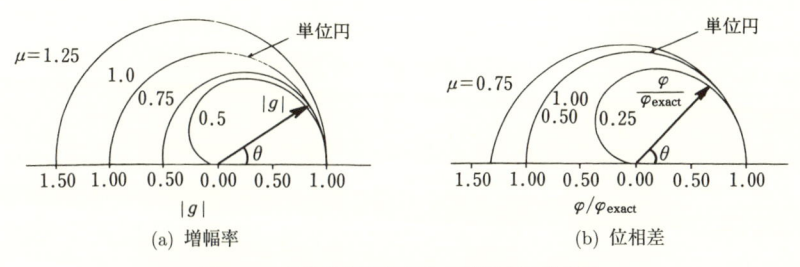

図 2　1 次精度上流差分法の増幅率と位相差

(i) μ が 1 より大きいとき ($\mu = 1.25$), $|g|$ は単位円より外側にあるため増幅率が 1 を超えてスキーム (A.14) は不安定であること, (ii) $\mu = 1$ のときは厳密解と一致すること, (iii) μ が 1 より小さいときは θ が 0 に近いところですでに $|g|$ が 1 より小さくなっている (すなわち減衰が大きい) ことなどがわかる. 一方, (b) から, (iv) $\mu = 0.75$ のとき曲線が単位円の外側にあるため, 位相は厳密解より進むこと, (v) $\mu = 1, 0.5$ では厳密解と一致すること, (vi) $\mu = 0.25$ のときは位相が遅れることなどがわかる.

Lax–Wendroff 法 (2.46) に対して, 同様に $|g|, \varphi$ を求めると

$$|g| = \sqrt{(1 - \mu^2(1 - \cos\theta))^2 + (\mu\sin\theta)^2} \qquad \text{(A.20)}$$

$$\varphi = -\tan^{-1}\frac{\mu\sin\theta}{1 - \mu^2(1 - \cos\theta)} \qquad \text{(A.21)}$$

となり, 図 2 に対応する図を描くと, 図 3 のようになる. 図から Lax–Wendroff 法は 1 次精度上流差分に比べて, (i) 特に低波数 ($\theta < \pi/3$) で $|g| = 1$ に近く減衰が小さいこと, 一方, 位相差については厳密解とのずれが大きく, 特に位相遅れが ($\mu = 0.75$ の高波数部分を除き) 目立つことなどがわかる.

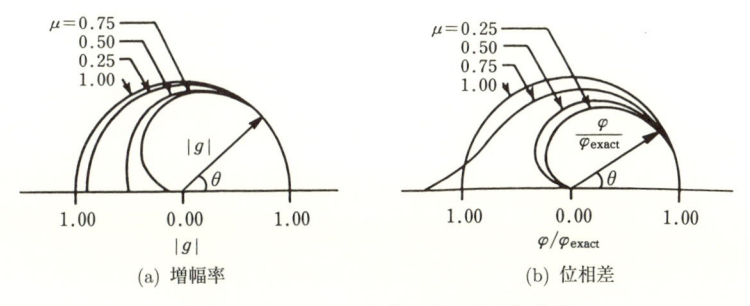

図 3　Lax–Wendroff 法の増幅率と位相差

B 重み付き残差法（常微分方程式）

1.2 節では常微分方程式の境界値問題の近似解法として差分法を説明したが，ここでは微分方程式を積分形にして取り扱う**重み付き残差法**について説明する．

境界値問題

$$\begin{cases} Au = f \ (a < x < b) \\ Bu = 0 \ (x = a, b) \end{cases} \tag{B.1}$$

を考える．ここで A, B は微分オペレータ，第 2 式は境界条件を表す．いま，境界条件を満足する関数列

$$\{\varphi_n(x)\} \quad (n = 1, 2, \ldots) \tag{B.2}$$

ただし，$B\varphi_n(x) = 0$

を考え，φ_n の線形結合で解を近似してみる．ただし，和は有限項で打ち切り，

$$u \sim \bar{u} = \sum_{n=1}^{N-1} C_n \varphi_n \tag{B.3}$$

とおく．ここで c_n は未定の係数である．式 (B.3) は境界条件は満たすが，有限個の関数の線形結合であるため，方程式 $Au = f$ は一般には満たさない．すなわち，

$$\varepsilon(x) = A\bar{u} - f \tag{B.4}$$

は一般に 0 ではない．ε は残差とよばれ x の関数である．そこで，適当な重み関数の列

$$\{w_n(x)\} \quad (n = 1, 2, \ldots, N-1) \tag{B.5}$$

をとり，ε と w_n の内積が 0，すなわち

$$(\varepsilon, w_n) = \int_a^b \varepsilon(x) w_n(x) dx = 0 \tag{B.6}$$

が成り立つように未定の係数 c_n を決める．すなわち，式 (B.6) が成り立つという意味で残差を小さくする．これは**重み付き残差法**とよばれ，関数列 $\{\varphi_n\}, \{w_n\}$ のとり方により種々の方法がある．ここでは 3 種類を紹介する．

B.1　選点法

x_n を格子点の座標とするとき

$$w_n = \delta(x - x_n) \tag{B.7}$$

にとる方法を**選点法**という．ここで δ はディラックの δ 関数である．このとき，式 (B.6) は

$$(\varepsilon, w_n) = \int_a^b \varepsilon(x)\delta(x - x_n)dx = \varepsilon(x_n) = 0$$

となる．すなわち，離散的な格子点上において残差を 0 にする方法である．

B.2　ガレルキン法

$$w_n = \varphi_n \tag{B.8}$$

にとる方法がガレルキン法である．このとき

$$(\varepsilon, \varphi_n) = (A\bar{u} - f, \varphi_n) = 0$$

であるから

$$(A\bar{u}, \varphi_n) = (f, \varphi_n) \quad (n = 1, 2, \ldots, N-1) \tag{B.9}$$

となる．特に A が線形演算子の場合，$A = L$ と書くことにすれば

$$A\bar{u} = L\left(\sum_{m=1}^{N-1} C_m \varphi_m\right) = \sum_{m=1}^{N-1} C_m L\varphi_m$$

であり，式 (B.9) は

$$\sum_{m=1}^{N-1} (L\varphi_m, \varphi_n)C_m = (f, \varphi_n) \quad (n = 1, 2, \ldots, N-1) \tag{B.10}$$

と変形できる．このとき $(L\varphi_m, \varphi_n), (f, \varphi_n)$ は既知であるため，式 (B.10) は未知数 $C_1, C_2, \ldots, C_{N-1}$ を決める連立 1 次方程式になる．

B.3　有限要素法

ガレルキン法において φ_n として図 4 に示すような区分 **1 次多項式**とよばれる関数，すなわち各格子点において

$$\begin{cases} \varphi_n = (x - x_{n-1})/(x_n - x_{n-1}) & (x_{n-1} \leq x \leq x_n) \\ \varphi_n = (x_{n+1} - x)/(x_{n+1} - x_n) & (x_n \leq x \leq x_{n+1}) \\ \varphi_n = 0 & (x \leq x_{n-1},\ x \geq x_{n+1}) \\ \quad (n = 1, 2, \ldots, N-1) & \end{cases} \quad \text{(B.11)}$$

にとる場合,特に**有限要素法**という.このとき

$$\varphi_m(x_n) = \delta_{mn} = \begin{cases} 1 & (m = n) \\ 0 & (m \neq n) \end{cases} \quad \text{(B.12)}$$

が成り立つので,各格子点での u の近似値を u_n とおくと

$$u_n = \bar{u}(x_n) = \sum_{m=1}^{N-1} C_m \varphi_m(x_n) = \sum_{m=1}^{N-1} C_m \delta_{mn} = C_n$$

となる.すなわち,未定の係数そのものが u の近似値を表している.一方,φ_m として式 (B.11) を用いた場合,φ_m は点 x_m で 2 階以上の導関数をもたないため,L が 2 階以上の場合は,$(L\varphi_m, \varphi_n)$ は計算できない.この場合は部分積分を行って微分の階数を下げてから計算を行うことになる.

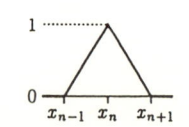

図 4 区分 1 次多項式

たとえば,

$$(\varphi_j'', \varphi_k) = \int_0^1 \varphi_j'' \varphi_k dx = [\varphi_j' \varphi_k]_0^1 - \int_0^1 \varphi_j' \varphi_k' dx = -(\varphi_j', \varphi_k')$$

とする.ただし両端(0 と 1)で φ_k が 0 であることを用いている.今後,2 階微分を含んだ内積はこのように変形して計算する.この手続きは「**弱形式化**」とよばれている.

以上のことを考慮して内積を実際に計算する.まず,区分 1 次多項式を用いたため (φ_j, φ_k) と (φ_j', φ_k') が 0 でないのは 2 つの被積分関数の 0 でない部分が重なるところだけである.すなわち (φ_j, φ_k) については,図 5 に示すように

図 5 φ_m と φ_n の関係

$$(\varphi_{k-1}, \varphi_k) \neq 0, \quad (\varphi_k, \varphi_k) \neq 0, \quad (\varphi_{k+1}, \varphi_k) \neq 0$$

となり，同様に (φ'_j, φ'_k) については

$$(\varphi'_{k-1}, \varphi'_k) \neq 0, \quad (\varphi'_k, \varphi'_k) \neq 0, \quad (\varphi'_{k+1}, \varphi'_k) \neq 0$$

となるが，それ以外の項は 0 である．一方，たとえば式 (4.1) の L の場合

$$(L\varphi_j, \varphi_k) = (\varphi''_j, \varphi_k) + (\varphi_j, \varphi_k) = -(\varphi'_j, \varphi'_k) + (\varphi_j, \varphi_k)$$

である．したがって，一般に式 (B.10) の係数からつくった行列において k 行目で 0 でないのは

$$(L\varphi_{k-1}, \varphi_k) \neq 0, \quad (L\varphi_k, \varphi_k) \neq 0, \quad (L\varphi_{k+1}, \varphi_k) \neq 0$$

だけになる．さらに，積分の性質から

$$(g, \varphi_k) = \int_0^1 g\varphi_k dx = \sum_{j=1}^{N-1} \int_{x_{j-1}}^{x_j} g\varphi_k dx$$

$(g = L\varphi_{k-1}, L\varphi_k, L\varphi_{k+1})$ となる．ここで，φ_k として区分 1 次多項式を用いたため，積分が 0 でないのは $(L\varphi_{k-1}, \varphi_k)$ の計算に関しては $[x_{k-1}, x_k]$ の区間のみ，$(L\varphi_{k+1}, \varphi_k)$ に関しては $[x_k, x_{k+1}]$ の区間のみ，$(L\varphi_k, \varphi_k)$ と (f, φ_k) に関しては $[x_{k-1}, x_{k+1}]$ の区間のみである．

そこで，これらの積分を次の記号

$$(L\varphi_{k-1}, \varphi_k) = \int_{x_{k-1}}^{x_k} (L\varphi_{k-1})\varphi_k dx = A_{k-1,k}$$

$$(L\varphi_{k+1}, \varphi_k) = \int_{x_k}^{x_{k+1}} (L\varphi_{k+1})\varphi_k dx = C_{k,k+1}$$

$$(L\varphi_k, \varphi_k) = \int_{x_{k-1}}^{x_k} (L\varphi_k)\varphi_k dx + \int_{x_k}^{x_{k+1}} (L\varphi_k)\varphi_k dx = B_{k-1,k} + B_{k,k+1}$$

$$(f, \varphi_k) = \int_{x_{k-1}}^{x_{k+1}} f\varphi_k dx = f_k$$

で表すことにする．ここで下添字は積分区間に対応していることに注意する．このとき連立 1 次方程式の係数行列は

$$\begin{bmatrix} B_{01} + B_{12} & C_{12} & & & \huge{0} \\ A_{12} & B_{12} + B_{23} & \ddots & & \\ & \ddots & \ddots & & C_{n-1,n} \\ \huge{0} & & & A_{n-1,n} & B_{n-1,n} + B_{n,n+1} \end{bmatrix} \quad \text{(B.13)}$$

と記すことができる．ここで n 次の行列単位を $E_{ij} = [\delta_{ij}]$ とする．すなわち，(i,j) 成分のみ 1 で，他の成分はすべて 0 の n 次正方行列である．これを用いると，(B.13) は，

$$B_{01}E_{11} + \sum_{i=1}^{n-1}\{B_{i,i+1}(E_{ii} + E_{i+1,i+1}) + A_{i,i+1}E_{i+1,i} + C_{i,i+1}E_{i,i+1}\}$$
$$+ B_{n,n+1}E_{nn}$$

と表記することができる．しかも，$\{\cdots\}$ の部分は下添字に注目すれば，1 つの要素における積分だけを含んでおり，他の行列はその区間の積分は含んでいない．このことは各要素ごとに，小行列

$$\begin{bmatrix} B_{j-1,j} & C_{j-1,j} \\ A_{j-1,j} & B_{j-1,j} \end{bmatrix}$$

をつくって，さらにそれを

$$\begin{bmatrix} \cdot & \vdots & \vdots & \cdot \\ \cdots & B_{j-1,j} & C_{j-1,j} & \cdots \\ \cdots & A_{j-1,j} & B_{j-1,j} & \cdots \\ \cdot & \vdots & \vdots & \cdot \end{bmatrix}$$

のように拡大し，すべての要素について加え合わせれば係数行列が得られることを意味している．

以下，具体的に問題を解くために区間 $[0,1]$ を n 等分して $h = 1/n$ とおけば，簡単な計算から

$$A_{j-1,j} = \frac{1}{h} + \frac{h}{6}, \quad B_{j-1,j} = -\frac{1}{h} + \frac{h}{3}$$
$$B_{j,j+1} = -\frac{1}{h} + \frac{h}{3}, \quad C_{j,j+1} = \frac{1}{h} + \frac{h}{6}$$
$$f_j = jh^2$$

となる．したがって，これらの値を式 (B.13) に代入して少し変形すれば

$$\begin{bmatrix} -2\left(1-\frac{h^2}{3}\right) & 1+\frac{h^2}{6} & & & 0 \\ 1+\frac{h^2}{6} & -2\left(1-\frac{h^2}{3}\right) & \ddots & & \\ & \ddots & \ddots & 1+\frac{h^2}{6} & \\ 0 & & 1+\frac{h^2}{6} & -2\left(1-\frac{h^2}{3}\right) \end{bmatrix} \begin{bmatrix} u_1 \\ u_2 \\ \vdots \\ u_{N-2} \\ u_{N-1} \end{bmatrix}$$

$$= \begin{bmatrix} -h^3 \\ -2h^3 \\ \vdots \\ -(N-2)h^3 \\ -(N-1)h^3 \end{bmatrix}$$

が得られる.この連立1次方程式を解くことにより,要素(格子)上の u の近似値が求まる.

C 有 限 体 積 法

いままで差分法について詳しく説明してきた.差分法は微分方程式の微分商を差分商に置き換えて解く方法であるが,付録Bで説明したように微分方程式を積分形に直して解く方法もある.そもそも流体力学に現れる微分方程式は物理量の保存則を表す積分形式から導かれることが多く,そのような場合,積分形のままで近似すれば保存則が満たされるという利点がある.ここでは重み付き残差法の一種とみなされ,流体解析に多用される**有限体積法**について説明する.

例として1階の偏微分方程式

$$\frac{\partial u}{\partial t} + \frac{\partial E(u)}{\partial x} + \frac{\partial F(u)}{\partial y} = 0 \qquad (C.1)$$

を考える.ある種の圧縮性流体の運動を記述する方程式であるオイラー方程式がこの形をしているなど,式 (C.1) は物理学,工学において重要な方程式である.式 (C.1) を数値的に解くため,図6に示すように領域を小領域(長方形である必要はない)に分割して,各格子点(・印)上の近似値を添字 j, k を付けて $E_{j,k}$ のように表すことにす

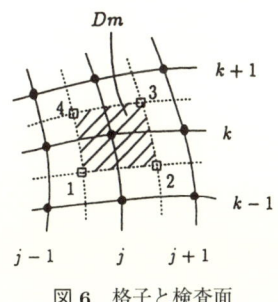

図 6 格子と検査面

る．次に図 6 に示すように着目している格子点と隣接している格子点の中間に**検査面**とよばれる仮想的な領域（図において斜線で示される部分）を考え D_m で表す．

近似解を用いる場合，式 (C.1) の左辺は一般に 0 とならない．そこで，式 (C.1) の左辺を 0 でなく残差とみなし，重み付き残差法

$$\int w_m \left(\frac{\partial u}{\partial t} + \frac{\partial E}{\partial x} + \frac{\partial F}{\partial y} \right) dS = 0 \tag{C.2}$$

を適用する．特に重み関数 w_n として

$$\begin{cases} w_m = 1 & (D_m 内) \\ w_m = 0 & (それ以外) \end{cases} \tag{C.3}$$

と選んだとする．このとき式 (C.2) は

$$\begin{aligned} 0 &= \int_{D_m} \left(\frac{\partial u}{\partial t} + \frac{\partial E}{\partial x} + \frac{\partial F}{\partial y} \right) dxdy \\ &= \frac{\partial}{\partial t} \int_{D_m} u\, dxdy + \int_{D_m} \left(\frac{\partial E}{\partial x} + \frac{\partial F}{\partial y} \right) dxdy \end{aligned} \tag{C.4}$$

となる．一方，右辺第 2 項はグリーンの定理により

$$\int_{12341} (E\,dy - F\,dx)$$

と変形できる．ただし，積分は D_m の周に沿ってとる．検査面の面積を A とすれば式 (C.4) は

$$\frac{\partial}{\partial t}(Au) + \sum_{12341} (F\Delta y - F\Delta x) = 0 \tag{C.5}$$

と近似できる．

図 6 から，辺 1–2 上での代表点は，1, 2 の中点をとるのが自然であるので

$$E_{12} = (E_{j,k-1} + E_{j,k})/2, \quad F_{12} = (F_{j,k-1} + F_{j,k})/2$$

と近似する．また，

$$\Delta y_{12} = y_2 - y_1, \quad \Delta x_{12} = x_2 - x_1$$

が成り立つ．同様のことが他の辺についても成り立つため，A が時間的に不変

であるとすると，

$$A\frac{du_{j,k}}{dt} + (E_{j,k-1} + E_{j,k})(y_2 - y_1)/2 - (F_{j,k-1} + F_{j,k})(x_2 - x_1)/2$$
$$+ (E_{j,k} + E_{j+1,k})(y_3 - y_2)/2 - (F_{j,k} + F_{j+1,k})(x_3 - x_2)/2$$
$$+ (E_{j,k} + E_{j,k+1})(y_4 - y_3)/2 - (F_{j,k} + F_{j,k+1})(x_4 - x_3)/2$$
$$+ (E_{j-1,k} + E_{j,k})(y_1 - y_4)/2 - (F_{j-1,k} + F_{j,k})(x_1 - x_4)/2 = 0 \quad (\text{C.6})$$

が得られる．これが有限体積法による式 (C.1) の近似である．上式を導くとき格子が長方形であることは使っていないので，どのような形状の格子にも適用できる．特に等間隔の長方形格子（格子幅 $\Delta x, \Delta y$）の場合に式 (C.5) は

$$\Delta x \Delta y \frac{du_{j,k}}{dt} - (F_{j,k-1} + F_{j,k})\Delta x/2 + (E_{j,k} + E_{j+1,k})\Delta y/2$$
$$+ (F_{j,k} + F_{j,k+1})\Delta x/2 - (E_{j-1,k} + E_{j,k})\Delta y/2 = 0$$

すなわち

$$\frac{du_{j,k}}{dt} + \frac{E_{j+1,k} - E_{j-1,k}}{2\Delta x} + \frac{F_{j,k+1} - F_{j,k-1}}{2\Delta y} = 0 \quad (\text{C.7})$$

となる．式 (C.7) は式 (C.1) の空間微分項を中心差分で近似したものと一致する．

次に 2 階微分を含んだ場合の有限体積法の取り扱いについて，ラプラス方程式

$$u_{xx} + u_{yy} = 0 \quad (\text{C.8})$$

を例にとり簡単に説明しよう．式 (C.8) は式 (C.1) で

$$\frac{du}{dt} = 0, \ E = \frac{\partial u}{\partial x}, \ F = \frac{\partial u}{\partial y}$$

とおくことにより得られる．したがって，式 (C.6) は

$$\left[\frac{\partial u}{\partial x}\right]_{j,k-1/2}(y_2 - y_1) - \left[\frac{\partial u}{\partial y}\right]_{j,k-1/2}(x_2 - x_1)$$
$$+ \left[\frac{\partial u}{\partial x}\right]_{j+1/2,k}(y_3 - y_2) - \left[\frac{\partial u}{\partial y}\right]_{j+1/2,k}(x_3 - x_2)$$
$$+ \left[\frac{\partial u}{\partial x}\right]_{j,k+1/2}(y_4 - y_3) - \left[\frac{\partial u}{\partial y}\right]_{j,k+1/2}(x_4 - x_3)$$

$$+ \left[\frac{\partial u}{\partial x}\right]_{j-1/2,k} (y_1 - y_4) - \left[\frac{\partial u}{\partial y}\right]_{j-1/2,k} (x_1 - x_4)$$
$$= 0 \qquad (\text{C}.9)$$

となる.

微分項の取り扱いについては,種々の方法が考えられるが,たとえば

$$\frac{\partial u}{\partial x} \sim \frac{1}{S} \iint_S \left(\frac{\partial u}{\partial x}\right) dxdy$$
$$= \frac{1}{S} \int_\Gamma udy \quad (\Gamma \text{ は } S \text{ の境界}) \quad (\text{C}.10)$$

とする.このとき,図7のように S をとることにすると

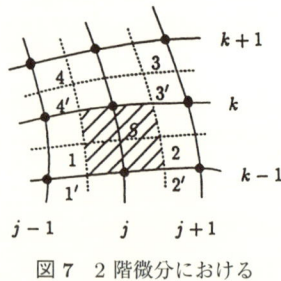

図7 2階微分における検査面

$$\int_{1'2'3'4'1'} udy = u_{j,k-1}(y_{2'} - y_{1'}) + u_2(y_{3'} - y_{2'}) + u_{j,k}(y_{4'} - y_{3'}) + u_1(y_{1'} - y_{4'})$$
$$(\text{C}.11)$$

となる.あまり格子が歪んでいなければ

$$y_{2'} - y_{1'} = y_3 - y_4 = y_2 - y_1, \quad y_{3'} - y_{2'} = y_{4'} - y_{1'} = y_k - y_{k-1}$$
$$S = (x_2 - x_1)(y_k - y_{k-1}) - (y_2 - y_1)(x_k - x_{k-1})$$

が成り立つため,式 (C.10) は

$$\left.\frac{\partial u}{\partial x}\right|_{j,k-1/2} = \frac{(u_2 - u_1)(y_k - y_{k-1}) - (u_{j,k} - u_{j,k-1})(y_2 - y_1)}{(x_2 - x_1)(y_k - y_{k-1}) - (y_2 - y_1)(x_k - x_{k-1})} \quad (\text{C}.12)$$

で近似できる.同様の手続きを他の格子点の微係数について行うと,ラプラス方程式 (C.8) に対する近似方程式をつくることができる.

ここで u_1, u_2 はたとえば

$$u_1 = (u_{j-1,k-1} + u_{j,k-1} + u_{j,k} + u_{j-1,k})/4$$
$$u_2 = (u_{j,k-1} + u_{j+1,k-1} + u_{j+1,k} + u_{j,k})/4$$

で近似する.

なお,境界条件が u の微係数に関して課されるノイマン問題の場合,境界条件を直接,式 (C.9) に代入することができるため,むしろ取り扱いが簡単になる.

D SIMPLE法

有限体積法を応用した非圧縮性ナビエ–ストークス方程式の解法を紹介しよう．簡単のため，2次元の場合について考え，領域を長方形に分割して保存形の方程式

$$\frac{\partial q}{\partial t} + \frac{\partial E}{\partial x} + \frac{\partial F}{\partial y} = 0 \tag{D.1}$$

を有限体積法で近似する．図8に示すようにE, Fの評価点を定義すると式(C.5)から長方形格子では

$$\Delta x \Delta y \frac{\partial q}{\partial t} + \sum_{1234} (E\Delta y - F\Delta x)$$
$$= \Delta x \Delta y \frac{\partial q}{\partial t} + (E_+ - E_-)\Delta y + (F_+ - F_-)\Delta x = 0 \tag{D.2}$$

と近似される．

2次元非圧縮性ナビエ–ストークス方程式は保存形で

$$\frac{\partial u}{\partial x} + \frac{\partial v}{\partial y} = 0 \tag{D.3}$$

$$\frac{\partial u}{\partial t} + \frac{\partial u^2}{\partial x} + \frac{\partial uv}{\partial y} = -\frac{\partial p}{\partial x} + \frac{1}{\text{Re}}\left(\frac{\partial^2 u}{\partial x^2} + \frac{\partial^2 u}{\partial y^2}\right) \tag{D.4}$$

$$\frac{\partial v}{\partial t} + \frac{\partial uv}{\partial x} + \frac{\partial v^2}{\partial y} = -\frac{\partial p}{\partial y} + \frac{1}{\text{Re}}\left(\frac{\partial^2 v}{\partial x^2} + \frac{\partial^2 v}{\partial y^2}\right) \tag{D.5}$$

となる．領域を長方形格子に分割して図9に示すように速度，圧力の定義点をとったとする（スタガード格子）．式(D.1)において$q = 0, E = u, F = v$とおけば連続の式(D.3)となるため，検査面を図9のようにとった場合，式(D.3)

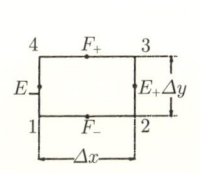

図8 E, Fの評価点

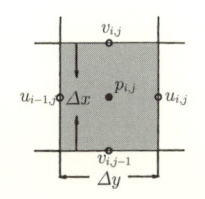

図9 速度，圧力の定義点

の有限体積法による近似は式 (D.2) から

$$(u_{i,j}^{n+1} - u_{i-1,j}^{n+1})\Delta y + (v_{i,j}^{n+1} - v_{i,j-1}^{n+1})\Delta x = 0 \qquad \text{(D.6)}$$

となる．ただし，陰的に取り扱うことを意図しているため，上添字は $n+1$ にしている．次に式 (D.1) において

$$\begin{cases} q = u \\ E = u^2 + p - \dfrac{1}{\text{Re}}\dfrac{\partial u}{\partial x} \\ F = uv - \dfrac{1}{\text{Re}}\dfrac{\partial u}{\partial y} \end{cases} \qquad \text{(D.7)}$$

とおけば式 (D.4) になる．したがって，式 (D.4) の近似は時間微分にオイラー陰解法を用い，検査面として図 10 に示す領域をとれば，式 (D.2) から

$$\frac{\Delta x \Delta y}{\Delta t}(u_{i,j}^{n+1} - u_{i,j}^n) + (E_+ - E_-)\Delta y + (F_+ - F_-)\Delta x = 0 \qquad \text{(D.8)}$$

となる．ここで

$$\begin{cases} E_+ = \dfrac{(u_{i,j}^n + u_{i+1,j}^n)(u_{i,j}^{n+1} + u_{i+1,j}^{n+1})}{4} - \dfrac{1}{\text{Re}}\dfrac{u_{i+1,j}^{n+1} - u_{i,j}^{n+1}}{\Delta x} + p_{i,j} \\ E_- = \dfrac{(u_{i-1,j}^n + u_{i,j}^n)(u_{i-1,j}^{n+1} + u_{i,j}^{n+1})}{4} - \dfrac{1}{\text{Re}}\dfrac{u_{i,j}^{n+1} - u_{i-1,j}^{n+1}}{\Delta x} + p_{i-1,j} \\ F_+ = \dfrac{(v_{i,j}^n + v_{i+1,j}^n)(u_{i,j}^{n+1} + u_{i,j+1}^{n+1})}{4} - \dfrac{1}{\text{Re}}\dfrac{u_{i,j+1}^{n+1} - u_{i,j}^{n+1}}{\Delta y} \\ F_- = \dfrac{(v_{i,j-1}^n + v_{i+1,j-1}^n)(u_{i,j-1}^{n+1} + u_{i,j}^{n+1})}{4} - \dfrac{1}{\text{Re}}\dfrac{u_{i,j}^{n+1} - u_{i,j-1}^{n+1}}{\Delta y} \end{cases}$$
$$\text{(D.9)}$$

である．ただし，E_+, E_-, F_+, F_- において積の項は半陰的に取り扱っている．式 (D.9) を式 (D.8) に代入すると最終的に

$$a_0 u_0 = a_E u_E + a_N u_N + a_W u_W + a_S u_S + \Delta y(p_E - p_W) + b \qquad \text{(D.10)}$$

となる．ただし，上添字 $n+1$ は省略してあり，また下添字の意味は図 11 に示したとおりである．ここで，

$$\begin{cases} a_0 = \dfrac{\Delta y(u_E - u_W)}{4} + \dfrac{\Delta x(v_N - v_S)}{4} + \dfrac{2}{\mathrm{Re}}\left(\dfrac{\Delta y}{\Delta x} + \dfrac{\Delta x}{\Delta y}\right) + \dfrac{\Delta x \Delta y}{\Delta t} \\ a_E = \dfrac{\Delta y(u_0 + u_E)}{4} - \dfrac{\Delta y}{\mathrm{Re}\Delta x} \\ a_N = \dfrac{\Delta x(v_0 + v_N)}{4} - \dfrac{\Delta x}{\mathrm{Re}\Delta y} \\ a_W = -\dfrac{\Delta y(u_0 + u_W)}{4} - \dfrac{\Delta y}{\mathrm{Re}\Delta x} \\ a_S = -\dfrac{\Delta x(v_0 + v_S)}{4} - \dfrac{\Delta x}{\mathrm{Re}\Delta y} \\ b = \dfrac{\Delta x \Delta y u_0^n}{\Delta t} \end{cases} \quad (\text{D.11})$$

である.

式 (D.5) に対しても

$$\begin{cases} q = v \\ E = uv - \dfrac{1}{\mathrm{Re}}\dfrac{\partial v}{\partial x} \\ F = v^2 + p - \dfrac{1}{\mathrm{Re}}\dfrac{\partial v}{\partial y} \end{cases} \quad (\text{D.12})$$

とおくことにより同様に近似できる. すなわち, 検査面を図 12 のように定義すると, 式 (D.8), (D.9) に対応して

$$\dfrac{\Delta x \Delta y}{\Delta t}(v_{i,j}^{n+1} - v_{i,j}^n) + (E_+ - E_-)\Delta y + (F_+ - F_-)\Delta x = 0 \quad (\text{D.13})$$

ただし

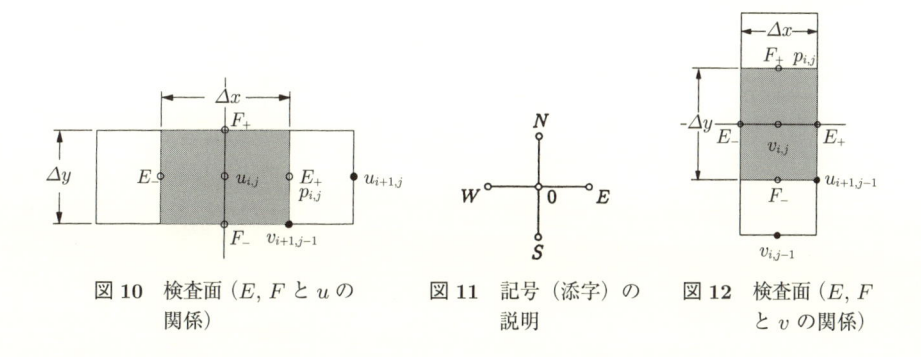

図 10 検査面 (E, F と u の関係)

図 11 記号 (添字) の説明

図 12 検査面 (E, F と v の関係)

$$\begin{cases} E_+ = \dfrac{(u^n_{i+1,j-1} + u^n_{i+1,j})(v^{n+1}_{i,j} + v^{n+1}_{i+1,j})}{4} - \dfrac{1}{\mathrm{Re}} \dfrac{v^{n+1}_{i+1,j} - v^{n+1}_{i,j}}{\Delta x} \\[6pt] E_- = \dfrac{(u^n_{i,j-1} + u^n_{i,j})(v^{n+1}_{i,j} + v^{n+1}_{i-1,j})}{4} - \dfrac{1}{\mathrm{Re}} \dfrac{v^{n+1}_{i,j} - v^{n+1}_{i-1,j}}{\Delta x} \\[6pt] F_+ = \dfrac{(v^n_{i,j} + v^n_{i,j+1})(v^{n+1}_{i,j} + v^{n+1}_{i,j+1})}{4} - \dfrac{1}{\mathrm{Re}} \dfrac{v^{n+1}_{i,j+1} - v^{n+1}_{i,j}}{\Delta y} + p_{i,j} \\[6pt] F_- = \dfrac{(v^n_{i,j} + v^n_{i,j-1})(v^{n+1}_{i,j} + v^{n+1}_{i,j-1})}{4} - \dfrac{1}{\mathrm{Re}} \dfrac{v^{n+1}_{i,j} - v^{n+1}_{i,j-1}}{\Delta y} + p_{i,j-1} \end{cases} \quad \text{(D.14)}$$

が得られる．式 (D.14) を式 (D.13) に代入して変形すると

$$c_0 v_0 = c_E v_E + c_N v_N + c_W c_W + c_S v_S + \Delta x (p_N - p_S) + d \quad \text{(D.15)}$$

となる．ただし，

$$\begin{cases} c_0 = \dfrac{\Delta y (u_E - u_W)}{4} + \dfrac{\Delta x (v_N - v_S)}{4} + \dfrac{2}{\mathrm{Re}} \left(\dfrac{\Delta y}{\Delta x} + \dfrac{\Delta x}{\Delta y} \right) + \dfrac{\Delta x \Delta y}{\Delta t} \\[6pt] c_E = \dfrac{\Delta y (u_0 + u_E)}{4} - \dfrac{\Delta y}{\mathrm{Re} \Delta x} \\[6pt] c_N = \dfrac{\Delta x (v_0 + v_N)}{4} - \dfrac{\Delta x}{\mathrm{Re} \Delta y} \\[6pt] c_W = -\dfrac{\Delta y (u_0 + u_W)}{4} - \dfrac{\Delta y}{\mathrm{Re} \Delta x} \\[6pt] c_S = -\dfrac{\Delta x (v_0 + v_S)}{4} - \dfrac{\Delta x}{\mathrm{Re} \Delta y} \\[6pt] d = \dfrac{\Delta x \Delta y v_0^n}{\Delta t} \end{cases} \quad \text{(D.16)}$$

である．

　式 (D.10), (D.15) は領域内部のすべての格子点で成り立つことから，格子点上の u, v を未知数とする連立方程式を構成し，圧力 p が何らかの形で与えられれば反復法などを用いて解くことができる．

　圧力は以下のようにして決める．連続の式を満たす正しい圧力，速度を $\bar{p}, \bar{u}, \bar{v}$ とし，仮の圧力 p およびそれを用いて式 (D.10), (D.15) から計算した速度を u, v として

D SIMPLE法

$$\begin{cases} \bar{p} = p + p' \\ \bar{u} = u + u' \\ \bar{v} = v + v' \end{cases} \quad \text{(D.17)}$$

と表す．式 (D.17) を式 (D.10), (D.15) に代入すると

$$\left(\frac{\Delta x \Delta y}{\Delta t} + a_0\right) u'_0 = \Delta y(p'_E - p'_W) + (a_E u'_E + a_N u'_N + a_W u'_W + a_S u'_S)$$

$$\left(\frac{\Delta x \Delta y}{\Delta t} + c_0\right) v'_0 = \Delta x(p'_N - p'_S) + (c_E v'_E + c_N v'_N + c_W v'_W + c_S v'_S)$$

$$\text{(D.18)}$$

が得られる．ただし，p, u, v が式 (D.10), (D.15) を満足することを用いている．式 (D.18) の各式で右辺第 2 項が小さいとして省略すると

$$\begin{cases} \bar{u} = u + u'_0 = u + e(p'_E - p'_W) \\ \bar{v} = v + v'_0 = v + f(p'_N - p'_S) \end{cases} \quad \text{(D.19)}$$

ただし

$$\begin{cases} e = \Delta y/(\Delta x \Delta y/\Delta t + a_0) \\ f = \Delta x/(\Delta x \Delta y/\Delta t + c_0) \end{cases} \quad \text{(D.20)}$$

が近似的に成り立つ．式 (D.19) を連続の式 (D.6) に代入すると

$$g_0 p'_0 = g_E p'_E + g_N p'_N + g_W p'_W + g_S p'_S + h \quad \text{(D.21)}$$

ただし

$$\begin{cases} g_0 = \Delta y(e_E + e_W) + \Delta x(f_N + f_S) \\ g_E = \Delta y e_E \\ g_N = \Delta x f_N \\ g_W = \Delta y f_W \\ g_S = \Delta x f_S \\ h = \Delta y(u_E - u_W) + \Delta x(u_N - u_S) \end{cases} \quad \text{(D.22)}$$

が得られる．式 (D.21) は領域内格子点で成り立つので，境界で p' を与えることにより解くことができる．式 (D.21) の境界条件は次のとおりである．境界での圧力が与えられた場合，圧力の補正値 p' は 0 である．速度が与えられた場合，速度の補正値は 0 であるから，式 (D.10) より境界に垂直方向の圧力の補正値は勾配が 0，すなわち次の条件が得られる：

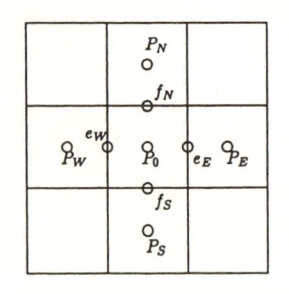

図 13 式 (D.21), (D.22) に現れる量の定義点

$$p'_E - p'_W = 0 \quad \text{または} \quad p'_N - p'_S = 0 \tag{D.23}$$

以上をまとめると，初期条件または前の時間ステップでの計算から速度，圧力がわかっている場合，

① 式 (D.10), (D.15) から u, v を求め
② 式 (D.21) から p' を求め
③ 式 (D.19) から速度 $\bar{u}, \bar{v}$，式 (D.17) の第 1 式から $\bar{p}$ を求める．

①～③で 1 つの時間ステップを構成するため，それを必要な時間ステップ繰り返す．ただし，①，②においては連立方程式を反復法を用いて解くことになる．なお，ここで説明した方法は SIMPLE (semi implicit method for pressure linked equation)[22] 法とよばれている．

E 連立 1 次方程式の反復解法

楕円型偏微分方程式の差分解法においては，領域の内部格子点の数だけの大次元の連立 1 次方程式を解く必要がある．連立 1 次方程式の解法には大別して消去法と反復法があるが，差分解法では一般に格子点数は非常に多い（流体の 3 次元計算では 100 万点以上とることもめずらしくない）ため，丸め誤差の問題が起きる消去法より反復法が用いられる傾向がある．そこで，本節では反復法の代表例であるヤコビの反復法，ガウス–ザイデル法，SOR 法について説明する．

E.1 反復法

連立 1 次方程式

$$AX = b \tag{E.1}$$

ただし

$$A = \begin{bmatrix} a_{11} & a_{12} & \cdots & a_{1n} \\ a_{21} & a_{22} & \cdots & a_{2n} \\ \vdots & \vdots & \ddots & \vdots \\ a_{n1} & a_{n2} & \cdots & a_{nn} \end{bmatrix}, \quad X = \begin{bmatrix} x_1 \\ x_2 \\ \vdots \\ x_n \end{bmatrix}, \quad b = \begin{bmatrix} b_1 \\ b_2 \\ \vdots \\ b_n \end{bmatrix}$$

を反復法で解く場合,式 (E.1) を

$$X = MX + C \tag{E.2}$$

の形に書き換える.具体的な書き換えは以下に示すことにして,式 (E.2) の M と C を用いて次のような反復計算

$$X^{(\nu+1)} = MX^{(\nu)} + C \quad (\nu = 0, 1, 2, \ldots) \tag{E.3}$$

を考える.出発ベクトル(初期値)$X^{(0)}$ を適当に定めて,式 (E.3) の反復を行って収束した場合,すなわち

$$\varepsilon = \|X^{(\nu+1)} - X^{(\nu)}\|$$

がある許容誤差以下になった場合に,その誤差の範囲内で収束値 X は式 (E.2) すなわち式 (E.1) を満たすことになる.なお,反復法 (E.3) が収束するためには,M のスペクトル半径(M の固有値の絶対値の最大値)が 1 より小さい必要がある.

E.2 ヤコビの反復法

行列 A を

$$A = D + L + U \tag{E.4}$$

ただし,

$$D = \begin{bmatrix} a_{11} & & & & 0 \\ & a_{22} & & & \\ & & a_{33} & & \\ & & & \ddots & \\ 0 & & & & a_{nn} \end{bmatrix}, \quad L = \begin{bmatrix} 0 & & & & 0 \\ a_{21} & 0 & & & \\ a_{31} & a_{32} & 0 & & \\ \vdots & \vdots & \ddots & \ddots & \\ a_{n1} & a_{n2} & \cdots & a_{n,n-1} & 0 \end{bmatrix}$$

$$U = \begin{bmatrix} 0 & a_{12} & a_{13} & \cdots & a_{1n} \\ & 0 & a_{23} & \cdots & a_{2n} \\ & & 0 & \ddots & \vdots \\ & & & \ddots & a_{n-1,n} \\ 0 & & & & 0 \end{bmatrix}$$

と書き換える．このとき式 (E.2) は

$$D\boldsymbol{X} = -(L+U)\boldsymbol{X} + \boldsymbol{b} \tag{E.5}$$

となり，したがって

$$\boldsymbol{X} = -D^{-1}(L+U)\boldsymbol{X} + D^{-1}\boldsymbol{b} \tag{E.6}$$

となる．

$$M = -D^{-1}(L+U), \quad \boldsymbol{C} = D^{-1}\boldsymbol{b}$$

と定義すれば，式 (E.2) の形になるため，式 (E.3) に対応して反復法は

$$\boldsymbol{X}^{(\nu+1)} = -D^{-1}(L+U)\boldsymbol{X}^{(\nu)} + D^{-1}\boldsymbol{b} \tag{E.7}$$

となる．この方法をヤコビの反復法という．

$$D^{-1} = \begin{bmatrix} 1/a_{11} & & & & 0 \\ & 1/a_{22} & & & \\ & & 1/a_{33} & & \\ & & & \ddots & \\ 0 & & & & 1/a_{nn} \end{bmatrix}$$

であるから，D^{-1} が定義できるためには A の対角要素に 0 があってはならな

い．もし対角要素に 0 を含んでいれば（あるいは対角要素が 0 に近い場合は）方程式や変数の順序を入れ換えて対角要素に 0 を含まないようにする必要がある．なお，式 (E.7) を成分で書けば

$$x_i^{(\nu+1)} = -\frac{a_{i1}x_1^{(\nu)} + \cdots + a_{i\,i-1}x_{i-1}^{(\nu)} + a_{i\,i+1}x_{i+1}^{(\nu)} + \cdots + a_{in}x_n^{(\nu)}}{a_{ii}} + \frac{b_i}{a_{ii}}$$
$$(i = 1, 2, \ldots, n) \tag{E.8}$$

となる．ヤコビ法は後述のガウス–ザイデル法や SOR 法に比べて収束は遅いが，並列計算に適した方法である．

E.3　ガウス–ザイデル法

式 (E.5) を

$$(D + L)\boldsymbol{X} = -U\boldsymbol{X} + \boldsymbol{b} \tag{E.9}$$

または

$$\boldsymbol{X} = -(D + L)^{-1}U\boldsymbol{X} + (D + L)^{-1}\boldsymbol{b} \tag{E.10}$$

と書き換えて反復法を適用すると

$$(D + L)\boldsymbol{X}^{(\nu+1)} = -U\boldsymbol{X}^{(\nu)} + \boldsymbol{b} \tag{E.11}$$

または

$$\boldsymbol{X}^{(\nu+1)} = -(D + L)^{-1}U\boldsymbol{X}^{(\nu)} + (D + L)^{-1}\boldsymbol{b} \tag{E.12}$$

となる．この方法はガウス–ザイデル法とよばれる．実際の計算には式 (E.11) を変形した

$$\boldsymbol{X}^{(\nu+1)} = -D^{-1}(L\boldsymbol{X}^{(\nu+1)} + U\boldsymbol{X}^{(\nu)}) + D^{-1}\boldsymbol{b} \tag{E.13}$$

を用いる．成分で書けば

$$x_i^{(\nu+1)} = -\frac{1}{a_{ii}}(a_{i1}x_1^{(\nu+1)} + \cdots + a_{i\,i-1}x_{i-1}^{(\nu+1)} + a_{i\,i+1}x_{i+1}^{(\nu)} + \cdots + a_{in}x_n^{(\nu)}) + \frac{b_i}{a_{ii}}$$
$$(i = 1, 2, \ldots, n) \tag{E.14}$$

となる．式 (E.14) は $i = 1$ から始めて $i = 2, 3, \ldots, n$ の順に i を変化させることにより計算できる．なぜなら，$x_i^{(\nu+1)}$ を計算する時点で $x_1^{(\nu+1)}, \ldots, x_{i-1}^{(\nu+1)}$ が既知になっているからである．ガウス–ザイデル法はヤコビの反復法に比べて収束の速さはおよそ 2 倍になることが知られている．

E.4 SOR法

ガウス-ザイデル法の変形で、いったん式 (E.13) の右辺を計算し、それを $\boldsymbol{X}^{(\nu+1)}$ の予測値 $\bar{\boldsymbol{X}}$ とし、$\boldsymbol{X}^{(\nu+1)}$ は $\bar{\boldsymbol{X}}$ と $\boldsymbol{X}^{(\nu)}$ の線形結合から決めるという方法が **SOR** (succesive over relaxation) 法である。すなわち、α を定数（緩和係数）として

$$\bar{\boldsymbol{X}} = -D^{-1}(L\boldsymbol{X}^{(\nu+1)} + U\boldsymbol{X}^{(\nu)}) + D^{-1}\boldsymbol{b}$$
$$\boldsymbol{X}^{(\nu+1)} = (1-\alpha)\boldsymbol{X}^{(\nu)} + \alpha\bar{\boldsymbol{X}} \tag{E.15}$$

という反復を行う。α を適当に選ぶことにより、$\alpha = 1$ に対応するガウス-ザイデル法より収束が速くなる。一般に α は1と2の間の数であるが、場合によっては1より小さくとることもある。α の最適値は連立方程式の形により変化し、理論的にはごく特殊な連立方程式以外の場合はその値が知られていないため、試行により決める必要がある。なお、α の値が不適切だと収束しないことがある。

F 数値積分

定積分

$$\int_a^b f(x)dx \tag{F.1}$$

の近似値を求めることを考える。この積分は図14に示すように x 軸と、y 軸に平行な直線 $x = a, x = b$ および $y = f(x)$ で囲まれた部分の面積を表す。この面積を求める代わりに図15に示すように図形を N 個の短冊に分割し、各短冊の面積を和を求めることにする。$a = x_0, b = x_N$ として式で表せば

$$\int_a^b f(x)dx = \sum_{i=1}^{N} \int_{x_{i-1}}^{x_i} f(x)dx \tag{F.2}$$

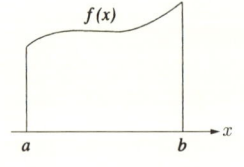

図 14 定積分の意味

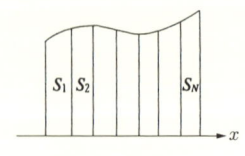

図 15 領域分割

となるが，右辺各項を x_{i-1} と x_i とが十分に近いとして

$$\int_{x_{i-1}}^{x_i} f(x)dx \sim \frac{1}{2}\{f(x_{i-1}) + f(x_i)\}(x_i - x_{i-1}) \tag{F.3}$$

と近似する．これは図 16 に示すように各短冊を台形で近似したことになっており，**台形公式**とよばれる．特に分割が等間隔の場合，すべての i について $x_i - x_{i-1} = h$ であるから，式 (F.3) を式 (F.2) に代入して

$$\int_a^b f(x)dx \sim \frac{h}{2}\{f(x_0) + 2f(x_1) + \cdots + 2f(x_{N-1}) + f(x_N)\} \tag{F.4}$$

が得られる．

次に，もとの図形を偶数個 ($= 2M$) の短冊に分割し，2 つずつの短冊を組にして和をとることを考える（図 17）．すなわち，$a = x_0, b = x_{2M}$ として

$$\int_a^b f(x)dx = \sum_{i=1}^{M} \int_{x_{2i-2}}^{x_{2i}} f(x)dx \tag{F.5}$$

とする．台形公式の場合は曲線を折れ線で近似して各短冊を台形とみなしたが，今度は 3 点 $(x_{2i-2}, f(x_{2i-2})), (x_{2i-1}, f(x_{2i-1})), (x_{2i}, f(x_{2i}))$ を通る放物線で曲線を近似する．このような放物線が

$$f_{2i-2}\frac{(x - x_{2i-1})(x - x_{2i})}{(x_{2i-2} - x_{2i-1})(x_{2i-2} - x_{2i})}$$
$$+ f_{2i-1}\frac{(x - x_{2i-2})(x - x_{2i})}{(x_{2i-1} - x_{2i-2})(x_{2i-1} - x_{2i})}$$
$$+ f_{2i}\frac{(x - x_{2i-2})(x - x_{2i-1})}{(x_{2i} - x_{2i-2})(x_{2i} - x_{2i-1})}$$

で表せる（ただし $f(x_{2i}) = f_{2i}$ など）ことは x に $x_{2i-2}, x_{2i-1}, x_{2i}$ を代入する

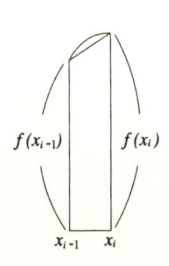

図 16　台形公式

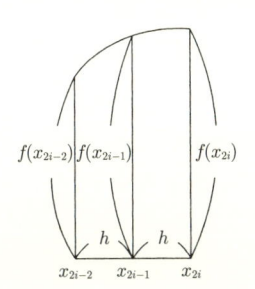

図 17　シンプソンの公式

ことにより確かめることができる（ラグランジュの補間式）．したがって，

$$\int_{x_{2i-2}}^{x_{2i}} f(x)dx \sim \frac{x_{2i} - x_{2i-1}}{x_{2i-1} - x_{2i-2}} \left(-\frac{x_{2i-2}}{3} + \frac{x_{2i-1}}{2} - \frac{x_{2i}}{6} \right) f_{2i-2}$$
$$+ \frac{(x_{2i} - x_{2i-2})^3 f_{2i-1}}{6(x_{2i-1} - x_{2i-2})(x_{2i} - x_{2i-1})} + \frac{x_{2i} - x_{2i-2}}{x_{2i} - x_{2i-2}} \left(\frac{x_{2i-2}}{6} - \frac{x_{2i-1}}{2} + \frac{x_{2i}}{3} \right) f_{2i} \quad \text{(F.6)}$$

と近似できる．特に分割を等分割（幅を h）にした場合

$$x_j = x_{j-1} + h \quad (j = 1, 2, \ldots, M)$$

であるから，式 (F.6) は

$$\int_{x_{2i-2}}^{x_{2i}} f(x)dx \sim \frac{h}{3}\{f(x_{2i-2}) + 4f(x_{2i-1}) + f(x_{2i})\} \quad \text{(F.7)}$$

となり，さらに式 (F.7) を式 (F.5) に代入して

$$\int_a^b f(x)dx \sim \frac{h}{3}\{f(x_0) + 4f(x_1) + 2f(x_2) + 4f(x_3) + \cdots$$
$$+ 2f(x_{2M-2}) + 4f(x_{2M-1}) + f(x_{2M})\} \quad \text{(F.8)}$$

が得られる．式 (F.7) または式 (F.8) はシンプソンの公式とよばれる．

G 流体力学の基礎方程式

G.1 保存法則と基礎方程式

　気体と液体は固体のように決まった形をもたずどのような形の容器にもみたすことができる．また変形に対してほとんど抵抗を示さず，力を加えると流れるという力学的に類似した性質をもつ．そこで，力学や物理学では気体と液体を総称して流体とよんでいる．

　流体は「流れる」という性質をもつため，流体の運動を記述する最も基本的な量は流速 v になる．それに加えて圧力や密度，温度，エントロピーといった熱力学的な量も重要である．流速は大きさと方向をもつベクトル量であり，3次元空間では3つの成分をもつ．一方，熱力学的な量は大きさだけをもつスカラー量である．熱力学の基本法則によれば，一見多くあるように見える熱力学量の中で独立なものは2つだけであり，これら2つの量を指定すれば他の量は

この 2 つの量で表される．たとえば，圧力 p と温度 T を指定すれば，密度 ρ やエントロピー s などは決まる．特に理想気体では，

$$p = \rho RT \tag{G.1}$$

が成り立ち状態方程式とよばれている．ここで R は気体定数である．

以上のことから，流体の運動を調べるためには 1 つのベクトル量と 2 つのスカラー量がわかればよいことがわかる．そしてこれらの量が満たす方程式を導くために古典物理学における 3 つの保存則，すなわち質量保存則，運動量保存則，エネルギー保存則が用いられる．このうち，質量とエネルギーはスカラー量であり，運動量はベクトル量であるため，方程式の数と未知数の数は一致する．

保存則を導くためには図 18 に示すように流れの中に閉曲面で囲まれた領域を考え，物理量の出入りを勘定する．いま領域内の物理量（スカラーやベクトル）を A とし，境界面を通して領域内に単位時間に流入する物理量を Q_S，領域内での単位時間あたりの生成量を Q_V と書くことにすれば，この両者の和が A の単位時間あたりの増加 $\partial A/\partial t$ と等しくなる．したがって，保存則は一般に

$$\frac{\partial A}{\partial t} = Q_S + Q_V \tag{G.2}$$

という形をもつ．

以下の 3 つの節では A として，質量，運動量およびエネルギーをとり，質量保存則，運動量保存則およびエネルギー保存則を定式化する．

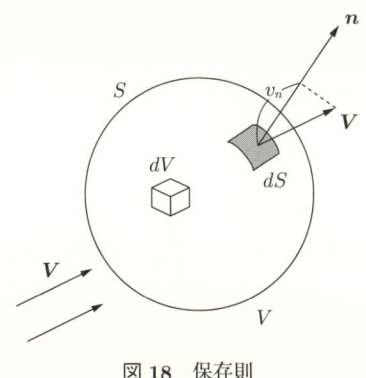

図 18 保存則

G.2 連続の方程式

G.1 項で述べた物理量 A として質量を考えることにする．図 18 の領域内に，体積 dV の微小な領域をとると，この微小領域の質量は ρdV になる．したがって，領域全体では

$$A = \int_V \rho dV \tag{G.3}$$

である．

領域内では質量が湧き出したり吸い込まれたりしないため式 (G.2) の Q_V は 0 である．一方，流体が流れることによって領域内に質量が流入したり流出したりする．いま，境界面上に図 18 に示すような微小な面を考える．ただし，その面積を dS, 面の外向き法線方向の単位ベクトルを $\boldsymbol{n}$, 面における流速を $\boldsymbol{v}$ とする．この面から単位時間に外部に流出する質量を求める．

流速を面の法線方向成分 v_n と面に沿った方向成分に分解して考えると流出に関係するのは法線方向のみである．この法線方向の速度 v_n によって，流体は面の垂直方向に単位時間に v_n だけ移動するため，流出する体積は $v_n dS = \boldsymbol{v} \cdot \boldsymbol{n} dS$ となる．ただし，$v_n = \boldsymbol{v} \cdot \boldsymbol{n}$ を用いた．したがって，流入する質量は $-\rho \boldsymbol{v} \cdot \boldsymbol{n} dS$ であり，面全体では

$$Q_S = -\int_S \rho \boldsymbol{v} \cdot \boldsymbol{n} dS \tag{G.4}$$

である．$Q_V = 0$ であるから，式 (G.2), (G.3), (G.4) より

$$\frac{\partial}{\partial t} \int_V \rho dV + \int_S \rho \boldsymbol{v} \cdot \boldsymbol{n} dS = 0 \tag{G.5}$$

となる．これが質量保存を表す方程式（質量保存則の積分形）である．なお，流速は 3 次元ベクトルであり，直角座標では成分を用いて

$$\boldsymbol{v} = (u, v, w) \quad \text{または} \quad \boldsymbol{v} = (v_1, v_2, v_3)$$

と記す．

式 (G.5) は積分の形で表現されているが，ベクトル解析のガウスの定理を用いて変形すれば取り扱いやすい形に変形できる．ガウスの定理は面積積分と体積積分の間の変換に関するもので，$\boldsymbol{B}$ を任意のベクトル場としたとき

$$\int_S \boldsymbol{B} \cdot \boldsymbol{n} dS = \int_V \nabla \cdot \boldsymbol{B} dV \tag{G.6}$$

が成り立つというものである.そこで,$B = \rho v$ とおいて,式 (G.5) の左辺第 2 項にガウスの定理を適用すれば

$$\frac{\partial}{\partial t}\int_V \rho dV + \int_V \nabla\cdot(\rho v)dV = \int_V \left(\frac{\partial \rho}{\partial t} + \nabla\cdot(\rho v)\right)dV = 0$$

となる.ただし,積分と微分の順序を交換している.上式が任意の領域で成り立つためには被積分関数が 0 にならなければならないため,

$$\frac{\partial \rho}{\partial t} + \nabla\cdot(\rho v) = 0 \tag{G.7}$$

$$\text{または}\quad \frac{\partial \rho}{\partial t} + \frac{\partial \rho v_j}{\partial x_j} = 0$$

となる.ただし,2 番目の式で同じ添字が現れる項は,その添字について 1 から 3 までの総和を表す(アインシュタインの規約).これが,質量保存則の微分形であり連続の式とよばれている.

G.3 運動方程式

本項では式 (G.2) の A として運動量 mv をとり,図 18 に示す領域における運動量の保存則を考える.まず,この領域内に体積 dV の微小領域をとると,$m = \rho dV$ となるため,領域全体での運動量の単位時間あたりの増加 $\partial A/\partial t$ は

$$\frac{\partial A}{\partial t} = \frac{\partial}{\partial t}\int_V \rho v dV = \int_V \frac{\partial (\rho v)}{\partial t}dV \tag{G.8}$$

となる.流体は流れることによって質量とともに運動量も運ぶ.質量に速度をかけたものが運動量であるため,この領域に表面を通して単位時間に流入する運動量は式 (G.4) を参照して,

$$Q_{S1} = -\int_S (\rho v\cdot n)v dS \tag{G.9}$$

となる.

運動量の流入以外に領域の運動量を変化させる原因として領域に働く力による力積がある.ただし,単位時間を考えているため力積は力としてよい.領域に働く力には領域の表面を通して働く表面力(面積力)F_S と,体積部分に働く体積力 F_V がある.表面力は応力ともよばれ,面に垂直方向に働く圧力と面に沿って働くせん断力がある.体積力は重力や浮力,電磁気力の他,遠心力やコ

リオリ力といった見かけの力も含まれる．

応力は面を定めたときに決まる単位面積あたりの力（ベクトル量）であるが，点を定めただけでは一意的に決まらない．なぜなら，ある点を通る面は無限にあり，面を変化させると応力も変化するからである．すなわち，応力を指定するためには大きさと2つの方向（力の向きと面の向き）が必要であり，テンソル量になる．

任意の応力は3次元空間では代表的な3つの面に働く力で表せる．いま，代表面の1つを x 軸に垂直な面として，その面に働く応力ベクトルを $\boldsymbol{\tau}_x$ で表すことにする．そして，その (x,y,z) 成分を2番目の添え字を用いて $(\tau_{xx}, \tau_{xy}, \tau_{xz})$ で表す．同様に，y 軸に垂直な面に働く応力ベクトルを $\boldsymbol{\tau}_y$，その成分を $(\tau_{yx}, \tau_{yy}, \tau_{yz})$，$z$ 軸に垂直な面に働く応力ベクトルを $\boldsymbol{\tau}_z$，その成分を $(\tau_{zx}, \tau_{zy}, \tau_{zz})$ とする．このとき，法線ベクトル $\boldsymbol{n} = (n_x, n_y, n_z)$ で指定される面に働く応力ベクトル $\boldsymbol{T}$ は

$$\boldsymbol{T} = P\boldsymbol{n} \tag{G.10}$$

と表せる．ただし P は $\boldsymbol{\tau}_x, \boldsymbol{\tau}_y, \boldsymbol{\tau}_z$ を並べてつくった行列である．このように一般に応力 P はテンソルであり，3×3 の行列を用いて表すことができる．P を応力テンソルという．

式 (G.10) から，領域の境界面の微小面素 dS に働く面積力は，面素の外向き法線ベクトルを $\boldsymbol{n}$ とすれば，$P\boldsymbol{n}dS$ となる．したがって，領域全体には面積力として

$$\boldsymbol{F}_S = \int_S P\boldsymbol{n}dS \tag{G.11}$$

が働く．

次に領域内の微小要素 dV に働く体積力は，単位質量あたりの体積力を $\boldsymbol{f}_V$ とすれば，$\rho\boldsymbol{f}_V dV$ となるため，領域全体では

$$\boldsymbol{F}_V = \int_V \rho\boldsymbol{f}_V dV \tag{G.12}$$

である．

式 (G.8), (G.9), (G.11), (G.12) から運動量保存則の積分形は

$$\int_V \frac{\partial(\rho\boldsymbol{v})}{\partial t}dV = -\int_S (\rho\boldsymbol{v}\cdot\boldsymbol{n})\boldsymbol{v}dS + \int_S P\boldsymbol{n}dS + \int_V \rho\boldsymbol{f}_V dV \tag{G.13}$$

となる（積分形）．

次に式 (G.13) を微分方程式に書き換える．式 (G.13) はベクトルの関係式であるため，x_i 軸方向成分（$i = 1, 2, 3$ が x, y, z に対応）を考えることにする．このとき，面積積分はガウスの定理から

$$\int_S \{-(\rho v_i)v_j n_j + P_{ij}n_j\}dS = \int_V \frac{\partial}{\partial x_j}(-\rho v_i v_j + P_{ij})dV$$

となる．ただし，アインシュタインの規約を用いている．したがって，式 (G.13) の x_i 軸方向成分は

$$\int_V \left(\frac{\partial}{\partial t}(\rho v_i) + \frac{\partial}{\partial x_j}(\rho v_i v_j) - \frac{\partial P_{ij}}{\partial x_j} - \rho K_i\right)dV = 0$$

となる．ただし $\boldsymbol{f}_V = \boldsymbol{K} = (K_1, K_2, K_3)$ である．この式が任意の領域で成り立つためには，被積分関数が 0，すなわち

$$\frac{\partial}{\partial t}(\rho v_i) + \frac{\partial}{\partial x_j}(\rho v_i v_j) = \frac{\partial P_{ij}}{\partial x_j} + \rho K_i \qquad \text{(G.14)}$$

が得られる．これが運動量保存則の微分形（運動方程式）である．

G. 4　エネルギー方程式

連続の式および運動方程式を導いたときと同様に，図 18 に示した領域でエネルギー保存則を考える．単位質量あたりの全エネルギー E_t は，

$$E_t = \frac{1}{2}|\boldsymbol{v}|^2 + e + E_p + \cdots \qquad \text{(G.15)}$$

となる．ここで，右辺は順に，運動エネルギー，内部エネルギー，ポテンシャルエネルギー，$\cdots$ である．この全エネルギーの領域内での単位時間あたりの増加

$$\frac{\partial}{\partial t}\int_V \rho E_t dV$$

に寄与するものとして，表面 S を通して領域に流入する全エネルギーの流入量

$$-\int_S \rho E_t \boldsymbol{v} \cdot \boldsymbol{n} dS = -\int_S \rho E_t v_j n_j dS$$

（マイナスの符号は流入は外向き法線と逆方向であるため），熱量の流入量

$$-\int_S \boldsymbol{\Theta} \cdot \boldsymbol{n} dS = -\int_S \Theta_j n_j dS$$

(ただし, Θ は熱流ベクトル), 表面において応力ベクトル $P\boldsymbol{n}$ がなす仕事

$$\int_S P\boldsymbol{n} \cdot \boldsymbol{v} dS = \int_S v_i P_{ij} n_j dS$$

領域 V に働く体積力 K のなす仕事

$$\int_V \rho \boldsymbol{K} \cdot \boldsymbol{v} dV = \int_V \rho v_i K_i dV$$

および V 内での発熱

$$\int_V \rho Q dV \quad (Q \text{ は単位質量あたりの発熱量})$$

の和に等しい. すなわち, エネルギー保存則の積分形として

$$\frac{\partial}{\partial t} \int_V \rho E_t dV = \int_S (v_i P_{ij} - \rho E_t v_j - \Theta_j) n_j dS + \int_V (\rho v_i K_i + \rho Q) dV$$

が得られる. いままでと同様に, 右辺第 1 項をガウスの定理を用いて体積積分になおした上で, 右辺を左辺に移項すれば

$$\int_V \left[\frac{\partial \rho E_t}{\partial t} - \frac{\partial}{\partial x_j}(v_i P_{ij} - \rho E_t v_j - \Theta_j) - (\rho v_i K_i + \rho Q) \right] dV = 0$$

となる. ここで, 上式が任意の領域で成り立つことから, 被積分関数が 0 であり, したがって,

$$\frac{\partial \rho E_t}{\partial t} + \frac{\partial}{\partial x_j}(\rho E_t v_j) = \frac{\partial}{\partial x_j}(v_i P_{ij} - \Theta_j) + \rho v_i K_i + \rho Q \quad \text{(G.16)}$$

というエネルギー保存則の微分形が得られる. これがエネルギー保存を表すエネルギー方程式である.

G.5 ラグランジュ微分

G.3 項で運動量保存を考えたが, これはニュートンの運動法則, すなわち流体のかたまりの加速度が, そのかたまりに働く力に等しいという法則からも直接導ける. 単位質量を考えると, ニュートンの法則は

$$\boldsymbol{F} = \frac{D\boldsymbol{v}}{Dt} \quad \text{(G.17)}$$

となる. ここで, $\boldsymbol{F}$ は単位質量の流体に働く力で, 表面力と体積力の和である. また右辺は速度の微分で加速度を表す. 加速度を特別な記号 $D\boldsymbol{v}/Dt$ を用いて

表しているが，これはふつうの偏微分 $\partial v/\partial t$ と区別するためである．偏微分とは他の変数を一定に保ったときの微分であるため，$\partial v/\partial t$ と書いたときは空間の位置は固定されている．一方，流体のかたまりは流れに乗って移動する．加速度とは流体のかたまりに付随した量であり，そのかたまりの速度変化である．いいかえれば，場所を固定して測定される量ではない（場所を固定すると異なった流体間の速度差ということになる）．そこで，流体に付随した量 g（加速度の場合は g はベクトル）の微分を定義する必要があり，それを Dg/Dt と記している．この微分をラグランジュ微分または物質微分という．

以下，ラグランジュ微分とふつうの偏微分（オイラー微分とよばれる）の関係を調べる．時刻 t に位置 (x,y,z) にあった流体のかたまりが，時刻 $t+\Delta t$ に位置 $(x+\Delta x, y+\Delta y, z+\Delta z)$ に移動したとする．このとき，ラグランジュ微分は定義から

$$\frac{Dg}{Dt} = \lim_{\Delta t \to 0} \frac{g(x+\Delta x, y+\Delta y, z+\Delta z, t+\Delta t) - g(x,y,z,t)}{\Delta t} \tag{G.18}$$

となる．上式の右辺の分子の第 1 項を (x,y,z,t) のまわりにテイラー展開し，$\Delta x = u\Delta t, \Delta y = v\Delta t, \Delta z = w\Delta t$ を用いれば

$$g(x+\Delta x, y+\Delta y, z+\Delta z, t+\Delta t)$$
$$= g(x,y,z,t) + \frac{\partial g}{\partial x}u\Delta t + \frac{\partial g}{\partial y}v\Delta t + \frac{\partial g}{\partial x}w\Delta t + \frac{\partial g}{\partial t}\Delta t + O(\Delta t^2)$$

となる．この式を式 (G.18) の右辺に代入して極限をとれば

$$\frac{Dg}{Dt} = \frac{\partial g}{\partial t} + u\frac{\partial g}{\partial x} + v\frac{\partial g}{\partial y} + w\frac{\partial g}{\partial z} \tag{G.19}$$

というラグランジュ微分とオイラー微分の関係が得られる．

D/Dt を演算子とみなせば

$$\frac{D}{Dt} = \frac{\partial}{\partial t} + \boldsymbol{v}\cdot\nabla \tag{G.20}$$

と書ける．

式 (G.19) の g として流速 $\boldsymbol{v}$ を用いれば，ニュートンの運動方程式として

$$\frac{\partial \boldsymbol{v}}{\partial t} + u\frac{\partial \boldsymbol{v}}{\partial x} + v\frac{\partial \boldsymbol{v}}{\partial y} + w\frac{\partial \boldsymbol{v}}{\partial z} = F$$

が得られる．表面力と体積力については G.2 項で議論したためそれをそのまま

使うと G.2 項で導いた運動量保存則と同じ結果が得られる.

次にラグランジュ微分を用いて連続の式 (G.7) を変形する. 積の微分法を用いれば連続の式は

$$\frac{\partial \rho}{\partial t} + \frac{\partial (\rho u)}{\partial x} + \frac{\partial (\rho v)}{\partial y} + \frac{\partial (\rho w)}{\partial z}$$
$$= \frac{\partial \rho}{\partial t} + u\frac{\partial \rho}{\partial x} + v\frac{\partial \rho}{\partial y} + w\frac{\partial \rho}{\partial z} + \rho \left(\frac{\partial u}{\partial x} + \frac{\partial v}{\partial y} + \frac{\partial w}{\partial z} \right)$$

となるため

$$\frac{D\rho}{Dt} + \rho \nabla \cdot \boldsymbol{v} = 0 \tag{G.21}$$

が得られる.

流体の運動にともなって密度が変化しない流体を非圧縮性流体と定義することにする. すなわち, 非圧縮性流体の定義式で表現すれば

$$\frac{D\rho}{Dt} = 0 \tag{G.22}$$

となる. このとき連続の式は式 (G.21) から

$$\nabla \cdot \boldsymbol{v} = 0 \tag{G.23}$$

となる. 式 (G.23) はもとの連続の式において ρ を定数としても得られる. しかし, たとえ ρ が定数でなくても, 非圧縮性であれば式 (G.23) が成り立つ. たとえば, 密度が変化する海水の運動を議論する場合でも, 式 (G.23) を用いることができる.

運動方程式 (G.14) の左辺は,

$$\frac{\partial}{\partial t}(\rho v_i) + \frac{\partial}{\partial x_j}(\rho v_i v_j) = \rho \frac{\partial v_i}{\partial t} + \rho v_j \frac{\partial v_i}{\partial x_j} + v_i \left(\frac{\partial \rho}{\partial t} + \frac{\partial \rho v_j}{\partial x_j} \right)$$

となるが, 連続の式 (G.7) を用いれば右辺の括弧内は 0 となる. したがって, ラグランジュ微分を用いれば運動方程式は

$$\rho \frac{Dv_i}{Dt} = \frac{\partial P_{ij}}{\partial x_j} + \rho F_i \tag{G.24}$$

と書き換えられる.

G.6 ナビエ–ストークス方程式

運動方程式 (G.14) は，応力テンソル P_{ij} の具体的な形を与えなければ解くことができない．この応力は圧力および粘性応力（粘性が流体の変形を妨げることによって生じる応力）の両方から成り立っている．このうち，圧力は考えている面に垂直に，面を押す方向に働くため，テンソル表現すれば $-p\delta_{ij}$ となる．そこで，粘性応力を τ_{ij} と記せば，応力テンソルは

$$P_{ij} = -p\delta_{ij} + \tau_{ij} \tag{G.25}$$

と書ける．

粘性応力は流体の変形に抗する力であり，流体の変形の速さを表す変形速度テンソル e_{ij} と関係があると予想されるため，まず変形速度テンソルについて考える．いま，流体中の 2 点 A, B がある瞬間に x_i と $x_i + \delta x_i$ にあり，それらの点が速度 u_i と $u_i + \delta u_i$ で動き，δt 後に 2 点 A′, B′ に移ったとする（図 19）．このとき，A′ と B′ は $\delta x_i + \delta u_i \delta t$ だけ離れている．変形の割合は，変化量 $\delta u_i \delta t$ をもとの差 δx_i で割ったものである．そこで，単位時間あたりの変形の割合を ζ_{ij} と書き，変形率とよぶことにすれば，変形率は

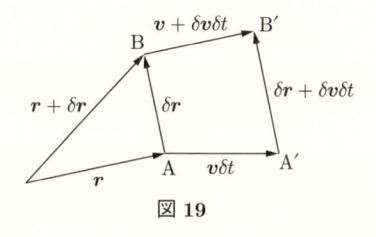

$$\zeta_{ij} = \frac{\partial u_i}{\partial x_j} \tag{G.26}$$

図 19

となる．

AB 間の距離を $\delta l \,(= |\delta \boldsymbol{r}|)$ とすれば

$$(\delta l)^2 = \delta x_i \delta x_i$$

であるため

$$\begin{aligned}\frac{D(\delta l)^2}{Dt} &= 2\delta x_i \frac{D(\delta x_i)}{Dt} = 2\delta x_i \delta u_i = 2\delta x_i \delta x_j \frac{\partial u_i}{\partial x_j} \\ &= \delta x_i \delta x_j \left(\frac{\partial u_i}{\partial x_j} + \frac{\partial u_j}{\partial x_i}\right) = \delta x_i \delta x_j (\zeta_{ij} + \zeta_{ji})\end{aligned} \tag{G.27}$$

したがって，速度勾配の対称的な組み合わせが単位時間あたりの変形と関係す

ることがわかる（反対称部分は 0 になる）．そこで変形に関係する量として変形速度テンソル e_{ij} を

$$e_{ij} = \frac{1}{2}(\zeta_{ij} + \zeta_{ji}) \qquad (G.28)$$

と定義すれば，e_{ij} は ζ_{ij} の対称部分を表すことになる（任意のテンソルは対称部分と反対称部分に分けられる）．

ニュートン流体とは粘性応力と変形速度テンソルが線形関係にある流体として定義されるが，空気や水など多くの流体がニュートン流体であることがわかっている．ニュートン流体は定義から

$$\tau_{ij} = \Lambda_{ijkl} e_{kl} \qquad (G.29)$$

と表せる．流体の物理的な性質は座標軸の向きや右手系，左手系などにはよらない．したがって，Λ_{ijkl} は等方性テンソルになり，その最も一般的な形は

$$\Lambda_{ijkl} = \lambda \delta_{ij}\delta_{kl} + \xi \delta_{ik}\delta_{jl} + \chi \delta_{il}\delta_{jk} \qquad (G.30)$$

と書けることが知られている．ここで λ は第 2 粘性率とよばれる物質定数（流体の膨張や収縮に逆らうような粘性率）であるが，測定が非常に難しい．そこで，ふつう $\lambda = -2\mu/3$ とおくことが多い（ストークスの仮定）．式 (G.30) を式 (G.29) に代入すれば

$$\tau_{ij} = \lambda \delta_{ij} e_{kk} + (\xi + \chi) e_{ij} \qquad (G.31)$$

となる．

特に τ_{12} 以外は 0 である場合を考えると

$$\tau_{12} = \mu \frac{\partial u}{\partial y} = 2\mu e_{12}$$

であるから

$$\xi + \chi = 2\mu \qquad (G.32)$$

となる．したがって，

$$\tau_{ij} = \mu \left(\frac{\partial u_i}{\partial x_j} + \frac{\partial u_j}{\partial x_i} \right) + \lambda \delta_{ij} \nabla \cdot \boldsymbol{v} \qquad (G.33)$$

が得られる．ただし，$e_{kk} = \nabla \cdot \boldsymbol{v}$ を用いた．

式 (G.24) に式 (G.25) を代入すれば運動方程式として

$$\rho \frac{Dv_i}{Dt} = -\frac{\partial p}{\partial x_i} + \frac{\partial \tau_{ij}}{\partial x_j} + \rho K_i \qquad (G.34)$$

が得られるが，この方程式はナビエ–ストークス方程式とよばれる方程式であり，流体運動の基礎方程式になっている．ただし，τ_{ij} は式 (G.33) により速度成分により計算される．

G.7 温度の方程式

エネルギー方程式 (G.16) に応力の式 (G.25) を代入すると

$$\rho \frac{DE_t}{Dt} = -\frac{\partial \Theta_j}{\partial x_j} - \frac{\partial}{\partial x_j}(v_j p) + \rho v_i K_i + \frac{\partial}{\partial x_j}(\tau_{ij} v_i) + \rho Q$$

またはベクトル形で

$$\rho \frac{DE_t}{Dt} = -\nabla \cdot \Theta - \nabla \cdot (p\boldsymbol{v}) + \rho \boldsymbol{v} \cdot \boldsymbol{K} + \nabla \cdot (\tau_{ij} \cdot \boldsymbol{v}) + \rho Q \qquad (G.35)$$

となる．

全エネルギーの中で，運動エネルギーおよび内部エネルギーが重要な場合，式 (G.35) の左辺は

$$\rho \frac{De}{Dt} + \rho \frac{D}{Dt}\left(\frac{|\boldsymbol{v}^2|}{2}\right) = \rho \frac{De}{Dt} + \rho \frac{D\boldsymbol{v}}{Dt} \cdot \boldsymbol{v} \qquad (G.36)$$

となる．一方，ナビエ–ストークス方程式と $\boldsymbol{v}$ との内積をとれば

$$\rho \frac{D\boldsymbol{v}}{Dt} \cdot \boldsymbol{v} = -\nabla p \cdot \boldsymbol{v} + (\nabla \cdot \tau_{ij}) \cdot \boldsymbol{v} + \rho \boldsymbol{K} \cdot \boldsymbol{v}$$

となるため，この式と式 (G.35), (G.36) より

$$\rho \frac{De}{Dt} + p(\nabla \cdot \boldsymbol{v}) = -\nabla \cdot \Theta + \rho \Phi + \rho Q \qquad (G.37)$$

が得られる．ここで Φ は散逸関数とよばれ

$$\Phi = \nabla \cdot (\tau_{ij} \cdot \boldsymbol{v}) - (\nabla \cdot \tau_{ij}) \cdot \boldsymbol{v} \qquad (G.38)$$

で定義される．

熱流 Θ と温度 T の間の関係としては，ふつうフーリエの熱伝導の法則

$$\Theta = -k\nabla T \qquad (G.39)$$

を用いる．ここで k は熱伝導率である．流れが非圧縮性とみなせる場合には，$\nabla \cdot \boldsymbol{v} = 0$ であり，さらに内部エネルギー e と温度 T は比例関係にある．すなわち，

$$e = cT$$

が成り立つ（c は比熱）．以上のことから，式 (G.37) は

$$\rho c \frac{DT}{Dt} = \nabla \cdot (k\nabla T) + \Phi + \rho Q \tag{G.40}$$

となる．

熱流体の基礎方程式は，ブジネスク近似を用いた場合，連続の式，運動方程式

$$\frac{\partial \boldsymbol{v}}{\partial t} + (\boldsymbol{v} \cdot \nabla)\boldsymbol{v} = -\frac{1}{\rho}\nabla p + \nu \triangle \boldsymbol{v} - \beta g(T - T_0)\boldsymbol{k} \tag{G.41}$$

（$\nu = \mu/\rho$ で定数，$\boldsymbol{k}$ は z 方向の単位ベクトル），および温度に対する方程式 (G.40) になる．このとき未知数は流速 $\boldsymbol{v}$ と圧力 p および温度 T であるため，方程式と未知数の数が一致する．

H　一般座標変換

5章で一般座標変換を初歩的な考え方で取り扱ったが，ここでは系統的な取り扱いを行う．3次元曲線座標系を (ξ^1, ξ^2, ξ^3) で表すことにする．

H.1　基底ベクトル

ξ^1 曲線とは，$\xi^2 = $ 一定 の曲面と $\xi^3 = $ 一定 の曲面の交線と定義する．このとき，ξ^1 曲線上では ξ^1 だけが変化する．同様に ξ^2 曲線や ξ^3 曲線も定義される．ξ^i $(i = 1, 2, 3)$ 曲線の接線ベクトル $\boldsymbol{r}_{\xi^i}$ は次式で定義される．

$$\lim_{\Delta \xi^i \to 0} \frac{\boldsymbol{r}(\xi^i + \Delta \xi^i) - \boldsymbol{r}(\xi^i)}{\Delta \xi^i} = \boldsymbol{r}_{\xi^i} \quad (i = 1, 2, 3) \tag{H.1}$$

ただし，$\boldsymbol{r}$ は ξ^i 曲線上の点の位置ベクトルである．また，$\boldsymbol{r}$ の添字は ξ^i で微分することを意味する．

$\boldsymbol{r}_{\xi^i}$ $(i = 1, 2, 3)$ を曲線座標系の共変基底ベクトルとよび，

$$\boldsymbol{e}_i = \boldsymbol{r}_{\xi^i} \quad (i = 1, 2, 3) \tag{H.2}$$

と記す．e の添字 i は，ξ^i だけが変化する ξ^i 曲線の接線であることを示す．一方，ξ^i が一定の曲面に対する法線ベクトルは $\nabla \xi^i$ で与えられる．$\nabla \xi^i$ $(i = 1, 2, 3)$ を曲線座標系の反変基底ベクトルとよび，共変基底ベクトルと区別するため上添字を用いて e^i で表す．すなわち

$$e^i = \nabla \xi^i \quad (i = 1, 2, 3) \tag{H.3}$$

H.2 微分要素

位置ベクトルに対する線素ベクトル $d\boldsymbol{r}$ は次式で与えられる．

$$d\boldsymbol{r} = \frac{\partial \boldsymbol{r}}{\partial \xi^1} d\xi^1 + \frac{\partial \boldsymbol{r}}{\partial \xi^2} d\xi^2 + \frac{\partial \boldsymbol{r}}{\partial \xi^3} d\xi^3 = \sum_{i=1}^{3} \frac{\partial \boldsymbol{r}}{\partial \xi^i} d\xi^i = \sum_{i=1}^{3} \boldsymbol{e}_i d\xi^i \tag{H.4}$$

このとき，線素の長さ ds の 2 乗は

$$(ds)^2 = d\boldsymbol{r} \cdot d\boldsymbol{r} = \sum_{i=1}^{3} \sum_{j=1}^{3} \boldsymbol{e}_i \cdot \boldsymbol{e}_j d\xi^i d\xi^j \tag{H.5}$$

となる．したがって，線素は 9 個の内積 $\boldsymbol{e}_i \cdot \boldsymbol{e}_j$ $(i = 1, 2, 3, \ j = 1, 2, 3)$ に依存する（交換法則から独立なものは 6 つである）．

$\boldsymbol{e}_k$ $(k = 1, 2, 3)$ を共変基底ベクトルとするとき，$\boldsymbol{e}_i \cdot \boldsymbol{e}_j$ を成分とするテンソルを共変計量テンソルとよび g_{ij} と記す．すなわち，共変計量テンソルの成分は

$$g_{ij} = \boldsymbol{e}_i \cdot \boldsymbol{e}_j = g_{ji} \tag{H.6}$$

であるが，対称なテンソルである．このとき

$$(ds)^2 = \sum_{i=1}^{3} \sum_{j=1}^{3} g_{ij} d\xi^i d\xi^j \tag{H.7}$$

である．

a. 線素

ξ^i だけが変化する座標曲線上での線素を ds^i と記すことにすれば，式 (H.4) から

$$ds^i = |\boldsymbol{r}_{\xi^i}| d\xi^i = |\boldsymbol{e}_i| d\xi^i = \sqrt{g_{ii}} d\xi^i \quad (i = 1, 2, 3) \tag{H.8}$$

が成り立つ．

b. 面積素

ξ^i が一定の曲面上での面積素 dS は

$$dS^i = |\bm{r}_{\xi^j} \times \bm{r}_{\xi^k}| d\xi^j d\xi^k = |\bm{e}_j \times \bm{e}_k| d\xi^j d\xi^k \tag{H.9}$$

となる. ただし, (i, j, k) は $(1, 2, 3), (2, 3, 1), (3, 1, 2)$ のどれかである. これを今後,「(i, j, k) は巡回する」とよぶことにする.

ベクトルの恒等式

$$(\bm{A} \times \bm{B}) \cdot (\bm{C} \times \bm{D}) = (\bm{A} \cdot \bm{C})(\bm{B} \cdot \bm{D}) - (\bm{A} \cdot \bm{D})(\bm{B} \cdot \bm{C}) \tag{H.10}$$

において, $\bm{A} = \bm{C} = \bm{e}_j, \bm{B} = \bm{D} = \bm{e}_k$ とおけば

$$\begin{aligned}|\bm{e}_j \times \bm{e}_k|^2 &= (\bm{e}_j \times \bm{e}_k) \cdot (\bm{e}_j \times \bm{e}_k) = (\bm{e}_j \cdot \bm{e}_j)(\bm{e}_k \cdot \bm{e}_k) - (\bm{e}_j \cdot \bm{e}_k)(\bm{e}_j \cdot \bm{e}_k) \\ &= g_{jj} g_{kk} - g_{jk}^2 \end{aligned}$$

となる. したがって,

$$dS^i = \sqrt{g_{jj} g_{kk} - g_{jk}^2} d\xi^j d\xi^k \quad (i, j, k) \text{ は巡回} \tag{H.11}$$

が成り立つ.

c. 体積素

体積素は

$$\begin{aligned} dV &= \bm{r}_{\xi^i} \cdot (\bm{r}_{\xi^j} \times \bm{r}_{\xi^k}) d\xi^i d\xi^j d\xi^k \quad (i, j, k) \text{ は巡回} \\ &= \bm{e}_1 \cdot (\bm{e}_2 \times \bm{e}_3) d\xi^1 d\xi^2 d\xi^3 \end{aligned} \tag{H.12}$$

となる. ただし

$$\bm{e}_i \cdot (\bm{e}_j \times \bm{e}_k) = \bm{e}_j \cdot (\bm{e}_k \times \bm{e}_i) = \bm{e}_k \cdot (\bm{e}_i \times \bm{e}_j)$$

を用いた. 一方, 式 (H.10) において

$$\bm{A} = \bm{C} = \bm{e}_1, \quad \bm{B} = \bm{D} = \bm{e}_2 \times \bm{e}_3$$

とおけば

$$\{\bm{e}_1 \times (\bm{e}_2 \times \bm{e}_3)\} \cdot \{\bm{e}_1 \times (\bm{e}_2 \times \bm{e}_3)\}$$

H 一般座標変換

$$= (e_1 \cdot e_1)\{(e_2 \times e_3) \cdot (e_2 \times e_3)\} - \{e_1 \cdot (e_2 \times e_3)\}\{(e_1 \cdot (e_2 \times e_3)\}$$

すなわち

$$\{e_1 \cdot (e_2 \times e_3)\}^2 = (e_1 \cdot e_1)\{(e_2 \times e_3) \cdot (e_2 \times e_3)\} - |e_1 \times (e_2 \times e_3)|^2 \quad \text{(H.13)}$$

となる．また，式 (H.10) において

$$A = C = e_2, \quad B = D = e_3$$

とおけば

$$(e_2 \times e_3) \cdot (e_2 \times e_3) = (e_2 \cdot e_2)(e_3 \cdot e_3) - (e_2 \cdot e_3)^2 = g_{22}g_{33} - g_{23}^2 \quad \text{(H.14)}$$

となる．ベクトルの恒等式

$$A \times (B \times C) = (A \cdot C)B - (A \cdot B)C \quad \text{(H.15)}$$

から，ただちに

$$\begin{aligned}
|e_1 \times (e_2 \times e_3)|^2 &= |(e_1 \cdot e_3)e_2 - (e_1 \cdot e_2)e_3|^2 \\
&= |g_{13}e_2 - g_{12}e_3|^2 = g_{13}^2 g_{22} - 2g_{13}g_{12}g_{23} + g_{12}^2 g_{33}
\end{aligned} \quad \text{(H.16)}$$

となる．式 (H.13), (H.14), (H.16) から

$$\begin{aligned}
\{e_1 \cdot (e_2 \times e_3)\}^2 &= g_{11}(g_{22}g_{33} - g_{23}^2) - g_{13}^2 g_{22} - g_{12}^2 g_{33} + 2g_{13}g_{12}g_{23} \\
&= \begin{vmatrix} g_{11} & g_{12} & g_{13} \\ g_{12} & g_{22} & g_{23} \\ g_{13} & g_{23} & g_{33} \end{vmatrix} = \begin{vmatrix} g_{11} & g_{12} & g_{13} \\ g_{21} & g_{22} & g_{23} \\ g_{31} & g_{32} & g_{33} \end{vmatrix} = \det |g_{ij}|
\end{aligned} \quad \text{(H.17)}$$

が得られる $(g_{ij} = g_{ji})$．いま，$\det |g_{ij}| = g$ と書くことにして $\sqrt{g}$ を変換のヤコビアンとよぶ．このとき体積素は

$$dV = \sqrt{g} d\xi^1 d\xi^2 d\xi^3 \quad \text{(H.18)}$$

となる．ここで変換のヤコビアンは次式で計算する．

$$\sqrt{g} = \sqrt{\det |g_{ij}|} = e_1 \cdot (e_2 \times e_3) \quad \text{(H.19)}$$

H.3 微分演算

A を任意のベクトル関数またはテンソル関数とするとき

$$\iiint_V \nabla \cdot \boldsymbol{A} dV = \iint_S \boldsymbol{A} \cdot \boldsymbol{n} dS \tag{H.20}$$

が成り立つ（ガウスの定理）．ここで $\boldsymbol{n}$ は体積 V を取り囲む閉曲面 S の表面に垂直な外向き法線ベクトルである．

座標曲面上の微小な面積素 dS^i に対して，式 (H.9) から

$$\boldsymbol{n} dS^i = \pm \boldsymbol{e}_j \times \boldsymbol{e}_k d\xi^j d\xi^k \quad (i,j,k) \text{ は巡回} \tag{H.21}$$

が得られる．ただし，符号は体積 V が曲面に対してどちらを向いているかに応じてつける．

a. 発　散

座標曲面に平行な微小な 6 面体（近似的に直方体）を考えてガウスの発散定理を適用する．このとき，積分 (H.20) の右辺は 6 つの面の面積分の和となるが，外向き法線ベクトルと座標曲線の方向を考慮すれば

$$\iiint_{\Delta V} (\nabla \cdot \boldsymbol{A}) \sqrt{g} d\xi^i d\xi^j d\xi^k$$
$$= \iint_{S_{i+}} \boldsymbol{A} \cdot (\boldsymbol{e}_j \times \boldsymbol{e}_k) d\xi^j d\xi^k - \iint_{S_{i-}} \boldsymbol{A} \cdot (\boldsymbol{e}_j \times \boldsymbol{e}_k) d\xi^j d\xi^k$$
$$+ \iint_{S_{j+}} \boldsymbol{A} \cdot (\boldsymbol{e}_k \times \boldsymbol{e}_i) d\xi^k d\xi^i - \iint_{S_{j-}} \boldsymbol{A} \cdot (\boldsymbol{e}_k \times \boldsymbol{e}_i) d\xi^k d\xi^i$$
$$+ \iint_{S_{k+}} \boldsymbol{A} \cdot (\boldsymbol{e}_i \times \boldsymbol{e}_j) d\xi^i d\xi^j - \iint_{S_{k-}} \boldsymbol{A} \cdot (\boldsymbol{e}_i \times \boldsymbol{e}_j) d\xi^i d\xi^j$$

となる．$\Delta V \to 0$ の極限で積分記号をとりはずし，両辺を $d\xi^i d\xi^j d\xi^k$ で割れば，

$$(\nabla \cdot \boldsymbol{A}) \sqrt{g} = \frac{\boldsymbol{A} \cdot (\boldsymbol{e}_j \times \boldsymbol{e}_k)|_{S_{i+}} - \boldsymbol{A} \cdot (\boldsymbol{e}_j \times \boldsymbol{e}_k)|_{S_{i-}}}{d\xi^i}$$
$$+ \frac{\boldsymbol{A} \cdot (\boldsymbol{e}_k \times \boldsymbol{e}_i)|_{S_{j+}} - \boldsymbol{A} \cdot (\boldsymbol{e}_k \times \boldsymbol{e}_i)|_{S_{j-}}}{d\xi^j} + \frac{\boldsymbol{A} \cdot (\boldsymbol{e}_i \times \boldsymbol{e}_j)|_{S_{k+}} - \boldsymbol{A} \cdot (\boldsymbol{e}_i \times \boldsymbol{e}_j)|_{S_{k-}}}{d\xi^k}$$

となる．したがって，

$$\nabla \cdot \boldsymbol{A} = \frac{1}{\sqrt{g}} \left\{ \frac{\partial}{\partial \xi^i} \boldsymbol{A} \cdot (\boldsymbol{e}_j \times \boldsymbol{e}_k) + \frac{\partial}{\partial \xi^j} \boldsymbol{A} \cdot (\boldsymbol{e}_k \times \boldsymbol{e}_i) + \frac{\partial}{\partial \xi^k} \boldsymbol{A} \cdot (\boldsymbol{e}_i \times \boldsymbol{e}_j) \right\}$$
$$= \frac{1}{\sqrt{g}} \sum_{i=1}^{3} \{ (\boldsymbol{e}_j \times \boldsymbol{e}_k) \cdot \boldsymbol{A} \}_{\xi^i} \quad (i,j,k) \text{ は巡回} \tag{H.22}$$

が成り立つ．これがベクトルの発散の一般座標での表現であるが，特に発散の保存形とよぶ．

一方

$$\sum_{i=1}^{3}(\bm{e}_j\times\bm{e}_k)_{\xi^i} = \frac{\partial}{\partial\xi^i}(\bm{r}_{\xi^j}\times\bm{r}_{\xi^k}) + \frac{\partial}{\partial\xi^j}(\bm{r}_{\xi^k}\times\bm{r}_{\xi^i}) + \frac{\partial}{\partial\xi^k}(\bm{r}_{\xi^i}\times\bm{r}_{\xi^j})$$

$$= \bm{r}_{\xi^i\xi^j}\times\bm{r}_{\xi^k} + \bm{r}_{\xi^j}\times\bm{r}_{\xi^i\xi^k} + \bm{r}_{\xi^j\xi^k}\times\bm{r}_{\xi^i} + \bm{r}_{\xi^k}\times\bm{r}_{\xi^i\xi^j}$$

$$+ \bm{r}_{\xi^k\xi^i}\times\bm{r}_{\xi^j} + \bm{r}_{\xi^i}\times\bm{r}_{\xi^k\xi^j}$$

$$= 0$$

であるため，式 (H.22) の総和内の微分を実行して

$$\nabla\cdot\bm{A} = \frac{1}{\sqrt{g}}\sum_{i=1}^{3}(\bm{e}_j\times\bm{e}_k)\cdot\bm{A}_{\xi^i} \quad (i,j,k)\text{ は巡回} \tag{H.23}$$

という式も得られる．これをベクトルの発散の非保存形とよぶ．

式 (H.22), (H.23) は数学的には同等であるが，離散化した場合には以下の理由で同等ではない．量 $(\bm{e}_j\times\bm{e}_k)$ は面積ベクトルであり，それとベクトル $\bm{A}$ との内積はこの面積を通過する流束と解釈できる．式 (H.22) を近似に用いた場合，各面での流束の差をとるとき，その面における値を使っている．したがって，ある領域を微小要素に分割して式 (H.22) を計算する場合，隣接した微小要素の表面での流束は互いに打ち消し合うため最終的には領域の境界面の値が残ることになる．したがって，保存形を用いた表現は，ある有限の体積を通過する流束を正しく評価できると考えられる．

一方，非保存形を用いた場合には，ある微小面を通過する流束を計算するとき，体積素の中心での流束を使うことになり，体積素が有限の大きさをもつ場合，各面での値が打ち消さない可能性がある．

b. 回　　転

式 (H.22), (H.23) は内積を外積にしても成り立つため，次の関係が得られる．

$$\nabla\times\bm{A} = \frac{1}{\sqrt{g}}\sum_{i=1}^{3}\{(\bm{e}_j\times\bm{e}_k)\times\bm{A}\}_{\xi^i} \quad (\text{回転の保存形}, (i,j,k)\text{ は巡回})$$

$$\tag{H.24}$$

$$\nabla \times \boldsymbol{A} = \frac{1}{\sqrt{g}} \sum_{i=1}^{3} (\boldsymbol{e}_j \times \boldsymbol{e}_k) \times \boldsymbol{A}_{\xi^i} \qquad \text{(回転の非保存形, (i,j,k) は巡回)}$$

(H.25)

c. 勾配

式 (H.22), (H.23) は A をスカラー f と考え，内積を左辺では単なる演算子，右辺では乗算に置き換えても成り立つ．したがって，

$$\nabla f = \frac{1}{\sqrt{g}} \sum_{i=1}^{3} \{(\boldsymbol{e}_j \times \boldsymbol{e}_k) f\}_{\xi^i} \qquad \text{(勾配の保存形, (i,j,k) は巡回)} \quad (\text{H.26})$$

$$\nabla f = \frac{1}{\sqrt{g}} \sum_{i=1}^{3} (\boldsymbol{e}_j \times \boldsymbol{e}_k) f_{\xi^i} \qquad \text{(勾配の非保存形, (i,j,k) は巡回)} \quad (\text{H.27})$$

となる．

d. ラプラシアン

ラプラシアンについては関係式

$$\triangle f = \nabla \cdot (\nabla f)$$

を用いる．すなわち，式 (H.26),(H.22) から

$$\triangle f = \frac{1}{\sqrt{g}} \sum_{i=1}^{3} \sum_{l=1}^{3} \left(\frac{1}{\sqrt{g}} (\boldsymbol{e}_j \times \boldsymbol{e}_k) \cdot \{(\boldsymbol{e}_m \times \boldsymbol{e}_n) f\}_{\xi^l} \right)_{\xi^i}$$

(ラプラシアンの保存形, (i,j,k) は巡回, (l,m,n) は巡回) (H.28)

となる．同様に式 (H.27), (H.23) から

$$\triangle f = \frac{1}{\sqrt{g}} \sum_{i=1}^{3} \sum_{l=1}^{3} (\boldsymbol{e}_j \times \boldsymbol{e}_k) \cdot \left(\frac{1}{\sqrt{g}} (\boldsymbol{e}_m \times \boldsymbol{e}_n) f_{\xi^l} \right)_{\xi^i}$$

(ラプラシアンの非保存形, (i,j,k) は巡回, (l,m,n) は巡回) (H.29)

が得られる．

e. 2次元の表式

z 方向に対して変数が不変の場合が2次元である．$x(=x_1), y(=x_2), z(=x_3)$ 方向の基底ベクトルをそれぞれ $\boldsymbol{i}, \boldsymbol{j}, \boldsymbol{k}$ とし，さらに $\xi_1 = \xi, \xi_2 = \eta$ と記す．このとき

$$e_3 = e^3 = k$$

であり,また

$$e_1 = r_\xi = x_\xi i + y_\xi j, \quad e_2 = r_\eta = x_\eta i + y_\eta j$$

となる.共変計量テンソルの成分は

$$g_{11} = x_\xi^2 + y_\xi^2, \quad g_{22} = x_\eta^2 + y_\eta^2, \quad g_{33} = k \cdot k = 1 \tag{H.30}$$

$$g_{12} = g_{21} = x_\xi x_\eta + y_\xi y_\eta, \quad g_{13} = g_{31} = e_1 \cdot k = 0, \quad g_{23} = g_{32} = e_2 \cdot k = 0$$

である.ヤコビアンは式 (H.19) から

$$\sqrt{g} = \sqrt{\det|g_{ij}|} = \sqrt{g_{11}g_{22} - g_{12}^2} = x_\xi y_\eta - x_\eta y_\xi \tag{H.31}$$

となる.これらを用いて勾配,発散,回転,ラプラシアンを計算すれば非保存形の場合には本文で述べたものと一致する.そこでここでは保存形について結果を記す.

$$f_x = \frac{1}{\sqrt{g}}\{(y_\eta f)_\xi - (y_\xi f)_\eta\} \tag{H.32}$$

$$f_y = \frac{1}{\sqrt{g}}\{-(x_\eta f)_\xi + (x_\xi f)_\eta\} \tag{H.33}$$

$$\nabla \cdot \boldsymbol{A} = \frac{1}{\sqrt{g}}\{(y_\eta A_1 - x_\eta A_2)_\xi + (-y_\xi A_1 + x_\xi A_2)_\eta\} \tag{H.34}$$

$$\nabla \times \boldsymbol{A} = \frac{\boldsymbol{k}}{\sqrt{g}}\{(y_\eta A_2 + x_\eta A_1)_\xi - (y_\xi A_2 + x_\xi A_1)_\eta\} \tag{H.34}$$

$$\triangle f = \nabla \cdot \nabla f$$

$$= \frac{1}{\sqrt{g}}\left[\frac{1}{\sqrt{g}}y_\eta\{(y_\eta f)_\xi - (y_\xi f)_\eta\} - \frac{1}{\sqrt{g}}x_\eta\{-(x_\eta f)_\xi + (x_\xi f)_\eta\}\right]_\xi$$

$$+ \frac{1}{\sqrt{g}}\left[-\frac{1}{\sqrt{g}}y_\xi\{(y_\eta f)_\xi - (y_\xi f)_\eta\} + \frac{1}{\sqrt{g}}x_\xi\{-(x_\eta f)_\xi + (x_\xi f)_\eta\}\right]_\eta \tag{H.35}$$

プログラムの内容

THOMAS.FOR	トーマス法による3項方程式の解法
BVP.FOR	常微分方程式の境界値問題
RUNGE.FOR	常微分方程式の初期値問題—ルンゲ–クッタ法
LAP.FOR	2次元ラプラス方程式の解法
HEAT_E.FOR	1次元熱伝導方程式—陽解法
HEAT_I.FOR	1次元熱伝導方程式—陰解法
HEAT2D.FOR	2次元熱伝導方程式—陽解法
ADI.FOR	2次元熱伝導方程式—陰解法
WAVE.FOR	1次元波動方程式—陽解法
POCVS.FOR	正方形キャビティ内流れ—ψ–ω法,定常流れ
POCV.FOR	正方形キャビティ内流れ—ψ–ω法,非定常流れ
MACCV.FOR	正方形キャビティ内流れ—MAC法
SMACCV.FOR	正方形キャビティ内流れ—SMAC法
PORM.FOR	室内気流(温度場なし)—ψ–ω法
MACRM.FOR	室内気流(温度場なし)—MAC法
PORMT.FOR	室内気流(温度場あり)—ψ–ω法
MACRMT.FOR	室内気流(温度場あり)—MAC法
GRIDP.FOR	ポアソン方程式による格子生成
ARRANG.FOR	格子の1方向並べかえ
NORMAL.FOR	格子の直交化
POTEN.FOR	ポテンシャル流—2次元一般座標系
POCIR.FOR	円柱まわりの低レイノルズ数流れ

PO2D.FOR	粘性流——ψ-ω 法
MACMSK.FOR	多くの障害物まわりの 2 次元流れ——MAC 法
MAC2D.FOR	粘性流——MAC 法，2 次元，一般座標系
CAV3D.FOR	3 次元立方体キャビティ流れ——MAC 法
RM3D.FOR	3 次元室内気流——MAC 法
MSK3D.FOR	多くの障害物まわりの 2 次元流れ——MAC 法
FLOW3D.FOR	粘性流——MAC 法，3 次元，一般座標系

文 献

引 用 文 献

1) Kuwahara, K. and Oshima, Y.(1982): Thermal convection caused by ring-type heat source. *J. Phys. Soc. Japan*, **51**, pp. 3711–3719.
2) Peaceman, D. W. and Rachford, H. H.(1955): The numerical solution of parabolic and elliptic differential equations. *J. Soc. Ind. Appl. Math.*, **3**, pp. 28–41.
3) Courant, R., Friedrichs, K. and Lewy, H.(1928): Über die partiellen Differnzengleichungen der mathematischen Physik. *Math. Ann.*, **100**, pp. 32–74.
4) Hirt, C. W.(1968): Heuristic stability theory for finite-difference equations. *J. Comp. Phys.*, **2**, pp. 339–355.
5) Lax, P. D. and Wendroff, B.(1960): Systems of conservation laws. *Comm. Pure Appl. Math.*, **13**, pp. 217–237.
6) Kawamura, T. and Kuwahara, K.(1984): Computation oh high Reynolds number flow around a circular cylinder with surface roughness. AIAA paper, 84–0340.
7) Kawamura, T.(1986): Computation of turbulent pipe and duct flow usind third order upwind scheme. AIAA paper, 86–1042.
8) Tutty, O. R.(1986): On vector potential-vorticity methods for incom-

pressible flow problems. *J. Comp. Phys.*, **64**, pp. 368–379.
9) Harlow, F. H. and Welch, J. E.(1965): Numerical calculation of time-dependent viscous incompressible flow of fluid with free surface. *Phys. Fluids*, **8**, pp. 2182–2189.
10) Amsden, A. A. and Harlow, F. H.(1970): A simplified MAC technique for incompressible fluid flow calculations. *J. Comp. Phys.*, **6**, pp. 322–325.
11) Chorin, A. J.(1968): Numerical solution of the Navier–Stokes equations. *Math. Comput.*, **22**, pp. 745–762.
12) Van Driest, E. R.(1956): On turbulent flow near a wall. *J. Aeronaut. Sci.*, **23**, pp. 1007–1011.
13) Jones, W. P. and Launder, B. E.(1973): The calculation of low Reynolds number phenomena with a two-equation model of turbulence. *Int. J. Heat Mass Transfer*, **16**, pp. 1119–1130.
14) Gordon, W. J. and Thiel, L. C.(1982): Transfinite mappings and their application to grid generation. In *Numerical Grid Generation* (Thompson, J. F. ed.), North–Holland.
15) Thompson, J. F., Thames, F. C. and Mastin, C. W.(1974): Automatic numerical generation of body-fitted curvilinear coordinate system for field containing any number of arbitrary two-dimensional bodies. *J. Comp. Phys.*, **15**, pp. 299–319.
16) Steger, J. L. and Sorenson, R. L.(1979): Automatic mesh-point clustering near a boundary in grid generation with elliptic partial differential equations. *J. Comp. Phys.*, **33**, pp. 405–410.
17) Steger, J. L. and Sorenson, R. L.(1980): Use of hyperbolic partial differential equations to generate body fitted coordinates, numerical grid generation techniques. *NASA CP*, **2166**, pp. 463–478.
18) Thames, F. C., Thompson, J. F., Mastin, S. W. and Walker, R. L.(1977): Numerical solutions for viscous and potential flow about arbitrary two-dimensional bodies using body-fitted coordinate systems.

J. Comp. Phys., **24**, pp. 245–273.
19) Matida, Y., Kuwahara, K. and Takami, H.(1975): Numerical study of a steady two-dimensional flow past a square cylinder in a channel. J. Phys. Soc. Japan, **38**, pp. 1522–1529.
20) Kawaguti, M. and Jain, P.(1966): Numerical study of a viscous fluid flow past a circular cylinder. J. Phys. Soc. Japan, **21**, pp. 2055–2062.
21) Lax, P. D. and Richtmyer, R. D.(1956): Survey of the Stability of Linear Finite Difference Equations. Comm. Pure Appl. Math., **9**, pp. 2367–2393.
22) Patanker, S. V. and Spalding, D. B.(1972): A calculation procedure for heat, mass and momentum transfer in three-dimensional parabolic flows. Int. J. Heat Mass Transfer, **15**, pp. 1787–1806.
23) MacCormack, R. W.(1969): The effect of viscosity in hypervelocity impact cratering. AIAA paper, 69–354.
24) Beam, R. M. and Warming, R. F.(1976): An implicit finite-difference algorithm for hyperbolic system in conservation law form. J. Comput. Phys., **22**, pp. 87–110.
25) Steger, J. L.(1979): Implicit finite-difference simulation of flow about arbitrary two-dimensional geometries. AIAA Journal, **16**, pp. 679–686.
26) Steger, J. L. and Warming, R. F.(1981): Flux vector splitting of the inviscid gasdynamics equations with application to finite difference methods. J. Comp. Phys., **40**, pp. 263–293.
27) Harten, A.(1983): High resolution schemes for hyperbolic conservation lows. J. Comput. Phys., **49**, pp. 357–393.
28) Harten, A.(1984): On a class of high resolution total-variation-stable finite-difference schemes. SIAM Numer. Anal., **21**, pp. 1–23.
29) Sweby, P. K.(1984): High resolution schemes using flux limiters for hyperbolic conservation laws. SIAM Numer. Anal., **21**, pp. 995–1011.
30) Chorin, A. J.(1967): A numerical method for solving incompressible viscous flow problems. J. Comput. Phys., **2**, pp. 12–26.

31) Kwak, D. C., Shanks, S. P. and Chakravarthy, S. R.(1986): A three-dimensional incompressible Navier–Stokes flow solver using primitive variables. *AIAA Journal*, **24**, pp. 390–396.

参 考 図 書

1) 高見穎郎, 河村哲也 (1994)：偏微分方程式の差分解法, 東京大学基礎工学双書, 東京大学出版会.
2) 河村哲也 (2006)：数値計算入力, Computer Science Library 17, サイエンス社.
3) Ferziger, J. H. and Peric, H.(2002): Computational Methods for Fluid Dynamics, 3rd ed. Springer–Verlag（小林敏雄他訳 (2012) コンピュータによる流体力学, 丸善).
4) Anderson, D. A., Tannehill, J. C. and Pletcher, R. H.(2012): Computational Fluid Mechanics and Heat Transfer 3rd ed., McGraw–Hill.
5) 河村哲也 (2002)：流れのシミュレーションの基礎, コンピュータ環境科学ライブラリ 2, 山海堂／インデックス出版.
6) 保原　充・大宮司久明編 (1992)：数値流体力学――基礎と応用, 東京大学出版会.
7) 数値流体力学編集委員会編 (1995)：数値流体力学シリーズ（全 6 巻), 東京大学出版会.
8) 河村哲也, 菅　牧子, 桑原邦郎, 小柴誠子 (2001)：環境流体シミュレーション, 朝倉書店.
9) 桑原邦郎, 河村哲也 (2005)：流体計算と差分法, 朝倉書店.
10) 藤井孝蔵 (1994)：流体力学の数値計算法, 東京大学出版会.
11) Thompson, J. F.,Warsi, Z. U. A. and Mastin, C. W.(1995): Numerical Grid Generation: Foundations and Applications, North–Holland（小国力, 河村哲也訳 (1994)：数値格子生成法――基礎と応用, 丸善).
12) 日野幹雄 (1992)：流体力学, 朝倉書店.

索　引

ア　行

アインシュタインの規約　229
亜音速　190
　　——流　181
圧縮性流れ　178
圧縮性ナビエ–ストークス方程式　179
圧　力　54
　　——勾配　141
　　——の境界条件　68, 70, 82
　　——方程式　136
安　定　202

移行層　93
位相差　203
1次元オイラー方程式　189
1次元座標変換　99, 165
1次元熱伝導方程式の初期値・境界値問題
　　21, 32
1次精度上流差分法　49, 197, 203
1次精度の片側差分　70
一様流　82, 138, 143, 154
1階微分　2, 4
　　——の変換関係　101, 107
1階微分方程式の初期値問題　12
1階偏微分方程式の初期値問題　43
一般座標　145, 172
　　——変換　180
移流拡散方程式　49, 84, 95
移流項　49
陰解法　39, 42, 123

陰的な方法　20

上三角行列　194
渦　度　25, 57, 63
　　——の境界条件　59, 143, 146
　　——輸送方程式　87
渦なし速度場　71
渦なし流れ　136
渦粘性近似　91
渦の直径　92
運動方程式　231
運動量保存則　55, 227
　　——の積分形　230
　　——の微分形　231

エネルギー方程式　232
エネルギー保存則　227
　　——の積分形　232
　　——の微分形　232
エルミート補間法　111
円柱座標系　8
円柱まわりの流れ　142
エントロピー条件　195

オイラー陰解法　39, 216
オイラーの定理　190
オイラー微分　233
オイラー法　14, 21, 52
オイラー方程式　135, 179
オイラー陽解法　70, 160, 191
応　力　229
　　——テンソル　230, 235

——ベクトル　230
重み関数　206, 212
重み付き残差法　206, 212
温度勾配　87
温度分布　118

カ　行

解析的格子生成法　110, 115
回転角速度　57
回転の非保存形　244
回転の保存形　243
解の重ね合わせ　139, 141
ガウス–ザイデル法　30, 223
ガウスの定理　228, 242
角座標　127
拡散係数　46
拡散項　49
拡散方程式　26
拡大管内の流れ　145
仮想点　36, 70, 143
加速係数　79, 147
片側差分　6, 121
仮の速度　73–75
下流境界　181
カルマン定数　92
ガレルキン法　207
環状領域　96
慣性底層　93
慣性力　55
完全流体　135
緩和係数　74, 128, 224

擬似圧縮性法　199
擬似的な圧縮性　199
擬似的な圧縮率　199
擬似的な音速　199
基準温度　85
基準座標　85
キャビティ流れ　57

キャビティ問題　56, 67
境界値問題　26
強制対流問題　84
共変基底ベクトル　238
共変計量テンソル　239
極座標　142
　——変換　97
近似因数分解法　185, 194
近似解　9

食い違い格子　68
空間発展　123
クッタ条件　139
区分1次多項式　207
グラスホフ数　86
クランク–ニコルソン法　40
クーラン数　45, 188, 203
グリーンの定理　212

迎　角　138, 156
径座標　127
計算面　99, 100
傾斜円柱　174
傾斜角　175
検査面　212
減衰率　119, 129

高階微分方程式の初期値問題　15
交互方向陰解法　42
格　子　9
　——間隔の調整　81
　——生成法　110
　——セルの面積　122
格子線　111, 116
　——間の距離　123
格子点　9
　——の再配置　129
高次の変動量　91
高精度の上流差分法　52
後退差分　2, 38, 182, 190, 191, 194

索　引

勾配演算子　54
勾配の非保存形　244
勾配の保存形　244
後　流　91
誤差の主要項　5
固有値　123
混合関数　115

サ　行

最大・最小の定理　29
差分演算子　201
差分近似　10
差分式の構造　33, 38
差分スキーム　201
差分方程式の特解　37
散逸関数　237
3 項方程式　11, 43, 113
残　差　206
3 次元運動　89
3 次元曲線座標系　238
3 次元格子　175
3 次元座標変換　105, 172
3 次元室内気流　165
3 次精度上流差分法　51
3 次精度 Adams–Bashforth 法　53
3 次のスプライン補間法　112
3 次の相関項　94

時間依存の 2 次元座標変換　109
時間発展形　56
時間微分　52
時間分割法　183
時間分割 MacCormack 法　183
時間平均　90
自然対流問題　84
自然なスプライン　113
下三角行列　194
室内気流　77
質量保存則　55, 227

──の積分形　228
──の微分形　229
射影法　75
弱　解　195
周回積分　141
周期境界条件　98, 118, 127
修正子　20
集中の強さ　129
自由表面問題　66
重　力　85
出発ベクトル　221
巡　回　240
循　環　138
状態方程式　179, 189, 227
上流境界　181
上流差分法　49, 190, 191
初期格子　125
初期条件　143
人工粘性項　188
シンプソンの公式　20, 226

数値拡散項　50
数値積分　19
数値的な変換　105
数値粘性項　50
スカラーポテンシャル　73
スタガード格子　68, 159, 215
ストークスの仮定　236
スペクトル半径　221
すべり壁条件　181

制御関数　128
精　度　4, 16
──2 の方法　16
正の熱源　119
正方形格子　117
積分路　142
接線成分　103
接線速度　139
全エネルギー　179

遷音速流　181
線形演算子　207
線形化　122, 184, 195
線形微分演算子　201
線形変換　189, 192
線形補間　130
前進差分　2, 33, 182, 190, 191, 194
線　素　239
　　――ベクトル　239
せん断応力　92
せん断流　93
せん断力　229
選点法　207
線の方法　21
全変動量　195

双1次超限補間法　115
双曲型偏微分方程式　24, 123
増幅率　39, 47, 203
速度の境界条件　67, 70, 82
速度の補正項　74
速度ポテンシャル　64, 136
ソレノイダル部分　64

タ　行

対角化　192
対角行列　189
台形公式　19, 225
代数的格子生成法　110
対数法則　93, 95
体積素　240
体積力　229
第2粘性率　236
代表的な速度　55
代表的な長さ　55
体膨張係数　85
楕円型偏微分方程式　24
楕円柱まわりの2次元流れ　153
ダクト内流れ　169

多重連結領域　141, 149
単位接線ベクトル　103
単位法線ベクトル　103, 107, 131
断　熱　87
単連結領域　65, 98

中心差分　2, 33
超音速流　181
超限補間法　113, 124
長方形格子　27, 41
調和関数　29
直交格子　122
直交条件　120, 122
直交に近い格子　131

通常格子　68, 81, 152

定常解　59, 183
定常方程式を解く方法　59
ディラックのδ関数　207
テイラー展開　3, 7, 16, 46, 59
ディリクレ条件　62, 137
低レイノルズ数流れ　144, 153
適合する　201
適切な初期値問題　201
テンソル量　230

等温線　116, 117
等高線表示　60
同次関数　190
動粘性率　93
等方性テンソル　236
特性曲線　45
特性長　93
独立変数と従属変数の入れ換え　116
トーマス法　11, 39

ナ　行

内部エネルギー　189

索　引　257

流れ関数　25, 57, 136
　——の境界条件　58, 143, 145
流れ関数–渦度法　58, 78, 87, 142
ナビエ–ストークス方程式　25, 55, 153, 237

2階常微分方程式の境界値問題　9
2階線形偏微分方程式　23
2階微分　3
　——の変換関係　104, 108
2階微分方程式の初期値問題　47
2次元座標変換　99
2次元熱伝導方程式の初期値・境界値問題　40
2次元の表式　244
2次精度上流差分法　50
2次精度のTVD差分法　198
2次精度Adams–Bashforth法　53
2次の変動量　91
2次のルンゲ–クッタ法　18
2重連結領域　98, 117
2変数のテイラー展開　17
ニュートンの運動法則　232
ニュートン流体　236

熱源の強さ　119
熱伝導率　35, 41, 84
熱平衡状態　116
熱輸送　89
熱流　237
熱流束　86
熱流体の基礎方程式　238
粘性応力　235
粘性底層　92
粘性率　54
粘性力　55
粘着条件　58, 67, 82, 154, 162

ノイマン条件　67, 68, 137, 171
ノイマン問題　214

ハ　行

1/8公式　18
発散の非保存形　243
発散の保存形　243
発熱量　84
波動方程式　26, 43
反拡散項　198
反復回数　29
反復計算　29
反復法　29, 59, 171, 220
　——の収束判定　60
反変基底ベクトル　239
反変速度　181

非圧縮性ナビエ–ストークス方程式　54
非圧縮性流体の定義式　234
非回転部分　64
非線形　55
　——の連立方程式　59
非定常項　109
非定常方程式を解く方法　60
比　熱　238
比熱比　179
非保存形　67, 69, 160
標準形　25
表面摩擦　92
表面力　229

フォン・ノイマンの方法　37, 39, 202
符号関数　119, 199
物質微分　233
ブジネスク近似　84, 166, 238
物体に働く力　154
物理的に安定な現象　46
物理面　100
不等間隔格子　78, 98, 152, 165
負の熱源　119
部分積分　208

フラクショナル・ステップ法　75
プラントル数　86
フーリエの熱伝導の法則　237
浮力　85
プロジェクション法　75
ブロック3重対角行列　123, 187
ブロック2重対角行列　192

平均量　90
平行移動演算子　202
平衡状態　26
平板内の熱伝導　26, 40
壁面上の渦度　80
壁面上の境界条件　162
ベクトルポテンシャル　64
ベクトルポテンシャル–渦度法　64
ヘルムホルツの分解定理　64
変換のヤコビアン　101, 241
変形速度テンソル　235
変形率　235
変数変換　24
変動量　90

ポアソン方程式　25, 69, 75, 82, 88, 126, 141, 153, 159, 161, 163, 171
　　——による格子生成　118
ホイン法　18
方向微分　103
法線成分　103
法線微分　86, 108, 171
放物型偏微分方程式　24
補間関数　114
補正値　220
保存形　67, 69
保存則　211, 227
ポテンシャル流　136, 144

マ　行

摩擦速度　92

丸め誤差　220

見かけの力　230
見かけの特異性　8
密度　54
ミルン法　20

無次元形　55, 85
無次元変数　85
無条件安定　39, 43

面積素　240
面積力　229

ヤ　行

ヤコビアン　192
ヤコビの反復法　29, 222

有限体積法　211
有限要素法　208

陽解法　38, 41, 47
陽的な方法　20
翼形まわりのポテンシャル流　137
翼まわりの格子　137
4次精度の差分近似　51
4次のルンゲ–クッタ法　18
予測子　20
予測子–修正子法　20, 182
4階微係数　52

ラ　行

ラグランジュの渦定理　135
ラグランジュ微分　233
ラグランジュ補間多項式　110
ラグランジュ補間法　110
ラプラシアン　29, 54
　　——の非保存形　244

索　引

――の保存形　244
ラプラス方程式　26, 115, 136, 138, 213
　　――の境界値問題　115
　　――のディリクレ問題　96
乱流エネルギー　91, 93
乱流応力　92
乱流拡散　94
乱流散逸　94
乱流粘性　93
乱流モデル　89
乱流量の境界条件　95

力　積　229
離散化誤差　66
理想気体　179
立方体キャビティ内の流れ　158
流出条件　80
流　線　149
流　束　190
　　――分離　191
　　――ベクトル分離法　192
流　速　54
流　量　57

レイノルズ数　25, 55
レイノルズ方程式　90
レギュラー格子　68, 166, 174
連続の式　55, 229
連立 1 次方程式　10

連立 1 階微分方程式の初期値問題　15
連立常微分方程式の初期値問題　21

1/6 公式　18

欧文索引

ADI 法　42
Beam–Warming 法　185, 191
C 型格子　102, 137
CFL 条件　46, 183
Dufort–Frankel 法　200
FTCS 法　21, 33
H 型格子　102
Hirt の方法　46
k–ε 2 方程式モデル　94
L 型格子　102
Lax の同等定理　202
Lax–Wendroff 法　47, 182, 205
Leap–Frog 法　200
MAC 法　66, 158, 163
MacCormack の陽解法　47, 182
O 型格子　102
SIMPLE 法　220
SMAC 法　71
SOR 法　62, 161, 163, 166, 224
TVD 差分法　197
TVD 条件　195
Van Driest の式　93

著者略歴

河村哲也(かわむらてつや)

1954年　京都市に生まれる
1978年　東京大学工学部物理工学科卒業
現　在　お茶の水女子大学大学院 教授
　　　　工学博士

流体解析の基礎　　　　　　　　　　　定価はカバーに表示

2014年3月25日　初版第1刷

　　　　　　　　　著　者　河　村　哲　也
　　　　　　　　　発行者　朝　倉　邦　造
　　　　　　　　　発行所　株式会社 朝　倉　書　店
　　　　　　　　　　　　　東京都新宿区新小川町 6-29
　　　　　　　　　　　　　郵便番号　162-8707
　　　　　　　　　　　　　電話　03(3260)0141
　　　　　　　　　　　　　FAX　03(3260)0180
　　　　　　　　　　　　　http://www.asakura.co.jp

〈検印省略〉

© 2014〈無断複写・転載を禁ず〉　　　中央印刷・渡辺製本

ISBN 978-4-254-13111-6　C 3042　　　Printed in Japan

JCOPY 〈(社)出版者著作権管理機構 委託出版物〉

本書の無断複写は著作権法上での例外を除き禁じられています。複写される場合は、そのつど事前に、(社)出版者著作権管理機構（電話 03-3513-6969, FAX 03-3513-6979, e-mail: info@jcopy.or.jp）の許諾を得てください。

日本応用数理学会監修
青学大 薩摩順吉・早大 大石進一・青学大 杉原正顕編

応用数理ハンドブック

11141-5 C3041　　B 5 判 704頁 本体24000円

数値解析，行列・固有値問題の解法，計算の品質，微分方程式の数値解法，数式処理，最適化，ウェーブレット，カオス，複雑ネットワーク，神経回路と数理脳科学，可積分系，折紙工学，数理医学，数理政治学，数理設計，情報セキュリティ，数理ファイナンス，離散システム，弾性体力学の数理，破壊力学の数理，機械学習，流体力学，自動車産業と応用数理，計算幾何学，数論アルゴリズム，数理生物学，逆問題，などの30分野から260の重要な用語について2～4頁で解説したもの。

お茶の水大 河村哲也監訳

関数事典（CD-ROM付）

11136-1 C3541　　B 5 判 712頁 本体22000円

本書は，数百の関数を図示し，関数にとって重要な定義や性質，級数展開，関数を特徴づける公式，他の関数との関係式を直ちに参照できるようになっている。また，特定の関数に関連する重要なトピックに対して簡潔な議論を施してある。〔内容〕定数関数／階乗関数／ゼータ数と関連する関数／ブルヌーイ数／オイラー数／2項係数／1次関数とその逆数／修正関数／ヘビサイド関数とディラック関数／整数べき／平方根関数とその逆数／非整数べき関数／半楕円関数とその逆数／他

お茶の水大 河村哲也監訳　お茶の水大 井元 薫訳

高等数学公式便覧

11138-5 C3342　　菊判 248頁 本体4800円

各公式が，独立にページ毎の囲み枠によって視覚的にわかりやすく示され，略図も多用しながら明快に表現され，必要に応じて公式の使用法を例を用いながら解説。表・裏扉に重要な公式を掲載，豊富な索引付き。〔内容〕数と式の計算／幾何学／初等関数／ベクトルの計算／行列，行列式，固有値／数列，級数／微分法／積分法／微分幾何学／多変数の関数／応用／ベクトル解析と積分定理／微分方程式／複素数と複素関数／数値解析／確率，統計／金利計算／二進法と十六進法／公式集

前東工大 日野幹雄著
理工学基礎講座16

流体力学

13517-6 C3342　　A 5 判 288頁 本体4800円

大学理工系初年級学生を対象に，流体力学の基本的事項について，難解な数学的手法をさけ，図や写真を豊富にとり入れて，物理的意味を十分会得できるよう平易に解説。〔内容〕完全流体の力学／粘性流体の力学／乱れと乱流拡散／相似律／他

前東工大 日野幹雄著

流体力学

20066-9 C3050　　A 5 判 496頁 本体7900円

魅力的な図や写真も多用し流体力学の物理的意味を十分会得できるよう懇切ていねいに解説し，流体力学の基本図書として高い評価を獲得(土木学会出版賞受賞)している。〔内容〕I.完全流体の力学／II.粘性流体の力学／III.乱流および乱流拡散

農工大 佐野 理著
基礎物理学シリーズ12

連続体力学

13712-5 C3342　　A 5 判 216頁 本体3500円

連続体力学の世界を基礎・応用，1 次元～3 次元，流体・弾性体，要素変数の多い・少ない，などの観点から整然と体系化して解説。〔内容〕連続体とその変形／弾性体を伝わる波／流体の粘性と変形／非圧縮粘性流体の力学／水面波と液滴振動／他

S.J.ファーロウ著
前東大 伊理正夫・伊理由美訳

偏微分方程式
―科学者・技術者のための使い方と解き方―

11071-5 C3041　　A 5 判 424頁 本体6200円

物理や工学など，偏微分方程式を応用する人々にとっての絶好の入門書。〔内容〕拡散型の問題／変数分離／積分変換／双曲型の問題／波動方程式／連立方程式／楕円型の問題／ラプラシアン／ディリクレ問題／数値解法／近似解法／変分法／他

核融合科学研 廣岡慶彦著	
理科系の ための 実戦英語プレゼンテーション ［CD付改訂版］ 10265-9 C3040　　　A5判 144頁 本体2800円	豊富な実例を駆使してプレゼン英語を解説。質問に答えられないときの切り抜け方など、とっておきのコツも伝授。音読CD付〔内容〕心構え／発表のアウトライン／研究背景・動機の説明／研究方法の説明／結果と考察／質疑応答／重要表現

核融合科学研 廣岡慶彦著	
理科系の ための 入門英語プレゼンテーション ［CD付改訂版］ 10250-5 C3040　　　A5判 136頁 本体2600円	著者の体験に基づく豊富な実例を用いてプレゼン英語を初歩から解説する入門編。ネイティブスピーカー音読のCDを付してパワーアップ。〔内容〕予備知識／準備と実践／質疑応答／国際会議出席に関連した英語／付録（予備練習／重要表現他）

核融合科学研 廣岡慶彦著	
理科系の ための ［学会・留学］英会話テクニック ［CD付］ 10263-5 C3040　　　A5判 136頁 本体2600円	学会発表や研究留学の様々な場面で役立つ英会話のコツを伝授。〔内容〕国際会議に出席する／学会発表の基礎と質疑応答／会議などで座長を務める／受け入れ機関を初めて訪問する／実験に参加する／講義・セミナーを行う／文献の取り寄せ他

核融合科学研 廣岡慶彦著	
理科系の ための 状況・レベル別英語コミュニケーション 10189-8 C3040　　　A5判 136頁 本体2700円	国際会議や海外で遭遇する諸状況を想定し、円滑な意思疎通に必須の技術・知識を伝授。〔内容〕国際会議・ワークショップ参加申込み／物品注文と納期確認／日常会話基礎：大学・研究所での一日／会食でのやりとり／訪問予約電話／重要表現他

核融合科学研 廣岡慶彦著	
理科系の ための 入門英語論文ライティング 10196-6 C3040　　　A5判 128頁 本体2500円	英文法の基礎に立ち返り、「英語嫌いな」学生・研究者が専門誌の投稿論文を執筆するまでになるよう手引き。〔内容〕テクニカルレポートの種類・目的・構成／ライティングの基礎的修辞法／英語ジャーナル投稿論文の書き方／重要表現のまとめ

岡山大 河本　修著	
論文要旨 にみる 英語科学論文の基本表現 10208-6 C3040　　　A5判 192頁 本体3400円	論文要旨の基礎的な構文を表現カテゴリーの形で示し、その組合せおよび名詞の入れ替えで構築できるよう纏めた書〔内容〕論文題名の表現／導入部の表現／結果の表現／考察の表現／国際会議の予稿で使われる表現／英語科学論文に必要な英文法

岡山大 河本　修・アラバマ大 C.アレクサンダー, Jr.著	
実用的な英語科学論文の作成法 10193-5 C3040　　　A5判 260頁 本体3900円	本書は科学論文の流れと同じ構成とし、単語や語句のみではなく主語と動詞からなる1500に及ぶ文全体を掲載。単語や語句などの表現要素を置き換えれば望む文章が作成可能で、より短時間で簡単に執筆できることを目指している。

岡山大 河本　修著	
技術者のための 特許英語の基本表現 10248-2 C3040　　　A5判 232頁 本体3600円	英文特許の明細書の構成すなわち記述の筋道と文章の特有の表現を知ってもらい、特許公報を読むときに役立ててもらうことを目標とした書。例文を多用し、主語・目的語・述語動詞を明示し、名詞を変えるだけで読者の望む文章が作成可能。

黒木登志夫・F.H.フジタ著	
科学者の ための 英文手紙の書き方（増訂版） 10038-9 C3040　　　A5判 224頁 本体3200円	科学者が日常出会うあらゆる場面を想定し、多くの文例を示しながら正しい英文手紙の書き方を解説。必要な文例は索引で検索。〔内容〕論文の投稿・引用／本の注文／学会出版／留学／訪問と招待／奨学金申請／挨拶状／証明書／お詫び／他

前広大 坂和正敏・名市大 坂和秀晃・ 南山大 Marc Bremer著	
自然・社会科学 者のための 英文Eメールの書き方 10258-1 C3040　　　A5判 200頁 本体2800円	海外の科学者・研究者との交流を深めるため、礼儀正しく、簡潔かつ正確で読みやすく、短時間で用件を伝える能力を養うためのEメールの実例集である〔内容〕一般文例と表現／依頼と通知／訪問と受け入れ／海外留学／国際会議／学術論文／他

前東大 矢川元基・京大 宮崎則幸編

計算力学ハンドブック

23112-0 C3053　　　　B5判 680頁 本体30000円

計算力学は，いまや実験，理論に続く第3の科学技術のための手段となった。本書は最新のトピックを扱った基礎編，関心の高いテーマを中心に網羅した応用編の構成をとり，その全貌を明らかにする。〔内容〕基礎編：有限要素法／CIP法／境界要素法／メッシュレス法／電子・原子シミュレーション／創発的手法／他　応用編：材料強度・構造解析／破壊力学解析／熱・流体解析／電磁場解析／波動・振動・衝撃解析／ナノ構造体・電子デバイス解析／連成問題／生体力学／逆問題／他

E. スタイン・R. ドウボースト・T. ヒューズ編
早大 田端正久・明大 萩原一郎監訳

計算力学理論ハンドブック

23120-5 C3053　　　　B5判 728頁 本体32000円

計算力学の基礎である，基礎的方法論，解析技術，アルゴリズム，計算機への実装までを詳述。〔内容〕有限差分法／有限要素法／スペクトル法／適応ウェーブレット／混合型有限要素法／メッシュフリー法／離散要素法／境界要素法／有限体積法／複雑形状と人工物の幾何学的モデリング／コンピュータ視覚化／線形方程式の固有値解析／マルチグリッド法／パネルクラスタリング法と階層型行列／領域分割法と前処理／非線形システムと分岐／マクスウェル方程式に対する有限要素法／他

宇宙研 桑原邦郎・お茶の水大 河村哲也編著

流体計算と差分法

23105-2 C3053　　　　A5判 180頁 本体3400円

差分法による偏微分方程式の数値解法の基礎と，その流体計算への応用を初心者向けに丁寧に解説したテキスト〔内容〕差分法の基礎／線形偏微分方程式の差分解法／複雑な領域における差分解法／非圧縮性流れの数値計算法／計算例／講義ノート

お茶の水大 河村哲也著
シリーズ〈理工系の数学教室〉1

常微分方程式

11621-2 C3341　　　　A5判 180頁 本体2800円

物理現象や工学現象を記述する微分方程式の解法を身につけるための入門書。例題，問題を豊富に用いながら，解き方を実践的に学べるよう構成。〔内容〕微分方程式／2階微分方程式／高階微分方程式／連立微分方程式／記号法／級数解法／付録

お茶の水大 河村哲也著
シリーズ〈理工系の数学教室〉2

複素関数とその応用

11622-9 C3341　　　　A5判 176頁 本体2800円

流体力学，電磁気学など幅広い応用をもつ複素関数論について，例題を駆使しながら使いこなすことを第一の目的とした入門書〔内容〕複素数／正則関数／初等関数／複素積分／テイラー展開とローラン展開／留数／リーマン面と解析接続／応用

お茶の水大 河村哲也著
シリーズ〈理工系の数学教室〉3

フーリエ解析と偏微分方程式

11623-6 C3341　　　　A5判 176頁 本体3000円

実用上必要となる初期条件や境界条件を満たす解を求める方法を明示。〔内容〕ラプラス変換／フーリエ級数／フーリエの積分定理／直交関数とフーリエ展開／偏微分方程式／変数分離法による解法／円形領域におけるラプラス方程式／種々の解法

お茶の水大 河村哲也著
シリーズ〈理工系の数学教室〉4

微積分とベクトル解析

11624-3 C3341　　　　A5判 176頁 本体2800円

例題・演習問題を豊富に用い実践的に解説した初心者向けテキスト〔内容〕関数と極限／1変数の微分法／1変数の積分法／無限級数と関数の展開／多変数の微分法／多変数の積分法／ベクトルの微積分／スカラー場とベクトル場／直交曲線座標

お茶の水大 河村哲也著
シリーズ〈理工系の数学教室〉5

線形代数と数値解析

11625-0 C3341　　　　A5判 212頁 本体3000円

実用上重要な数値解析の基礎から応用までを丁寧に解説〔内容〕スカラーとベクトル／連立1次方程式と行列／行列式／線形変換と行列／固有値と固有ベクトル／連立1次方程式／非線形方程式の求根／補間法と最小二乗法／数値積分／微分方程式

上記価格（税別）は2014年2月現在